建設分野の外国人材
受入れガイドブック 2020

新たな在留資格による
外国人建設労働者の受入れのすべてがわかる

技能実習との違い、外国人の待遇原則、受入基準や手続を詳説
受入企業、建設業者団体、登録支援機関すべての実務必携書

建設技能人材研究会

はじめに

日本は、現場で働く若年者層が減り続けています。

少子高齢化で生産年齢人口は減少の一途をたどっていますが、建設業ではこの傾向がより深刻です。

建設業は、平成23年度まで、長引く不況による民間建設投資の下落、公共投資の継続的な削減により、大変厳しい冬の時代でした。この間に、建設企業は、リストラ、労働者の賃金抑制、経営規模の小型化、仕事の外注化などで何とか経営を維持してきました。この結果、建設業への入職者数は産業規模に比較して低水準が続き、現在、高齢者が多く、若年者層が少ない、いびつな産業構造となっています。建設技能者は、330万人近くいると見込まれますが、このうち83万人以上が60歳以上です。30歳未満はたった36万人です。

すぐ目の前に我が国の建設業を長らく支えてきた高齢熟練技能労働者の大量退職が迫っています。建設業においても、例外なくICT化が進んできてはいますが、建設作業がすべてICTで賄えるわけではありません。オーダーメイド型の単品受注がゆえに、必ず人手が必要な産業です。

建設業は、３Ｋ職場（きつい、汚い、危険）と言われ、近年は「給与が安い」という状況であり、建設業界として、本気で担い手確保に取り組まなければいけません。外国人材の受入れも年々増加していますが、外国人を安易に安い労働力として活用すると、結果として日本人が誰も入ってくれない産業になってしまいます。

建設業に限らず、現場を支える技能労働者の著しい人手不足に対応して、先の平成30年の臨時国会において、入国管理・難民認定法が改正され、新しい「特定技能１号・２号」という新しい在留資格が創設されました。

この在留資格は、生産性向上と国内人材確保の取り組みを最大限行ってもなお人手不足が深刻な特定産業分野において、日本人と同等の待遇で就労者として外国人を受入れる制度です。これまで、外国人技能実習制度で、国外への技能移転を目的とした技能実習生の数が年々増加していますが、今後は、正面から労働者として人手不足を補うために外国人材を受入れることになります。人手不足が深刻になりつつある建設業でもこの新しい在留資格によって平成31年４月から特定技能外国人の受入れが始まりました。

建設業は、様々な現場で就労することになり、管理の目が行き届きにくく、他産業と比べても雇用管理が難しい産業です。また、季節や受注状況によって仕事量が変動し、報酬水準が必ずしも安定的ではありません。この結果、技能実習生においては、建設業は他産業と比べて失踪者数や失踪の割合が多くなっており、失踪した実習生が不法就労の状態でまた建設現場で働いている現状もあります。

また、建設業界の中には、外国人労働者の増加で、建設業者間の公正な競争環境をゆがめるのではないか、日本語が通じず現場の安全衛生に支障を来すのではないかとの懸念もあります。特に技能労働者を抱える企業は、労務提供を中心としているところが多く、ライバル会社が安価な労働力として外国人を雇いだしてしまうと、競争環境が大きくゆがみ、安全にも懸念が生じることになります。したがって、業界として賃金や社会保険、安全衛生のルールをしっかり整備して、ルールを守らない企業を排除していく必要があります。

こうした問題に対応し、外国人を適正かつ円滑に受入れるため、建設分野での特定技能外国人の受入れに当たっては、出入国在留管理庁からの在留資格取得の前に、受入企業は、受入計画を作成して国土交通省の認定を受け、認定後も認定計画の実施状況について国土交通省又は適正就労監理機関から確認を受けることが義務付けられました。受入計画の認定には、賃金等の処遇の水準、建設キャリアアップシステムへの事業者登録及び外国人の技能者登録、特定技能外国人受入事業実施法人への加入などが要件となります。また、2020年４月から受入企業の事務負担を軽減するため、オンライン申請が可能となりました。

本書は、特定技能外国人の適正かつ円滑な受入れのための行政手続のほか、受入企業の立場から成功する受入れのためのポイントをわかりやすく解説しています。ガイドブック2020年版では、第１章を読めば、受入れ制度のアウトラインを理解できるようにし、第２章以降でさらに受入れ実務を行う読者のために、行政手続の詳細が分かるように構成を工夫しています。また、新たにオンライン申請方法の解説を加えるとともに、2020年に追加された業種、特定技能外国人の現場入場に際する元請企業による下請指導ガイドラインの内容、受入れ後の適正就労監理に必要な事項等、ガイドブック2019発刊以降に決定した事項についても解説し、一層充実した内容となっています。

これにより、特定技能外国人制度を有効に活用して、今後深刻化する人手不足の状況を乗り切り、引き続き地域の守り手としての建設業の役割を果たしていただければと思います。

国土交通省
土地・建設産業局建設市場整備課
労働資材対策室長　　　藤條　聡

目　次

はじめに

第１章　建設特定技能のあらまし
１－１．新たな在留資格「特定技能」制度のポイント……1
　１）新たな在留資格「特定技能」……1
　２）特定技能制度に関する法令、文書の全体像……2
　３）受入企業から見た新資格創設の意義……3
　　①技能実習生等の５年雇用延長や帰国後の実習生の再度呼び寄せが可能に……3
　　②即戦力の外国人材を企業が直接雇用することが可能に……3
　　③外国人建設就労者受入事業は2020年度で新規受入れ停止……3
　４）「特定技能」と「技能実習」との比較……3
　　①人手不足解消を目的とした即戦力人材の受入れであること……3
　　②優秀な外国人は期間制限なく在留可に……4
　　③受入企業自身が監理団体を介さずに直接採用できる……4
　　④建設業界の建設業界による、建設業界のための受入事業実施法人の創設……5
　　⑤外国人の転職の自由度が向上……5

１－２．建設分野特定技能外国人の受入れのポイント……7
　１）今後深刻化する建設分野での人手不足の見込み……7
　２）建設分野における関係機関の役割……9
　　①受入企業……10
　　②出入国在留管理庁……10
　　③国土交通省……10
　　④一般社団法人建設技能人材機構（JAC）（＝特定技能外国人受入事業実施法人）……10
　　⑤一般財団法人国際建設技能振興機構（FITS）（＝適正就労監理機関）……10
　　⑥海外提携教育機関・送り出し機関……10
　　⑦登録支援機関……11
　３）建設分野特定技能外国人の待遇の基本原則……11
　　①建設キャリアアップシステム活用により「同一技能同一賃金」を徹底すること……11
　　②特定技能外国人と技能実習生の待遇は区別すること……12
　　③雇用契約の重要事項は雇用主自身が明確に説明すること……12
　　④社会保険加入は必須……12
　　⑤従事させる業務に必要な技能教育を計画的に行うこと……12

第２章　特定技能外国人の受入れ実務
２－１．建設分野特定技能外国人の対象業務・試験・在留資格取得の流れ……14
　１）建設分野特定技能外国人の対象業務……14

①建設分野の特定技能の対象職種（2020年）……14
②今後の対象業務追加の手続……16
2）特定技能外国人の試験（日本語・技能）……17
①日本語試験及び技能評価試験の実施主体……17
②建設分野特定技能１号評価試験……17
③特定技能１号試験の免除者……18
④建設分野特定技能２号評価試験……18
3）在留資格取得までの手続の流れ……18
①在留資格取得の手続と受入までのフロー……18
②技能実習等から特定技能へ移行する場合の留意点……20

２－２．建設分野の受入企業が満たすべき基準……22
1）特定技能雇用契約の適正な履行確保のための基準……22
①業種横断的な共通の要件……22
②建設分野の特性に応じて課される要件……22
2）特定技能外国人への支援の基準……23
①支援体制を有していること……23
②支援の実施……24
③ JAC・FITS による支援の受託……24

２－３．建設特定技能受入計画の認定と適正な実施……26
1）受入れ前に必要な手続（建設特定技能受入計画の認定申請）……26
①認定申請手続……26
②告示第３条の規定による認定要件の解説……27
③ FITS の適正契約締結サポート（事前巡回指導）について……32
2）受入後の特定技能外国人の適正就労監理……33
①適正就労機関の役割……33
②国土交通省に対する受入報告等（オンラインでの報告）……33
③受入れ後講習（スタートアップセミナー）の受講……33
④認定受入計画の実施状況の確認（巡回指導と母国語相談ホットライン）……34
⑤元請企業による下請指導……35

２－４．特定技能外国人受入事業実施法人……37
1）JAC の設立趣旨……37
①全員加入・公平負担の原則……37
②複数に分かれる専門工事業団体による共同実施によるスケールメリット……37
③公正な競争環境の確保……38
④民間の職業紹介事業者の介在ができない仕組みの補完……38
2）JAC が会員のために行う共同事業……39
3）JAC の構成員たる資格と加入方法……40

①建設業者団体、受入企業等の加入……40
②登録支援機関の加入……42
4）会費及び受入負担金……42
①会費……43
②受入負担金（受入企業がJACに支払う経費）……43
5）建設分野の受入れ費用は高いのか？……45
①技能実習との比較……45
②他分野との比較……45
6）行動規範の策定及び遵守……46
7）今後のJACの業務……47
①教育訓練の仕組み……47
②送出しの仕組み……48

2－5．元請企業が現場で特定技能外国人の就労に関して行うこと……50
1）元請企業による下請指導の趣旨……50
2）現場入場届による確認と指導……50

2－6．建設キャリアアップシステムによる能力評価と現場管理……53
1）趣旨……53
2）特定技能外国人やその他の外国人への活用……54

第3章　その他の外国人受入れ制度
3－1．外国人建設就労者受入事業……55
1）制度の趣旨……55
2）認定要件……55
①特定監理団体の要件……55
②適正監理計画の認定……56
3）制度推進事業実施機関の活動……56
①巡回指導業務……57
②母国語ホットライン相談業務……57

3－2．外国人技能実習制度における受入れ基準の強化……59
1）建設業法第3条許可の取得……59
2）月給制の採用……59
3）建設キャリアアップシステムへの登録（事業者・技能者登録）……59
4）技能実習生の受入れ人数枠の設定……60

第4章　特定技能Q＆A
1．特定技能外国人の受入れについて……61
⑴対象職種……61

(2)試験……62

2．受入企業の要件……64
(1)建設業許可……64
(2)建設キャリアアップシステム……64
(3)特定技能外国人受入事業実施法人……65

3．建設特定技能受入計画について……68
(1)申請……68
(2)認定要件……70
(3)受入れ開始後……73

第5章　建設特定技能受入計画のオンライン申請の手引き
建設特定技能受入計画のオンライン申請について……77
1．準備……77
2．申請開始（仮登録・本登録）……90
3．建設特定技能受入計画の新規申請（記入のポイント①～⑧（申請）（宣誓））……91

参考資料Ⅰ　建設分野における外国人材の受入れ概要……103
参考資料Ⅱ　建設分野における特定技能の在留資格に係る制度の運用に関する方針……165
参考資料Ⅲ　「建設分野における特定技能の在留資格に係る制度の運用に関する方針」に係る運用要領……175
参考資料Ⅳ　出入国管理及び難民認定法第七条第一項第二号の基準を定める省令及び特定技能雇用契約及び一号特定技能外国人支援計画の基準等を定める省令の規定に基づき建設分野に特有の事情に鑑みて当該分野を所管する関係行政機関の長が告示で定める基準を定める件……183
参考資料Ⅴ　特定の分野に係る特定技能外国人受入れに関する運用要領……199
参考資料Ⅵ　特定技能外国人の適切かつ円滑な受入れの実現に向けた建設業界共通行動規範……277
参考資料Ⅶ　特定技能制度及び建設就労者受入事業に関する下請指導ガイドライン……281
参考資料Ⅷ　建設分野についての問い合わせ先……293
参考資料Ⅸ　一般社団法人　建設技能人材機構　正会員一覧（2020.6 現在）……294
参考資料Ⅹ　法務省による各種規定……296

第1章　建設特定技能のあらまし

1－1．新たな在留資格「特定技能」制度のポイント

1）新たな在留資格「特定技能」

特定技能は、相当程度の知識又は経験を有する外国人技能労働者（特定技能１号)、熟練した知識又は経験を有する外国人技能労働者（特定技能２号）を、我が国の人手不足が深刻な特定産業分野に受入れようとするもので、その産業分野は、業種ごとに人手不足の状況を踏まえて14分野が特定されます。

建設分野における、これまでの在留資格と新しい特定技能の関係は以下の図表１のとおりです。

改正入管法前までは、建設分野では、「技能実習２号（３年間）又は３号（５年間）」に加えて、「外国人就労者として特定活動の在留資格で就労（２年間。ただし、１年以上帰国した後に再入国する場合には３年間)」で、最長６年ないし８年の在留まででした。

改正入管法により、「技能実習２号（３年間）又は３号（５年間)」に加えて、「外国人就労者として特定活動の在留資格で就労（２年間（１年以上帰国した後に再入国する場合には３年間))」＋「特定技能１号（５年)」ですので、最長13年の在留が認められ、さらに特定技能２号に移行すれば、在留期間の更新制限がなく、在留・就労できることになります。

図表１　新制度創設による外国人材キャリアパス（イメージ）

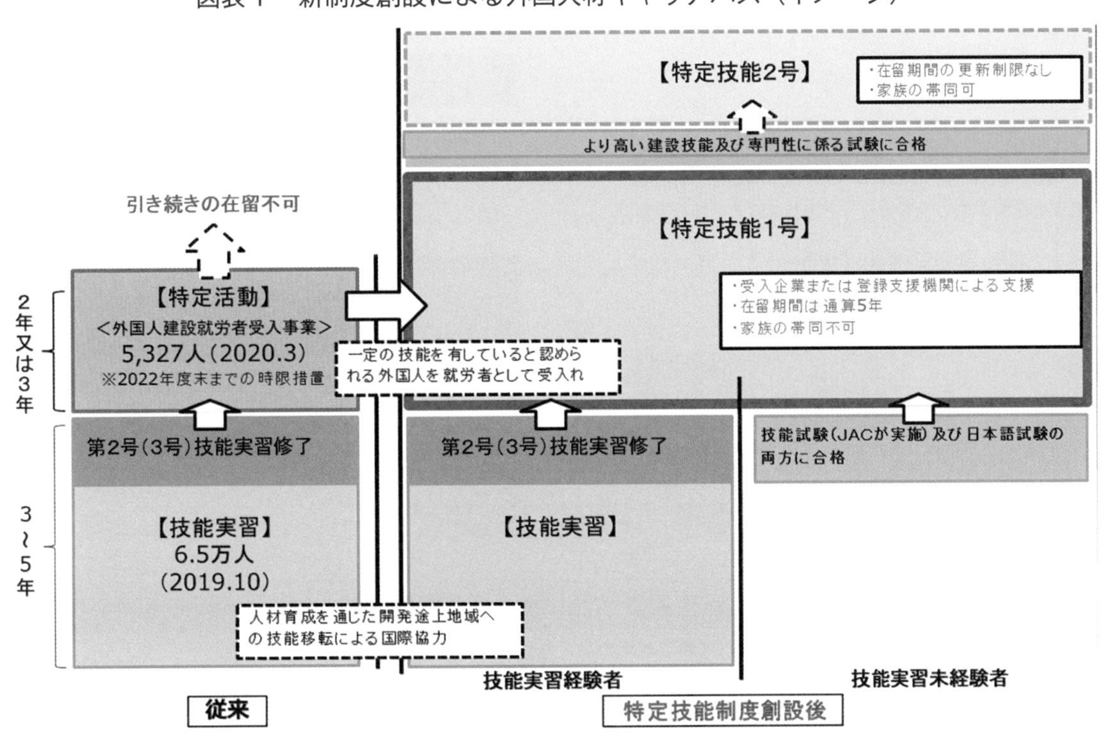

特定技能１号は、受入企業又は登録支援機関による支援が義務付けられています。在留期間は、１年、６月又は４月が付与され、在留状況に応じて更新されます。特定技能２号は、現在、建設分野と造船・舶用工業分野だけで認められていますが、支援の義務もなく、より高度な資格で、配偶

者及び子供の帯同が認められます。在留期間は、３年、１年又は６月が付与され、在留状況に応じて更新されます。

2）特定技能制度に関する法令、文書の全体像

今回の出入国管理及び難民認定法の一部改正法（「改正入管法」）に基づく特定技能外国人制度には、さまざまな法令や文書があり、分かりにくいと思いますので、全体像を簡単に説明します。

改正入管法では、新たな在留資格である特定技能１号・２号を創設すること、政府に対して特定技能の在留資格に係る制度の運用方針及び分野別の方針を定めるべきこと、特定技能雇用契約等の基準を定め、基準への適合を義務化すること、出入国在留管理庁への各種届出義務を課し、監督規定を置くこと等が主な内容です。

具体的な基準や運用方針は、下位の文書に規定されています。その体系を示すと以下のとおりです。建設分野では、建設業の特有の事情に鑑みて、「出入国管理及び難民認定法第７条第１項第２号の基準を定める省令及び特定技能雇用契約及び１号特定技能外国人支援計画の基準等を定める省令の規定に基づき建設分野に特有の事情に鑑みて当該分野を所管する関係行政機関の長が告示で定める基準を定める件（以下「告示」という。）」を定めて、特定技能外国人の受入及び就労の監理を行っています。

図表２　法令、方針の文書の一覧表

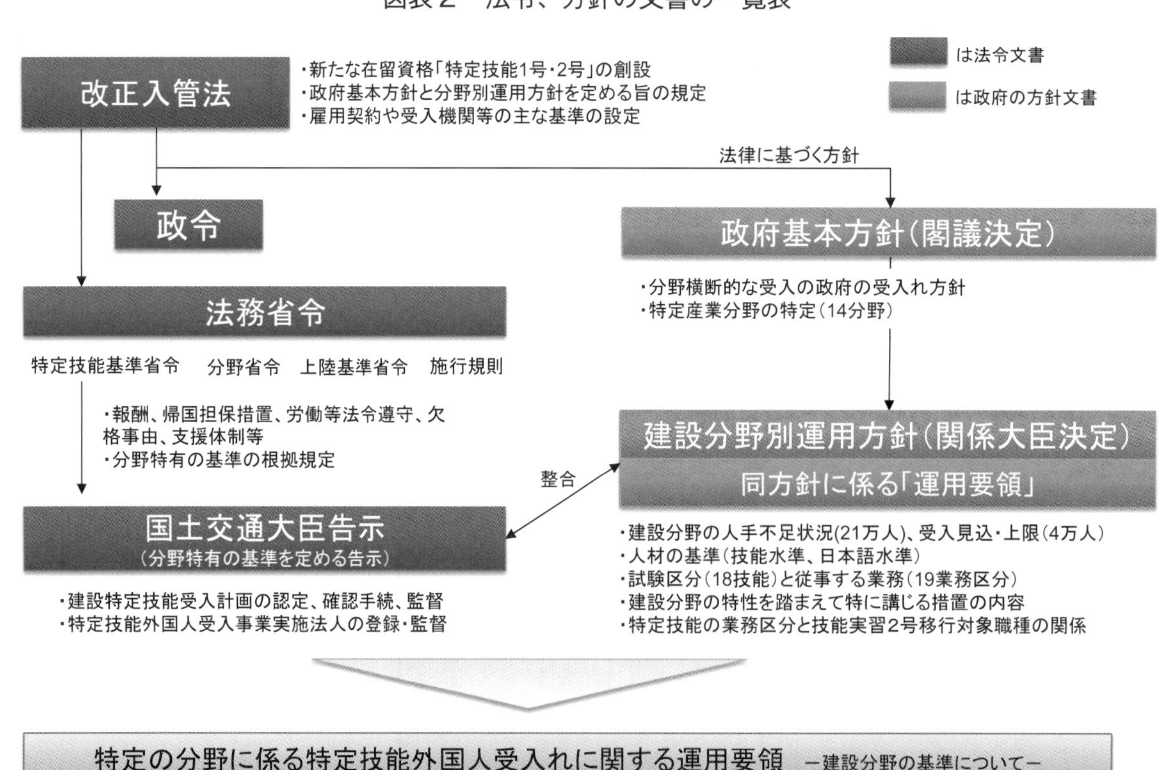
は法令文書
は政府の方針文書
改正入管法
・新たな在留資格「特定技能1号・2号」の創設
・政府基本方針と分野別運用方針を定める旨の規定
・雇用契約や受入機関等の主な基準の設定
法律に基づく方針
政令
政府基本方針（閣議決定）
・分野横断的な受入の政府の受入れ方針
・特定産業分野の特定（14分野）
法務省令
特定技能基準省令　分野省令　上陸基準省令　施行規則
・報酬、帰国担保措置、労働等法令遵守、欠格事由、支援体制等
・分野特有の基準の根拠規定
整合
建設分野別運用方針（関係大臣決定）
同方針に係る「運用要領」
国土交通大臣告示
（分野特有の基準を定める告示）
・建設分野の人手不足状況(21万人)、受入見込・上限(4万人)
・人材の基準(技能水準、日本語水準)
・試験区分(18技能)と従事する業務(19業務区分)
・建設分野の特性を踏まえて特に講じる措置の内容
・特定技能の業務区分と技能実習2号移行対象職種の関係
・建設特定技能受入計画の認定、確認手続、監督
・特定技能外国人受入事業実施法人の登録・監督
特定の分野に係る特定技能外国人受入れに関する運用要領　－建設分野の基準について－
上記法令や方針に基づく制度運用の考え方や手続の詳細を定めるガイドライン

全ての文書を包含して、制度運用の考え方や手続の詳細を定めているのが、「特定の分野に係る特定技能外国人受入れに関する運用要領―建設分野の基準について―（平成31年３月法務省・国土交通省編）」となっていますので、制度の利用者にとっては、この文書が全体像を理解する上で、分かりやすいと思います。

3）受入企業から見た新資格創設の意義

①　技能実習生等の５年雇用延長や帰国後の実習生の再度呼び寄せが可能に

まず、今まで、技能実習生を受入れてきた企業の立場から見てみましょう。これまでは、技能実習又は外国人建設就労者は、在留期間が満了すれば、帰国しなければなりませせんでしたが、新たな在留資格の創設により、在留期間満了後も引き続き５年間、企業の戦力になって働いてもらうことができるようになりました。また、既に帰国後の技能実習修了者も、特定技能外国人として、再度呼び寄せ、直接雇用することが可能です。

さらに、技能検定１級相当で、職長クラスの技能と経験を有する者（＝建設キャリアアップシステムレベル３）は、在留期間の制限なく、日本人と変わりなく、就労して頂くことが可能となりました。

②　即戦力の外国人材を企業が直接雇用することが可能に

次に、これまでは技能実習生を受入れた経験がない企業の立場から見てみましょう。技能実習生は、国外への技能移転と適正な技能実習実施が必要であったため、費用負担や行政手続の負担が大きいという指摘がありました。新たな在留資格の創設によって、未就業者である技能実習生の受入れを行わなくても、直接、試験に合格した即戦力人材を企業自身が直接雇用で採用することができることができるようになりました。もちろん、まずは技能実習生として採用して、実習終了後、いい人材であれば、引き続き特定技能外国人として働いてもらうという長期計画で受入れるという選択肢も当然ながらあります。

③　外国人建設就労者受入事業は2020年度で新規受入れ停止

東日本大震災からの復興需要やオリンピック・パラリンピック東京大会に向けた一時的な建設需要の増大に対処するため、特定活動という在留資格によって技能実習修了者を就労者として受入れる制度が2015年から実施されています。

本制度は、2020年度新規受入れ停止、2022年度末までの時限措置になっておりますので、2021年度から即戦力人材を受入れる場合には、特定技能外国人制度をご利用下さい。

以上のように外国人技能労働者の採用について、企業が取り得る選択肢が大きく増えました。人手不足が深刻化するこの時代、新しい制度の活用を検討する意義は大いにあると考えて良いでしょう。

それでは、次に、新たな在留資格「特定技能」とこれまでの「技能実習」を比較しながら、特徴を大づかみに見ていきましょう。

4）「特定技能」と「技能実習」との比較

①　人手不足解消を目的とした即戦力人材の受入れであること

技能実習制度の趣旨は、日本での技能実習を通じた発展途上国への技能移転です。受入れる人材も、入国時には技能を有さずとも、技能実習２号の場合は３年間で技能検定３級相当の技能を、技能実習３号の場合は５年間で技能検定２級相当の技能を身につければよいことになります。入国時には、最低限の日本語教育が求められますが、技能を習得するのは入国後になります。

他方、特定技能は、相当程度以上の知識又は技能を有する者であることが求められ、１号特定技能外国人は、入国前にすでに技能検定３級相当以上の技能を有し、かつ、日本語能力試験Ｎ４以上が必要となります。

②　優秀な外国人は期間制限なく在留可に

これまでの技能実習では、技能実習２号修了で３年、３号修了で５年（2017年11月から）、さらに外国人建設就労者としての在留で２年（技能実習修了後１年以上帰国していれば３年）までしか在留が認められていませんでした。今回の特定技能の在留資格創設で、技能実習（２号であれば３年、３号であれば５年）を修了後、１号特定技能外国人として５年間働くことができますし、技能が熟練すれば２号特定技能外国人として在留期間の更新上限がなく働くことができます。

１号特定技能外国人に対しては、通算で最長５年間の在留期間中、受入企業（入管法では正式には「特定技能所属機関」といいますが、本書では、受入企業と呼びます。）は日常生活、社会生活又は職業生活上の支援を行う義務が課せられ、出入国在留管理庁に対して就労状況、支援状況の報告を定期的に行う必要があります。また、在留期間も基本的に１年ごと（在留の状況に応じて６カ月又は４カ月）に更新していく必要があります。

建設分野では、職長クラスの技能と経験（＝建設キャリアアップシステムのレベル３）があれば、特定技能２号の在留資格を取得することができます。２号特定技能外国人は、在留期間更新の制限がなく、配偶者及び子供の帯同が認められます。支援などの義務もなく、特定技能雇用契約に基づく在留であれば、ずっと日本で働くことができることになります。

建設技能者は、育成に長い時間がかかります。一人前の職人になるためには、５年では不足というのが実態でしょう。今回、建設分野では特定技能２号の道を開いておりますので、これはという外国人については、我が国の建設業を担う熟練職人として長く活躍してもらうことができるようになります。こうした道を開いていくことで、有為な外国人材を確保することができるという効果も期待されます。

受入企業は、将来を見据えて計画的に外国人材を受入れ、育成を行っていくことが可能になります。

③　受入企業自身が監理団体を介さずに直接採用できる

技能実習制度（団体監理型）では、職業安定法の特例措置として、海外の送り出し機関と提携関係を有する監理団体から実習生の紹介を受けて雇用する以外に方法はありませんでした。一方、新しい特定技能外国人は、求人求職ルートに制限がなく、受入企業自らが直接採用することが可能になりました。

これにより、例えば、建設分野では、これまでは一般的には監理費として監理団体に月額５万円前後／月・人を支払っていたものが、特定技能への移行により、支援を外部に委託しなければ、一般社団法人建設技能人材機構（JAC）に対する受入負担金、月額１万2500円／人（技能実習等からの移行の場合）だけで済むことになります。

ただし、直接雇用とはいえ、１号特定技能外国人の場合には、支援計画に基づく企業による支援のほか、建設分野については適正就労監理機関による巡回指導の受入れ等が義務付けられます。企業の受入れ体制の状況に応じて、外国人の支援の全部又は一部を登録支援機関等に委託する場合には、委託費は必要になります。（特定技能は、技能実習よりも実習監理の手続が少ないですから、技能実習の監理費よりも支援の委託費は低いことが一般的です。）

なお、建設労働者の場合、職業安定法の規制により、有料職業紹介事業者による人材斡旋が受けられませんので、新制度では、「これまでにお世話になってきた組合さん（監理団体）に人材紹介手数料を払って特定技能外国人を紹介してもおう」ということができませんので注意が必要です。登録支援機関や民間の人材紹介会社などから、特定技能外国人の紹介を受ける場合には、支援の委託とセットとなっていることが多いため、支援費用が適正な料金かどうか、過剰な支援になっていないか、遠方からの支援のため必要以上にコストがかかることになっていないか、などに留意することが必要です。

もちろん、雇用した外国人への様々な支援の実施及び支援の実施状況の届出等は、これまでつき合いがあった監理団体や行政書士（支援体制を有しない企業の場合は、登録支援機関として登録されている必要がある）に委託することができます。

④　建設業界の建設業界による、建設業界のための受入事業実施法人の創設

建設業は、元請企業の施工管理の下、多数多種の専門職種が分業で協力しながら実施する仕組みであり、職種及びそれに応じた建設業者団体も多数に分かれています。それぞれ多数の団体が個別に海外における候補者の訓練及び試験の実施を行うことになると非効率であり、そもそも有為な外国人を確保するという観点から支障をきたす恐れがあります。また、元請企業自身が技能労働者を雇用することは多くはありませんが、元請企業としても、今後現場で増加していく外国人に関する適正な受入れに当事者として向き合わなければなりません。

また、技能実習の監理団体の中には、適切な監理、指導を実施しないにもかかわらず、監理費が高い、保証金に類似するような金額を徴収するという悪質な者の存在も指摘されていました。

こうした状況にかんがみ、技能実習で監理団体が担ってきた機能を建設業界自身が担い、特定技能外国人の受入事業を行うために、専門工事業者団体、元請ゼネコン団体が参加して、「一般社団法人建設技能人材機構（JAC）」が設立されました。詳しくは、第２章２－４で解説します。同機構は、特定技能外国人受入事業実施法人として国土交通大臣の登録を受け、業界共通の行動規範の策定・運用、技能評価試験の実施、特定技能外国人の教育訓練、就職の斡旋、適正な受入れの確保などの共同事業を実施することになります。

受入企業は、全員参加・公平負担の原則の下、同機構の活動に参画しながら、適正かつ円滑な受入れを行っていくことになります。

⑤　外国人の転職の自由度が向上

技能実習生の場合、実習先を変更しようとすると、実習実施者である雇用先の企業、監理団体の了解を得たうえで、技能実習計画の変更認可の取得など、色々な手続きを踏む必要があり、事実上、外国人の意思に基づく転職は難しい実情がありました。

他方、新しい特定技能は、在留期間が存続している間は、基本的に、外国人の意思による転職は、在留資格変更の手続を踏みさえすれば、日本人と同様に制限されないこととなります。したがって、技能実習２号の実習を修了した後は、外国人の意思によって他の企業に転職することも可能となりますので、外国人にとっては、就職機会が増えるというメリットがあるでしょう。一方で、雇用している企業から見れば、技能実習でせっかく育てた外国人が他に転職してしまう、引き抜かれてしまうといった懸念が生じることもあると思います。特定技能では、特定技能外国人受入事業実施法人の定める行動規範により、悪質な引き抜きは禁止されていますが、今回の特定技能の

制度趣旨が、日本人と比較して差別的な扱いをしないという前提である以上、企業は、以前よりも増して、外国人とコミュニケーションを密にして、外国人の良好な就労環境や処遇に意を用いなければなりません。

図表３　特定技能（建設分野）と技能実習の制度の比較

	特定技能（建設分野）	技能実習
目的	人手不足対策	国際技能移転、国際協力
対象者のレベル	即戦力となる人材・技能実習２号修了レベル（技能検定３級・日本語能力Ｎ４レベル）	見習い・未経験者
在留期間	１号：５年 ２号：制限なし	２号：３年 ３号：５年
人材紹介を行う主体	一般社団法人建設技能人材機構（JAC）による人材紹介が可能（義務ではない） ※有料職業紹介事業は不可	監理団体からの人材紹介を受ける義務
教育	政府間協力に基づき、入国前に、機構と提携する建設職業訓練校等による技能教育、Ｎ４レベルの日本語教育を実施	原則入国後講習 日本語、生活知識等（２ヶ月） ※入国前講習を実施する場合、入国後の講習の期間の短縮あり
受入費用	機構に対する受入負担金の納入 訓練・試験コース：月２万円@人 試験コース：月１万５千円@人 試験免除コース：月１万2500円@人 （送出国ごとに異なる送出費用等については、別途必要）	監理団体への監理費の納入 相場は月３～６万円@人 （通常の場合、手続・訓練・教育等に別途経費が必要）
行政手続	・国土交通大臣による受入計画認定 ・法務大臣による在留資格審査（支援計画策定も含む） ・地方出入国在留管理局への就労状況・支援状況の届出（四半期に１回）	― ・法務大臣による在留資格審査 ・外国人技能実習機構の技能実習計画の認可、実習実施状況の届出
監理	適正就労監理機関による巡回指導受入れ	・技能実習日誌の記録・備付 ・監理団体による訪問指導（月１回） ・監査（３か月に１回）
転職	自発的な意思に基づく転職は可能	転職には、雇用先、監理団体の同意を得て、実習計画の変更等が必要であり、事実上困難

1－2．建設分野特定技能外国人の受入れのポイント

1）今後深刻化する建設分野での人手不足の見込み

建設分野で活躍する外国人の数の推移を見てみましょう。2011年から7倍以上に増加（1.3万人→9.3万人）しており、在留資格別では技能実習生が最も多く（2019年：6.5万人）、特に2015年以降、増加傾向にあり、人手不足が年々深刻化している状況がうかがえます。

図表4　外国人の受入状況の推移

	2011	2012	2013	2014	2015	2016	2017	2018	2019	2011→2019 増加率
全産業	686,246	682,450	717,504	787,627	907,896	1,083,769	1,278,670	1,460,463	1,658,804	141.7%
建設業	12,830	13,102	15,647	20,560	29,157	41,104	55,168	68,604	93,214	626.5%
技能実習生	6,791	7,054	8,577	12,049	18,883	27,541	36,589	45,990	64,924	856.0%
外国人建設就労者（特定活動）	-	-	-	-	401	1,480	2,983	4,796	5,327	-
特定技能外国人	-	-	-	-	-	-	-	-	267	-

※外国人建設就労者及び特定技能外国人は年度末時点、その他は10月末時点の人数。
出典：外国人建設就労者は国交省調べ、特定技能外国人は入管庁調べ、その他は外国人雇用届出状況（厚生労働省）

建設分野においては、高齢の熟練技能者の大量引退が始まりつつあります。建設技能労働者約330万人のうち、60歳以上は約84万人に対して、30歳未満は約38万人です。

建設業の人手不足は、まさにこれまで建設業を支えてきた建設技能者の引退に対して、若年者層の数が少ないことに起因する人手不足と言えます。

図表5　年齢階層別の建設技能労働者の数

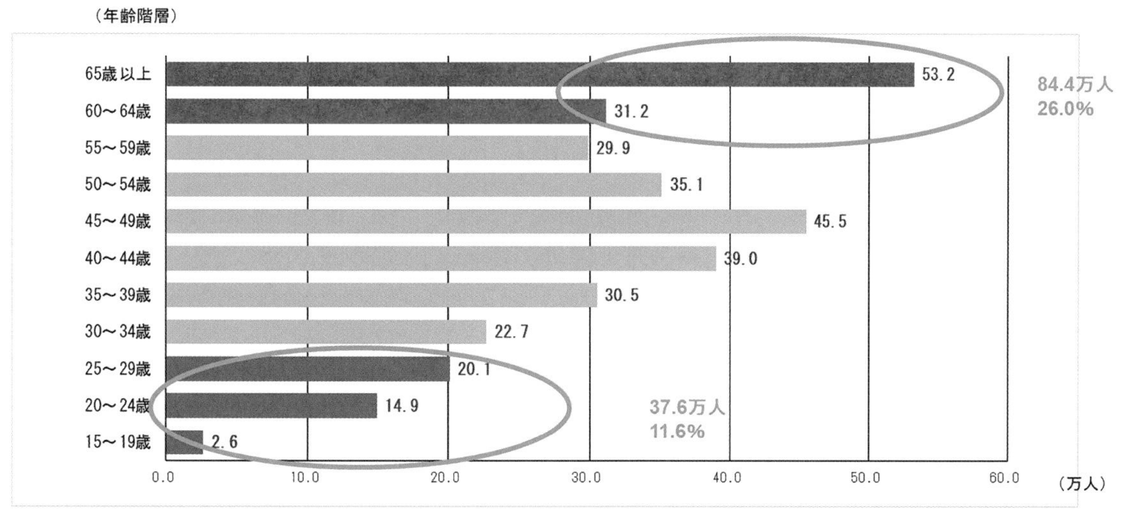

出所：総務省「労働力調査」（H31年平均）をもとに国土交通省で推計

では、足もとの状況はどうでしょうか。有効求人倍率でみてみましょう。図表6をみますと、建設・採掘の職業は5.05と、全産業平均1.50を大きく上回っています。特に、建設躯体工事の職業は、10倍を超える高い有効求人倍率となっています。これは、近年の底堅い建設投資需要に対し

て、高齢熟練技能者の引退等により、建設企業側の求人需要が高まっている一方、建設業に職を求める求職者の数が減少していることが要因になっています。

図表６　建設分野の職業の有効求人倍率の推移

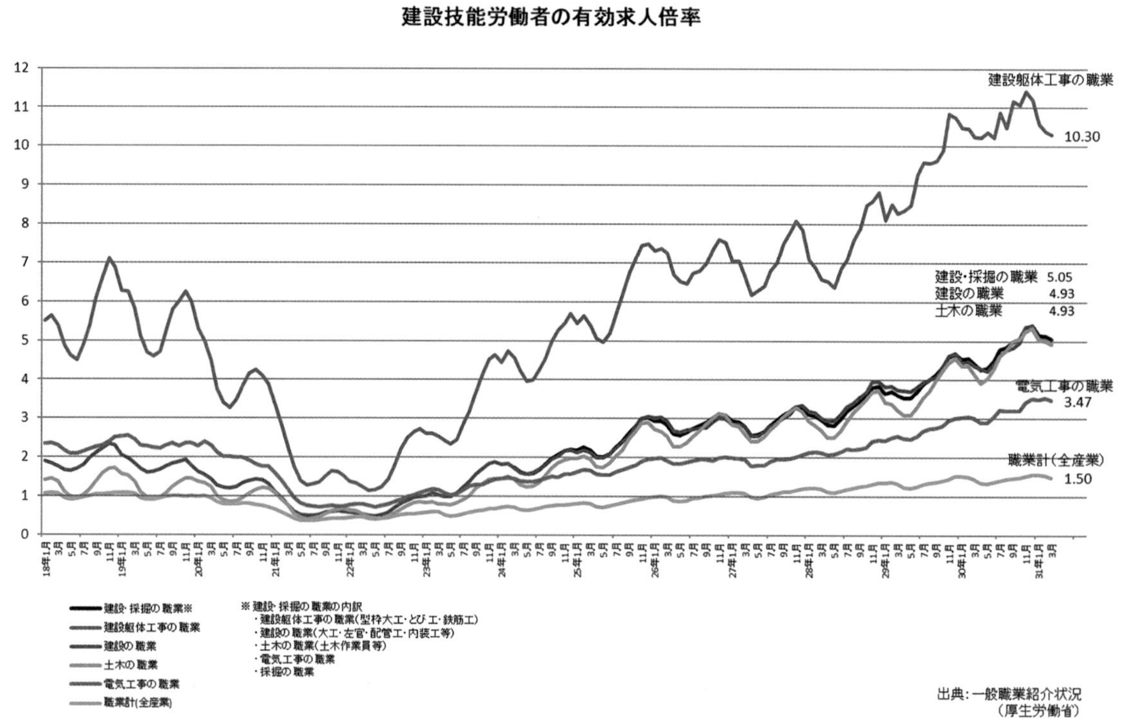

建設技能労働者の有効求人倍率

建設躯体工事の職業 10.30
建設・採掘の職業 5.05
建設の職業 4.93
土木の職業 4.93
電気工事の職業 3.47
職業計(全産業) 1.50

建設・採掘の職業※
建設躯体工事の職業
建設の職業
土木の職業
電気工事の職業
職業計(全産業)

※建設・採掘の職業の内訳
・建設躯体工事の職業(型枠大工・とび工・鉄筋工)
・建設の職業(大工・左官・配管工・内装工等)
・土木の職業(土木作業員等)
・電気工事の職業
・採掘の職業

出典：一般職業紹介状況（厚生労働省）

現在の建設技能者の年齢構成等を踏まえれば、平成30年度には建設技能者約329万人、令和５年度には約326万人となると見込まれます。一方で、建設業従事者の長時間労働を、製造業を下回る水準まで減少させるなどの働き方改革の進展を踏まえれば、建設投資額が一定と仮定した場合でも、必要となる労働力は増加していきますので、平成30年度は約331万人、令和５年度には約347万人と見込まれます。このため、建設技能者の人手不足数は、平成30年度時点で約２万人、令和５年度時点で約21万人となります。

以上のような建設分野において深刻化する人手不足に対応するため、官民を挙げて、今後５年間で、生産性向上の取組により16万人程度の労働効率化を図りつつ、国内人材確保の取組により、施策を講じなかった場合と比べて１万人～２万人程度の就労人口の純増を図ることとされています。

今回の特定技能外国人の受入れは、このような取組を行ってもなお生じる人手不足（３～４万人）を充足することを目的としています。

図表7　新たな在留資格による外国人材の受入れ見込み数の考え方

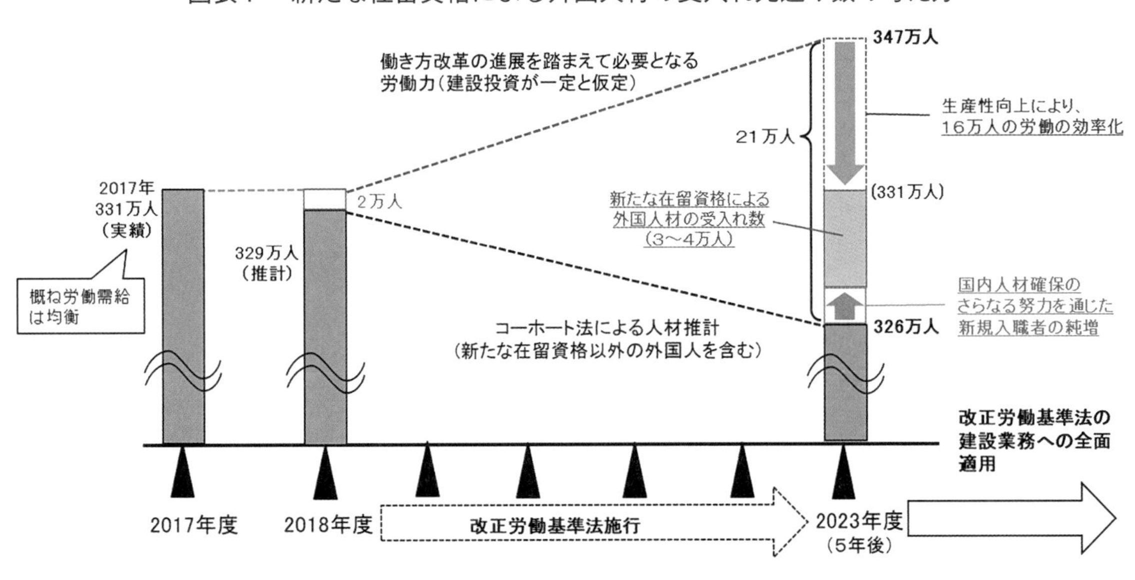

2）建設分野における関係機関の役割

建設分野の特定技能外国人の受入れに当たっては、その適正な受入れを推進するため、それぞれ関係機関が様々な役割を担っています。詳細は第2章で解説するとして、ここでは、それぞれの関係機関の役割の概要を紹介しましょう。

図表8　JACと関係機関との業務連関イメージ

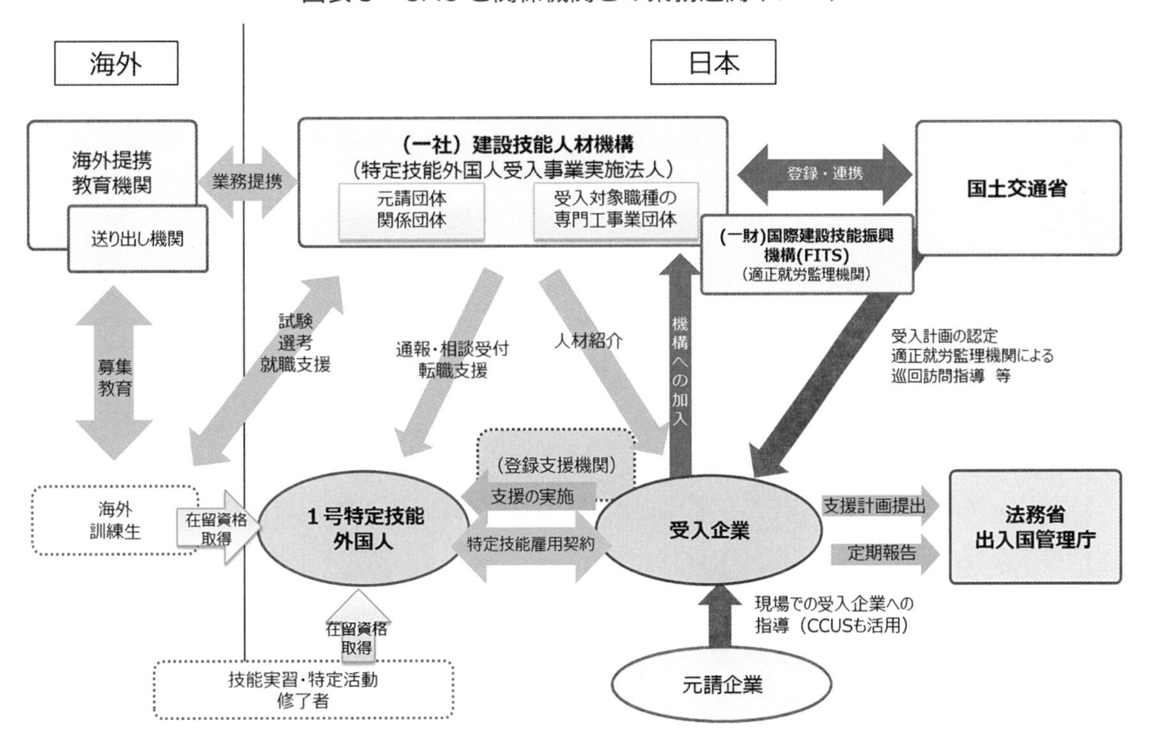

①　受入企業

入管法では、正式には、「特定技能所属機関」と言いますが、本書では、単に受入企業と呼びます。受入企業は、特定技能外国人を受入れる企業のことで、入管法上、特定技能雇用契約の適正な履行や、特定技能外国人に対する日常生活、社会生活上の必要な支援が義務付けられます。

技能実習のように、監理団体の監理や支援を受けることは要しませんが、必要に応じて、登録支援機関に支援を委託して、法律上の義務を履行することも認められています。

建設分野では、受入企業は、④の特定技能外国人受入事業実施法人である一般社団法人建設技能人材機構（JAC）又はJACの正会員である建設業者団体に加入する必要があります。

②　出入国在留管理庁

本制度の主務官庁となります。在留資格を審査して、付与するほか、特定技能外国人の就労状況や支援状況について、受入企業から届出を求め、チェックする役割を持っています。また、登録支援機関の登録を行います。

③　国土交通省

受入企業が作成する建設特定技能受入計画を認定し、認定計画に基づき特定技能外国人の適正な受入れが行われていることを継続的にモニタリングします。適正な受入れが行われていない場合等には、認定取消等の処分を行うことがあります。

④　一般社団法人建設技能人材機構（JAC）（＝特定技能外国人受入事業実施法人）

我が国の建設業者団体が共同で出捐し、特定技能外国人の受入事業を行うために、専門工事業者団体、元請ゼネコン団体が参加して、2019年4月1日に「一般社団法人建設技能人材機構（JAC）」が創設されました。JACは、特定技能外国人受入事業実施法人として国土交通大臣の登録を受け、業界共通の行動規範の策定・運用、技能評価試験の実施、特定技能外国人の教育訓練、就職の斡旋、適正な受入れの確保などの共同事業を実施します。適正な受入れの確保のための受入企業等への巡回指導、外国人に対する母国語相談事業は、⑤に掲げる専門機関であるFITSに委託して行います。

⑤　一般財団法人国際建設技能振興機構（FITS）（＝適正就労監理機関）

JACから委託を受けて、巡回指導、母国語相談を実施し、特に、改善指導を受けた受入企業等に対して、国の委託を受けて監査を行います。また、特定技能外国人に対する受入後講習の実施のほか、特定技能外国人を受け入れようとする企業からの求めに応じて、適正契約締結サポート（事前巡回指導）を実施します。

⑥　海外提携教育機関・送り出し機関

JACが業務提携する海外の教育機関で、特定技能外国人として来日しようとする候補者に対する日本語教育や日本式施工に係る技能教育を行う機関です。

国によっては、送り出し機関を通じて送り出すことが義務付けられており、海外提携教育機関と連携した送り出しを担います。

⑦　登録支援機関

１号特定技能外国人に対する義務的支援を受入企業から委託して実施する機関で、技能実習制度の監理団体や、行政書士などが登録を受けています。

技能実習とは異なり、支援体制を有しない受入企業でない限り、必ず支援を委託しなければいけないわけではありません。

３）建設分野特定技能外国人の待遇の基本原則

特定技能外国人は、相当程度の知識又は経験を有する即戦力の人材であり、技能実習生よりも高い処遇が求められます。外国人の自発的な意思に基づく転職も認められていますので、処遇や就労環境次第では、せっかく採用した外国人が転職してしまうリスクも高くなるということを常に念頭に置く必要があります。

また、今回、建設分野を含め、14分野で、特定技能外国人が受入れられることになりました。人材確保競争は、国内のみならず、海外でも激しくなることを理解しておく必要があります。

受入企業にとっても、外国人にとっても不幸な受入れとならないよう、まず始めに頭に入れておくべき受入れの基本原則をご紹介します。これは、建設分野での特定技能外国人を受入れる場合に必要な「建設特定技能受入計画」の認定要件となっており（第２章２－３参照）、この原則を徹底することが、結果的には、受入企業の競争力を高めてくれるはずです。

①　建設キャリアアップシステム活用により「同一技能同一賃金」を徹底すること

特定技能外国人は、改正法施行日である2019年４月から、外国人技能実習生と建設就労者受入事業については、2020年１月以降に申請が受理された技能実習実施計画／適正監理計画から、「建設キャリアアップシステム」への加入が義務づけられています。

建設キャリアアップシステムは、改正入管法の施行と同じく、2019年４月から運用が開始され、５年後の2023年度までにすべての建設技能者の加入を目指し、国土交通省と建設業界が協力して導入を進めているシステムです。様々な元請業者の現場で働く建設技能者は、それまでの技能や経験、マネジメント能力を客観的に証明する手段がありませんでした。そこで、建設業界が一致協力して、同一の基準、ルールによって電子的に技能者本人の情報や日々の就業履歴を蓄積し、見える化することで、技能と経験に応じた処遇を実現するために導入されたものです。

外国人労働者を受入れるにあたっては、技能実習生、外国人建設就労者、特定技能外国人いずれの制度であっても、日本人と同様に、客観的に統一基準により技能を評価し、「同一技能同一賃金」の原則を徹底しなければ、建設技能者全体の処遇に悪影響を与え、将来、建設産業は国内人材が入らない産業になってしまう懸念があります。このために、建設キャリアアップシステムによる能力評価を活用することが有効です。

特定技能制度の創設で、より長期にわたり外国人が就労することになりますので、建設キャリアアップシステムを有効に活用し、外国人だから安い賃金でいいとか、日本人なのに外国人より安い賃金はおかしい、などといった誤った認識が生じないよう、建設業界として取り組んでいく必要があります。

②　特定技能外国人と技能実習生の待遇は区別すること

技能実習生と特定技能外国人では、技能レベルに差がある以上、相応の処遇を図る必要があります。外国人はそれぞれの賃金や手当がどの程度なのかについて敏感ですので、最近はSNSなどでお互いの処遇に関する情報共有を図っています。したがって、それぞれの受入企業は、なぜこの外国人がこの処遇であるのか、技能レベルや日本語の理解度など明確に説明できる基準を設け、かつ、その基準に達したら昇給することをあらかじめ理解させる必要があります。

特定技能外国人に対する賃金で参考になるのは、外国人建設就労者受入事業でしょう。外国人建設就労者は、技能実習2号以上を修了した者で、同一技能同一賃金の原則は特定技能外国人と同様です。2020年3月現在、5000人以上の外国人建設就労者が就労していますが、1年目で、平均的に23万円の月収となっていて、これに加えて手当も支払われるのが通常です。30万円を超える月収の者もいます。

特に、特定技能外国人は、職業選択の自由が認められていますので、適切な賃金水準で処遇しないと、転職されてしまい、受入企業にとっては損失になります。

③　雇用契約の重要事項は雇用主自身が明確に説明すること

失踪などの入国後のトラブルは、事前に聞いていた話と違う、というのが最も多い原因です。給与総額がいくらで、税金、社会保険料など法定で徴収される額がいくらか、また、住居費や食費など、実費控除がいくらかを、雇用主自身が明確に説明することが必要です。毎月支払われる基本給部分と能力や実績に応じて支払われる手当部分がいくらなか、この点もはっきりさせましょう。住居費や食費などの必要経費以外に、不当に給与から控除することはできません。

また、どのような仕事に従事させるのか、できるだけ詳しく説明することです。過酷な環境での仕事、通常、人が嫌がるような仕事をする可能性がある場合には、後でそんな話は聞いていないという状態にならないよう、特に業務内容をしっかり説明し、双方が合意しておくことが不可欠です。

一般財団法人国際建設技能振興機構（FITS）では、母国語通訳を介して、雇用契約の事前の重要事項説明と契約締結手続のサポートを行う「適正契約締結サポート（事前巡回指導）」を行っています。外国人との間の処遇や業務内容をめぐるトラブルの未然防止と、国土交通省の建設特定技能受入計画の認定審査における手戻り防止・迅速化が図られるほか、受入れ後に、特定技能外国人が受講することが義務付けられている受入れ後講習（スタートアップセミナー）が免除されるなどのメリットがあります。

④　社会保険加入は必須

在留期間の制限がある外国人といえども、社会保険（雇用保険、健康保険、年金）への加入は、入管法令における特定技能雇用契約の基準となっており、これに違反すると5年間受入れができなくなります。外国人は、帰国時に、年金納付額の一部の還付を受けられる制度もあります。社会保険料の本人負担分控除が正確に伝わっていないために、受入れ後にトラブルの原因になることがありますので、ご注意ください。

⑤　従事させる業務に必要な技能教育を計画的に行うこと

特別教育や技能講習など、労働安全衛生法上必要な資格は取得させ、日本人と同様に技能研鑽を行って下さい。これによって、建設キャリアアップシステムの能力レベルを、在留期間中にレベル3まで取得させることを目標にしましょう。ステップアップをした場合の昇給も義務付けられています。

日本語も含め、レベル3の技能を、在留期間の5年間で習得させることにより、2号特定技能外国人として、在留期間の制限なく活躍してもらうことが可能になりますので、長期的な視点で教育を行うことが受入企業と外国人双方にとってメリットがあります。

逆に、手元作業などの単純労働ばかりやらせて、技能教育を怠り、昇給もさせないと、すぐに不満がたまり、転職されてしまい、コストをかけて受入れても定着しないという悪循環に陥ってしまうでしょう。

●ポイント

・ベテラン職人の大量退職で今後ますます人手不足が深刻化。5年後には少なくとも21万人の人手不足に。生産性向上で16万人の労働効率化、国内人材確保で1～2万人で、最大4万人を特定技能外国人として受入れることに。

・建設分野では、一般社団法人建設技能人材機構への所属、建設キャリアアップシステムへの登録、受入計画の認定取得、在留資格取得又は変更が必要になる。

・受入企業の競争力を向上させる待遇の基本原則は4つ

1）「同一技能同一賃金」の原則の徹底

2）特定技能外国人と技能実習生の待遇は区別

3）雇用契約の重要事項は雇用主自身が明確に説明

4）社会保険加入は必須

5）従事させる業務に必要な技能教育を計画的に行う

第2章　特定技能外国人の受入れ実務

2－1．建設分野特定技能外国人の対象業務・試験・在留資格取得の流れ

1）建設分野特定技能外国人の対象業務

①　建設分野の特定技能の対象職種（2020年）

建設業は、分野別運用方針において、特定技能外国人を受入れられる業務及び試験の区分を定めていて、初年度である2019年度は、12業務・11技能が対象となっていました。これまで技能実習２号移行対象職種であった①型枠施工、②左官、③コンクリート圧送、④建設機械施工、⑤屋根ふき、⑥鉄筋施工、⑦内装仕上げ、⑧表装の８業務に加えて、⑨トンネル推進工、⑩土工、⑪電気通信、⑫鉄筋継手の４業務は、新たに特定技能で新たに認められることとなった業務・技能です。

2020年２月、分野別運用方針が改正され、新たに７業務・技能が特定技能の対象業務となりました。そのうち、これまで技能実習２号移行対象職種であったものは⑬とび、⑭建築大工、⑮建築板金、⑯配管、⑰保温保冷の５業務で、特定技能で新たに認められることになったのは、⑱吹付ウレタン断熱、⑲海洋土木工の２業務です。

建設分野では、図表９のとおり、技能実習では、25職種（38作業）が対象となっていますが、そのうちの13職種（作業単位で言えば22作業）が技能実習から試験免除で特定技能の在留資格を変更して、そのまま就労できることになります。

その他の12職種の、技能実習生又は外国人建設就労者を特定技能外国人として受入れるためには、新たに、特定技能の対象職種での技能評価試験（技能検定３級又はJACが実施する技能評価試験）に合格することが必要です。技能実習を良好に修了した外国人であれば、2019年11月からは、日本語試験は免除されることになりました。

なお、特定技能で受け入れる以外の方法としては、

- 外国人建設就労者として雇用する（新規受入れは、７月31日で受付停止。2020年度までに入国が必要。）
- 技能実習生（３号）として雇用する

という選択肢を検討することになります。

建設分野特定技能で活動が認められる業務区分と、技能実習２号移行対象職種（13業務区分・12技能）の対応関係は、図表９・10のとおりです。技能実習の職種よりも大くくりとなってます。特に、建設機械施工は、技能実習では４つの作業に分かれていたものを、特定技能では一つの業務として一つの技能評価試験で測ることになりますし、内装仕上げ及び表装の２業務については、技能実習では６作業に分かれていたものを、特定技能では一つの技能評価試験で測ることになります。

図表９　特定技能の業務区分と技能実習２号移行対象職種の対応関係

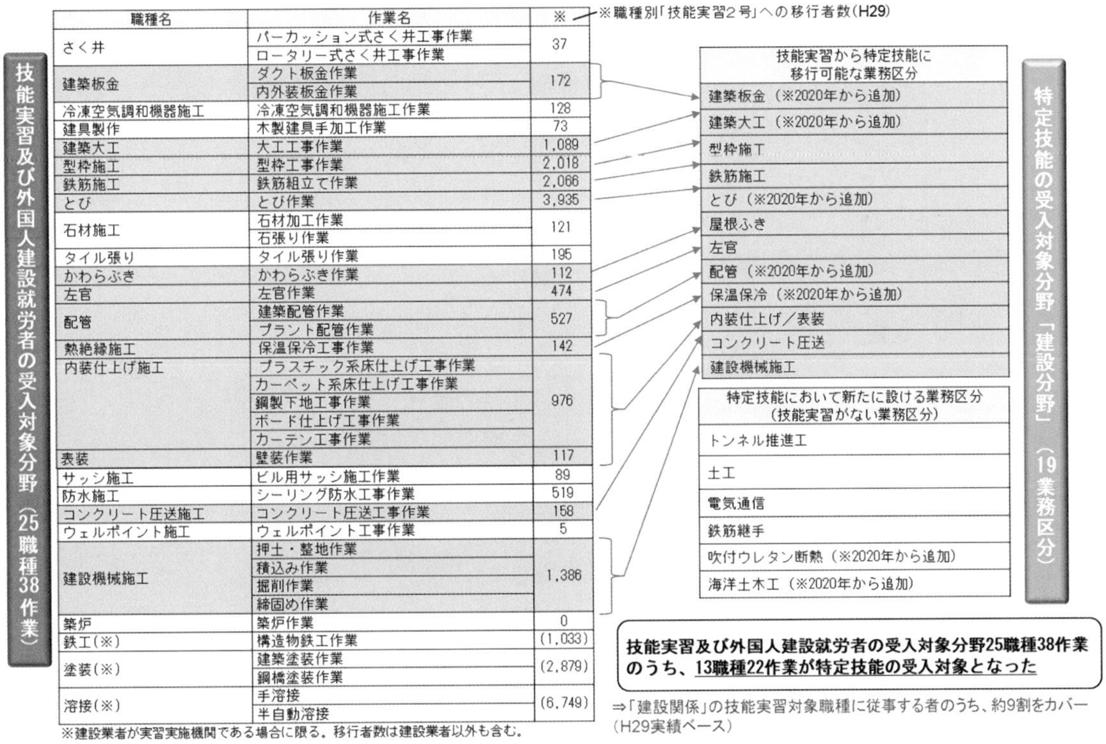

技能実習及び外国人建設就労者の受入対象分野（25職種38作業）

職種名	作業名	※
さく井	パーカッション式さく井工事作業	37
	ロータリー式さく井工事作業	
建築板金	ダクト板金作業	172
	内外装板金作業	
冷凍空気調和機器施工	冷凍空気調和機器施工作業	128
建具製作	木製建具手加工作業	73
建築大工	大工工事作業	1,089
型枠施工	型枠工事作業	2,018
鉄筋施工	鉄筋組立て作業	2,066
とび	とび作業	3,935
石材施工	石材加工作業	121
	石張り作業	
タイル張り	タイル張り作業	195
かわらぶき	かわらぶき作業	112
左官	左官作業	474
配管	建築配管作業	527
	プラント配管作業	
熱絶縁施工	保温保冷工事作業	142
内装仕上げ施工	プラスチック系床仕上げ工事作業	976
	カーペット系床仕上げ工事作業	
	鋼製下地工事作業	
	ボード仕上げ工事作業	
	カーテン工事作業	
表装	壁装作業	117
サッシ施工	ビル用サッシ施工作業	89
防水施工	シーリング防水工事作業	519
コンクリート圧送施工	コンクリート圧送工事作業	158
ウェルポイント施工	ウェルポイント工事作業	5
建設機械施工	押土・整地作業	1,386
	積込み作業	
	掘削作業	
	締固め作業	
築炉	築炉作業	0
鉄工(※)	構造物鉄工作業	(1,033)
塗装(※)	建築塗装作業	(2,879)
	鋼橋塗装作業	
溶接(※)	手溶接	(6,749)
	半自動溶接	

※職種別「技能実習２号」への移行者数(H29)

※建設業者が実習実施機関である場合に限る。移行者数は建設業者以外も含む。

特定技能の受入対象分野「建設分野」（19業務区分）

技能実習から特定技能に移行可能な業務区分
建築板金（※2020年から追加）
建築大工（※2020年から追加）
型枠施工
鉄筋施工
とび（※2020年から追加）
屋根ふき
左官
配管（※2020年から追加）
保温保冷（※2020年から追加）
内装仕上げ／表装
コンクリート圧送
建設機械施工

特定技能において新たに設ける業務区分（技能実習がない業務区分）
トンネル推進工
土工
電気通信
鉄筋継手
吹付ウレタン断熱（※2020年から追加）
海洋土木工（※2020年から追加）

技能実習及び外国人建設就労者の受入対象分野25職種38作業のうち、13職種22作業が特定技能の受入対象となった

⇒「建設関係」の技能実習対象職種に従事する者のうち、約9割をカバー（H29実績ベース）

図表10　特定技能の業務区分と技能実習職種との関連性

a．業務区分	b．技能実習２号移行対象職種		c．技能の根幹となる部分の関連性
	職種	作業	
型枠施工	型枠施工	型枠工事作業	コンクリートを打ち込む型枠の組立て等の作業、安全衛生等の点で関連性が認められる。
左官	左官	左官作業	塗り作業、安全衛生等の点で関連性が認められる。
コンクリート圧送	コンクリート圧送施工	コンクリート圧送工事作業	コンクリート等をコンクリートポンプを用いて構造物の所定の型枠内等に圧送・配分する作業、安全衛生等の点で関連性が認められる。
建設機械施工	建設機械施工	押土・整地作業 積込み作業 掘削作業 締固め作業	建設機械の操作・点検、安全衛生等の点で関連性が認められる。
屋根ふき	かわらぶき	かわらぶき作業	瓦等の材料を用いて屋根をふく作業、安全衛生等の点で関連性が認められる。
鉄筋施工	鉄筋施工	鉄筋組立て作業	鉄筋加工・組立ての作業、安全衛生等の点で関連性が認められる。

内装仕上げ	内装仕上げ施工	プラスチック系床仕上げ工事作業	張付け作業、安全衛生等の点で関連性が認められる。
		カーペット系床仕上げ工事作業	
		鋼製下地工事作業	
		ボード仕上げ工事作業	
		カーテン工事作業	
	表装	壁装作業	
表装	表装	壁装作業	張付け作業、安全衛生等の点で関連性が認められる。
	内装仕上げ施工	プラスチック系床仕上げ工事作業	
		カーペット系床仕上げ工事作業	
		鋼製下地工事作業	
		ボード仕上げ工事作業	
		カーテン工事作業	
とび	とび	とび作業	仮設の建築物の組立て及び解体等の作業、安全衛生等の点で関連性が認められる。
建築大工	建築大工	大工工事作業	木材の加工、組立て、取り付け等の作業、安全衛生等の点で関連性が認められる。
配管	配管	建築配管作業	配管加工・組立て等の作業、安全衛生等の点で関連性が認められる。
		プラント配管作業	
建築板金	建築板金	ダクト板金作業	板金の加工・取り付け等の作業、安全衛生等の点で関連性が認められる。
		内外装板金作業	
保温保冷	熱絶縁施工	保温保冷工事作業	冷暖房設備、冷凍冷蔵設備、動力設備又は燃料工業・化学工業等の各種設備の保温保冷工事作業、安全衛生等の点で関連性が認められる。

②　今後の対象業務追加の手続

対象職種は、今後、各職種の人手不足の状況や業界としての合意形成の状況に応じて、分野別運用方針を改正する際に、適宜追加していく予定です。

具体的には、図表11のとおり、それぞれの業界団体において、客観的に把握できるデータに基づく人手不足状況等を踏まえて受入れの必要性について合意形成を行った上で、当該年度中に、技能評価試験の実施ができる見込みとなった段階で、国土交通省と協議、調整し、分野別運用方針に対象業務として追加することになります。

どのような業務単位で追加するかは、現在の技能検定の職種区分が一つの参考となりますが、それぞれ関連性が認められる範囲でまとめていくことも必要です。あまり、業務の区分が細かいと、外国人の試験応募数が分散し、外国人はその業務の範囲内でしか就業ができないため敬遠され、有為な人材を確保できなくなるおそれがあるためです。

現在の18技能（試験区分）ごとの業務の定義は、特定の分野に係る特定技能外国人受入れに関する運用要領　―建設分野の基準について―（平成31年３月　法務省・国土交通省編）の別表６－２～19に掲載されていますので、業務追加を検討する建設業者団体においては、これらと重複がないように、業務を定義する必要があります。

図表11　特定技能外国人の実施業務の追加のプロセス

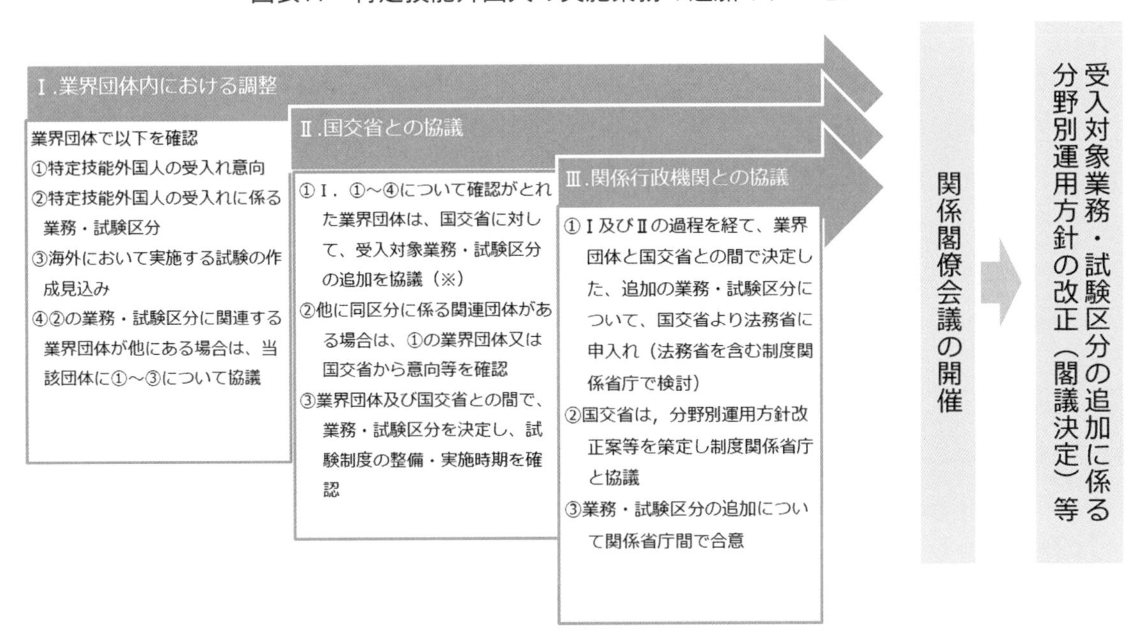

※　協議の主体：建設業法第27条の37に基づく国土交通大臣への届出団体
　　協議先：国土交通省土地・建設産業局建設市場整備課労働資材対策室

2）特定技能外国人の試験（日本語・技能）

①　日本語試験及び技能評価試験の実施主体

新しい在留資格は、

・日本語能力試験（N４）又は独立行政法人国際交流基金が新たに創設する日本語基礎テストに合格すること

・建設分野特定技能評価試験（１号・２号いずれも）に合格するか、対象職種に関係する技能検定試験に合格すること

が必要です。

上述の建設分野特定技能評価試験は、特定技能外国人受入事業実施法人として国土交通大臣の登録を受けている法人である一般社団法人建設技能人材機構（JAC）がその正会員である関係建設業者団体等の協力を得て実施することになります。

②　建設分野特定技能１号評価試験

建設分野で特定技能の対象となる18職種（業務区分は19区分）のうち、技能評価試験については、

・技能実習２号移行対象職種であった12職種で新たに特定技能１号の在留資格で入国しようとする外国人は、「建設分野特定技能１号評価試験」に合格するか、
・それぞれの職種の「技能検定３級試験」に合格するか、
いずれかが必要です。（技能実習修了者については、③にありますとおり、試験免除で特定技能に移行することが出来ます。）

技能実習がない６職種については、技能検定試験がありませんので、新たに作成する建設分野特定技能１号評価試験に合格する必要があります。

１号試験は、基本的には、試験実施準備が整った海外において順次実施され、国内でも実施する予定です。2020年度では、ベトナム、フィリピン、インドネシアと国内での実施を予定しています。

③　特定技能１号試験の免除者

技能実習２号を良好に修了した外国人は、上記１号評価試験が免除され、無試験で特定技能１号の在留資格に変更することができます。現在、技能実習等の在留資格で在留している外国人は、一時帰国を行わなくても、在留資格変更の手続きを行うことができます。

既に技能実習を終えて母国に帰国している外国人は、日本語試験や技能評価試験を受ける必要はありませんが、改めて在留資格の取得の申請を行う必要があります。

建設分野には、技能実習を修了した外国人が特定活動の在留資格により就労者として働くことができる「外国人建設就労者受入事業」という制度がありますが、外国人建設就労者についても、技能実習を修了した者であることから、試験が免除されます。

また、技能実習を行っていた職種から別の職種の特定技能資格へ変更しようとする場合には、技能試験に合格する必要がありますが、日本語試験は免除されます。

④　建設分野特定技能２号評価試験

２号特定技能外国人は、技能検定１級又はこのレベルに相当する「建設分野特定技能２号評価試験」に合格するほか、建設現場において複数の建設技能者を指導しながら作業に従事し、工程を管理する者（班長）としての実務経験を要件としていますが、具体的には、建設キャリアアップシステムの能力評価におけるレベル３（職長レベルの建設技能者）を想定しています。

建設分野特定技能２号評価試験は、令和３年度に実施することとされており、基本的には国内での試験実施になるものと想定されます。

３）在留資格取得までの手続の流れ

①　在留資格取得の手続と受入までのフロー

特定技能外国人の雇い方としては、
イ）在留中の技能実習修了者又は修了見込者を雇用する
ロ）帰国後の技能実習生修了者を雇用する
ハ）海外で試験に合格した人材を新しく雇用する
が考えられます。当面は、イ）やロ）が主流となるでしょうが、今後、一般社団法人建設技能人材機構（JAC）が海外で教育訓練、試験を行い、直接、即戦力人材を確保することも計画されています。（昨年度に、ベトナム、フィリピンにおいて試験が予定されておりましたが、相手国政府の準

備が整わなかったことや、新型コロナウィルス感染拡大の影響により未実施となりました。)

上記イ）ロ）ハ）それぞれの場合に応じた手続は以下のとおりです。

イ）在留中の技能実習修了者又は修了見込者を雇用する場合

自社で雇用している技能実習生や外国人建設就労者を引き続き雇用する場合には、地方出入国在留管理局に対する在留資格変更の申請（現在の在留資格（技能実習又は特定活動）から、在留資格（特定技能）への変更）が必要になります。

なお、他社で技能実習を行っている者や、外国人建設就労者として働いている者についても、自発的に転職先を探している外国人を雇用することは可能になります。

地方出入国在留管理局への在留資格変更申請は、原則、本人が行いますが、本人に代わって、受入企業や法定代理人、取次者が代行することも可能です。

ロ）帰国後の技能実習生又は外国人建設就労者を雇用する場合

過去に技能実習や外国人建設就労者として雇用されていて、既に帰国している者を採用するケースも考えられます。過去に自社で雇用していた者を呼び戻すのが一般的ですが、今後、一般社団法人建設技能人材機構（JAC）では、技能実習経験者の情報リスト化を進めて、職業紹介事業を行う予定です。

受入企業は、地方出入国在留管理局への特定技能の在留資格認定証明書の申請をする必要があります。技能試験、日本語試験ともに免除となります。

ハ）試験に合格した人材を新しく雇用する場合

今回の特定技能外国人は、即戦力となる外国人材を受入れる制度であり、人材を教育し、公平公正な試験により選抜し、企業に紹介するという業務を一般社団法人建設技能人材機構（JAC）が行うことなります。2020年度は、ベトナム、フィリピン、インドネシアで試験を実施するほか、国内でも試験を実施する予定です。

海外在住者を試験で受入れる場合の地方入国在留管理局に対する在留資格認定証明証の交付申請は、受入企業が行います。

また、日本国内で既に別の在留資格を有している者を受入れる場合の地方出入国在留管理局への在留資格の変更申請は、原則、本人が行いますが、本人に代わって、受入企業や法定代理人、取次者が代行することも可能です。

建設分野の受入れ手続きの詳細は、２－３で解説しますが、主に、

・受入れには、建設特定技能受入計画を作成し、国土交通省の認定を受ける
・特定技能外国人受入事業実施法人である一般社団法人建設技能人材機構（JAC）の構成員である建設業者団体に加入する（建設業者団体に加入することを望まない場合には、JACに直接賛助会員として加入する）
・建設業許可を受ける
・受入企業は、建設キャリアアップシステムに事業者登録し、外国人も技能者登録する
・受入後に、適正就労監理機関である一般財団法人国際建設技能振興機構（FITS）の指導を受ける（受入後講習の受講、巡回指導、母国語相談ホットライン窓口）

ことが必要になります。

以上も踏まえた在留資格の取得までのフローを図にすると図表12のとおりです。

図表12　特定技能の在留資格の取得までのフロー図

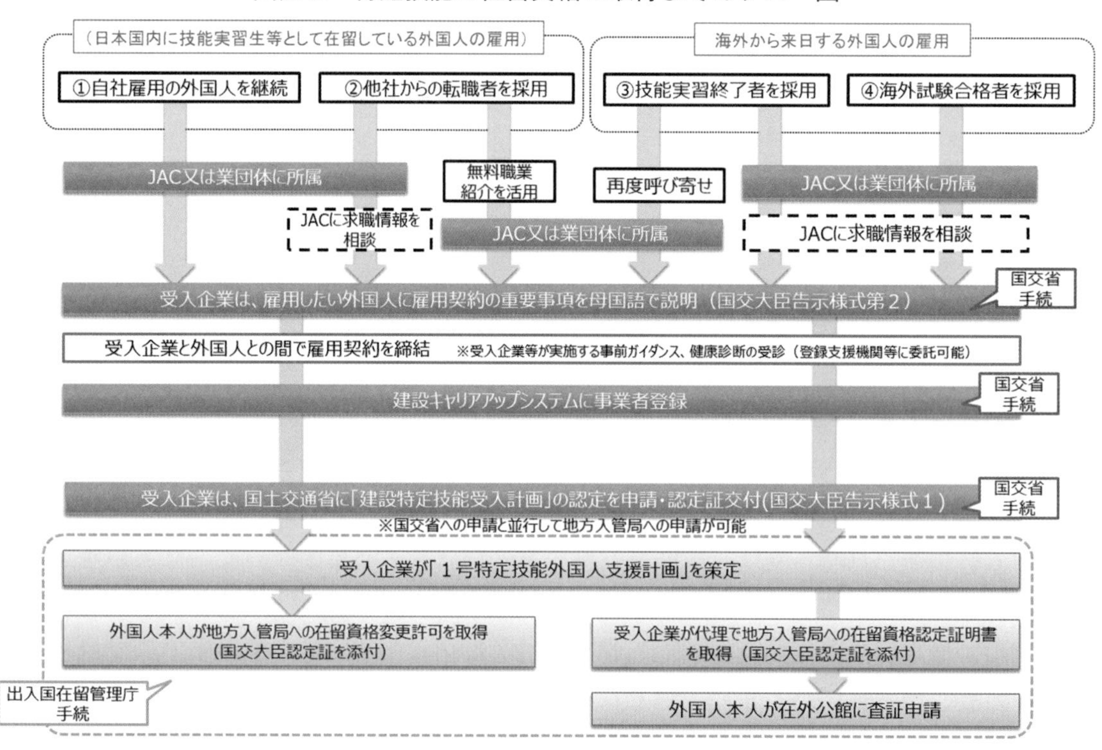

②　技能実習等から特定技能へ移行する場合の留意点

通常、技能実習等から在留資格変更を行おうとする場合、技能実習計画の計画期間終了までの間に特定技能への変更許可申請を行う必要があります。在留資格変更の申請から許可までの標準処理期間は２週間～１ヵ月程度ですが、変更申請が在留期間満了日の直前になってしまった場合でも、満了日までに申請がなされれば、満了後、変更許可が下りるまでの最長２ヶ月間は、従前の在留資格で在留することができます。

在留資格変更については、技能実習２号の実習期間が１年10カ月経過していれば、許可を受けることができます。また、建設分野については、在留資格変更の手続に先だって、建設業者団体又は一般社団法人建設技能人材機構（JAC）への加入や、建設キャリアアップシステムへの加入のほか、国土交通大臣に対する建設特定技能受入計画の認定手続が必要ですので、技能実習計画の修了期日の６ヶ月前から計画の認定申請が行うことができることとしています。入国管理局における在留資格変更には、国土交通省地方整備局長等による受入計画の認定証が必要となりますが、同時に申請を行って、並行審査を受けることが可能です。

技能実習期間が過ぎてしまうと、特定技能への在留資格変更が行われるまでの間、実習継続や就労ができないこととなるため、早めの切り替え手続を行って下さい。

なお、2020年４月現在、新型コロナウィルスの感染拡大の影響を受けて、在留期間が順次満了する技能実習生や外国人建設就労者が特定技能に移行しようとする場合の準備期間を確保するため、つなぎの在留資格である「特定活動（就労可・４ヶ月)」が認められています。申請によりこれにより、特定技能への移行にあたって、４ヶ月間の変更準備の期間を得ることができます。

在留資格変更許可の要件としては、

・従前の在留資格と同種の業務に従事する雇用契約が締結されること

・新型コロナウイルスの影響により在留資格「特定技能１号」への移行に時間を要することについての理由書を用意すること

・受入企業が作成した誓約書（受入れ予定の外国人が「特定技能１号」への在留資格変更許可申請予定であること等についての誓約書）を用意すること

等を満たすことが必要です。

図表13　技能実習等から特定技能１号への移行手続（イメージ）

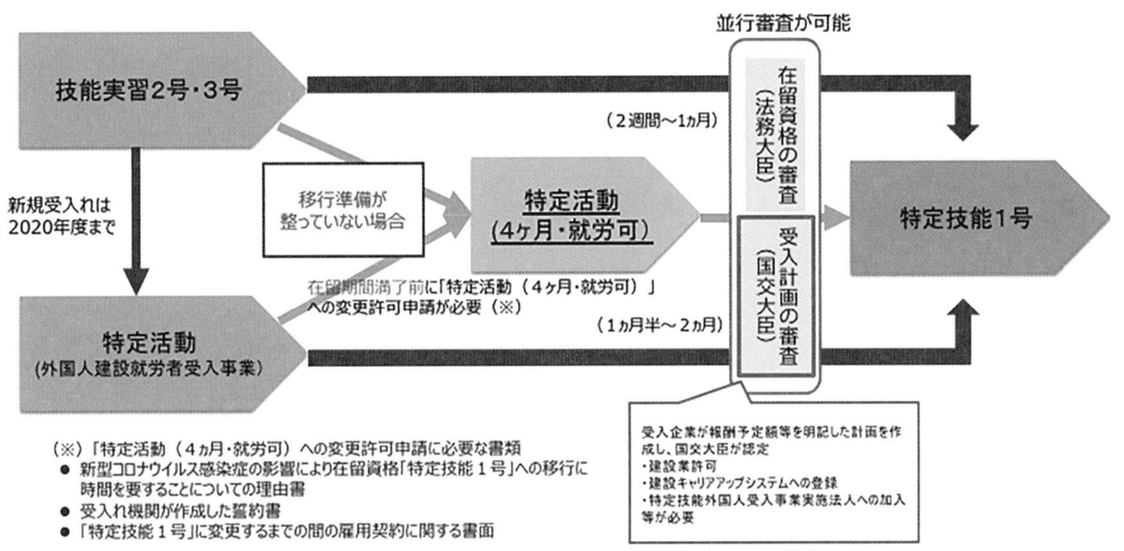

●ポイント

・2020年４月度からの受入対象職種は18職種。今後も必要に応じて職種は追加される。

・18職種以外の職種の技能実習修了者でについては、特定技能の対象職種での技能試験に合格する必要があるが、日本語試験は免除。

・特定技能試験は、一般社団法人建設技能人材機構が実施。

・技能実習２号（３年）修了者は、特定技能１号の日本語試験・技能試験ともに免除。

・特定技能２号評価試験は、令和３年度実施。技能試験合格のほか、班長としての経験を要する。

・技能実習計画の計画期間満了までの間に特定技能への変更許可申請を行う。期間満了後、変更許可が得られるまでは、就労不可。

・新型コロナウィルス感染症の影響拡大を受けて、技能実習又は外国人建設就労者としての在留期間が満了する者の特定技能への円滑な移行のため、４か月間のつなぎの在留資格がある。

２－２．建設分野の受入企業が満たすべき基準

１）特定技能雇用契約の適正な履行確保のための基準

①　業種横断的な共通の要件

業種横断的には、以下の要件が課されます。外国人の在留資格の前提として、受入企業との間で特定技能雇用契約があることとなっていますので、別の企業に転職する場合には、改めて、

イ）受入企業が外国人と結ぶ雇用契約が満たすべき基準（特定技能雇用契約基準）

- ・報酬額が日本人が従事する場合の額と同等以上であること
- ・一時帰国を希望した場合、休暇を取得させるものとしていること
- ・外国人が帰国旅費を負担できないときは、受入企業が負担するとともに契約終了後の出国が円滑になされる措置を講ずることとしていることなど

ロ）受入企業が満たすべき基準

- ・労働、社会保険及び租税に関する法令を遵守していること
- ・特定技能外国人と同種の業務に従事する労働者を非自発的に離職させていないこと
- ・行方不明者を発生させていないこと
- ・欠格事由（前科、暴力団関係、不正行為等）に該当しないこと
- ・労働者派遣をする場合には、派遣先が上記各基準を満たすこと（建設業は対象ではない）
- ・保証金を徴収するなどの悪質な紹介業者等の介在がないこと
- ・報酬を預貯金口座への振込等により支払うこと
- ・中長期在留者の受入れを適正に行った実績があることや中長期在留者の生活相談等に従事した経験を有する職員が在籍していること等（＊）
- ・外国人が十分理解できる言語で支援を実施することができる体制を確保していること（＊）
- ・支援責任者等が欠格事由に該当しないこと（＊）　など

（注）上記のうち＊を付した基準は、登録支援機関に支援を全部委託する場合には不要

以上の要件を具備しているかどうかの確認のため、在留資格変更許可申請又は在留資格認定証明書の交付申請に際しては、様々な書類が必要となります。また、受入れ後も、四半期ごとに就労状況及び支援状況についての届出が求められます。

こうした書類の作成補助や行政機関に対する取次は、こうした手続に通じている行政書士等に依頼することは可能です。

なお、多くの登録支援機関では、行政手続の代行に加えて、支援の委託も行っていますが、次の2）に掲げるとおり、入管法令上、義務となっている支援の多くが、本来、雇用主が通常行うべきものであることを踏まえれば、支援は自社で行うということも可能です。

自社の状況に応じて、検討してみて下さい。

②　建設分野の特性に応じて課される要件

建設業では、従事することとなる工事によって建設技能者の就労場所が変わるため、雇用主による管理の目が行き届きにくいことや、報酬の支払い方が日給制、時間給制が主流であることから季節や工事受注状況による仕事の繁閑で報酬が変動するという実態もあり、外国人に対しては特に適

正な就労環境確保への配慮が必要です。

このため、業種の特性を踏まえて、建設分野においては、①の業種横断的な要件に加えて、独自の基準として、国土交通大臣告示第２条において、以下の３つの要件を満たす必要があることとされました。

1．一号特定技能外国人の受入れに関する計画について、その内容が適当である旨の国土交通大臣の認定を受けていること。
2．前号の認定を受けた建設特定技能受入計画を適正に実施し、国土交通大臣又は第七条に規定する適正就労監理機関により、その旨の確認を受けること。
3．前号に規定するほか、国土交通省が行う調査又は指導に対し、必要な協力を行うこと

上記「1．受入計画の国土交通大臣の認定」は、特に、外国人の賃金支払いや、技能習得とそれに応じた昇給、安全衛生教育といった事項を、あらかじめ計画に明記してもらうとともに、その実施状況を継続的にモニタリングすることによって、実効たらしめようという趣旨です。

受入計画の詳細は、次の２－３にて解説します。

2）特定技能外国人への支援の基準

①　支援体制を有していること

受入企業は、「特定技能所属機関概要書」に支援を行う体制等を記載して、地方出入国在留管理局に当該受入企業が支援体制を有しているかどうかの確認を受けることになります。過去２年間に技能実習生などの中長期在留者の受入実績があり、外国人の受入れ又は管理に関連する法令違反や行政指導などを受けていない企業であれば、支援体制を有していると判断されます。

支援体制を有すると判断される場合、選択肢が広がります。支援の全部を自社で行うことも、支援の一部のみを他者（委託は登録支援機関に限らない）に委託することも、支援の全部を他者に委託することも可能です。

逆に、図表14のチェックリストから支援体制を満たしていないと判断される場合には、支援の全部を登録支援機関に委託する必要があります。登録支援機関以外の者への全部委託はできません。

【登録支援機関とは】

登録支援機関は、受入企業との支援委託契約により、１号特定技能外国人支援計画に基づく支援の全部の実施を行う機関で、技能実習における監理団体や、行政書士事務所、社会保険労務士事務所、業界団体等が出入国管理在留庁長官の登録（有効期間は５年で更新が必要）を受けているケースがほとんどです。登録を受けた機関は、登録支援機関登録簿に登録され、出入国在留管理庁ホームページに掲載されています。

図表14　受入企業の支援体制チェックリスト

支援体制チェックリスト
□　役員又は職員の中から支援責任者（常勤であることを問わない）と支援担当者（常勤。事業所ごとに１名以上）を選任すること　※兼任可。以下のいずれかの条件に該当する必要 ア　受入企業が過去２年間に技能実習等の受入れ実績があり、入管法、技能実習法及び労働関係法令等の外国人の受入れ又は管理に関連する法令を遵守していること。

※刑に処せられたことがないこと、行政処分を受けたことがないこと　技能実習法上の改善命令又は旧技能実習制度における改善指導（旧上陸基準省令の16号イからソ）を受けていないこと　等 イ　過去２年間に技能実習等の生活相談（法律相談、労働相談等）の業務経験がある者 ウ　ア又はイの者と同じ程度に責任を持って適切に支援を行うことが見込まれる者 ※　過去５年間に労働基準監督署から是正監督を受けていないこと
□　外国人が十分に理解できる言語（母国語でなくとも可）で支援を実施することができること ※通訳が必要なときに委託等により確保できるようにし、緊急時にも連絡がとれる体制を整える
□　支援の状況に関する文書を作成し、雇用契約が終了した日から１年以上保存しておくこと
□　支援責任者及び支援担当者が、特定技能外国人に対する指揮命令権を持たない者であり、かつ、欠格事由（※）に該当しないこと ※過去５年以内に禁固以上の刑又は労働基準法・職業安定法・技能実習法等の関係法令に違反し罰金刑に処せられた者、過去５年以内に実習認定の取消を受けた者、特定技能雇用契約の締結前５年以内又は締結後に外国人に対する暴行や給与未払い・人権侵害等の出入国又は労働関係法令に関する不正行為等を行った者、暴力団員等
□　受入企業が、雇用契約の締結前５年以内又は締結後に、他の特定技能外国人に対して支援計画に基づいた支援を怠ったことがないこと
□　支援責任者又は支援担当者が、特定技能外国人及びその指揮命令権を持つ者と３ヶ月に１回以上の頻度で定期的な面談を実施することができること

②　支援の実施

入管法令の規定により、受入企業は、１号特定技能外国人に対して、図表15に掲げる10項目の支援を行う義務があります。①に記載したとおり、支援体制を有する受入企業は、自社ですべてを行っても、一部又は全部を他者に委託しても構いません。自社でできることを行うことで、受入れのコストは軽減できます。

ただし、支援体制を有しない受入企業は、自社での実施や、登録支援機関以外の者への支援の委託は認められておらず、支援全部を登録支援機関に委託する必要があります。委託する場合、委託料がかかってきます。

支援費用	自社で支援体制を構築する場合	なし （JAC が相談・苦情対応、転職支援を無償で支援）
	登録支援機関へ全部委託する場合	技能実習の監理団体の場合　２～3.5万円 行政書士系の場合　１～1.5万円

③　JAC・FITS による支援の受託

一般社団法人建設技能人材機構（JAC）は、受入企業からの受入負担金を財源にして、業界の共同事業として、特定技能外国人に対する母国語相談ホットラインを一般財団法人国際建設技能振興機構（FITS）に委託して開設していますし、無料職業紹介事業を実施します。

したがって、JAC では、受入企業からの求めがあれば、入管法令上の義務である10項目の支援のうち、相談・苦情への対応、転職支援（人員整理等の場合）について、受入企業と無償委託契約を結び、支援を代行することができます。

また、事前ガイダンスについては、受入企業が、FITS による適正契約締結サポート（事前巡回指導）を受けて、外国人との間の雇用契約を締結する場合には、そのサポートの一環として、事前ガイダンスを行う（有償・定額）ことも可能です。さらに、生活オリエンテーションについては、FITS が実施する「受入れ後講習（特定技能スタートアップセミナー）」に外国人を受講させる際に、併せて、生活オリエンテーションを行う（有償・定額）ことも可能です。

以上の支援の一部委託を行えるのは、「支援体制を有する受入企業」ですが、うまく活用することで、支援費用をかけずに、適切な支援を行うことができます。10項目の義務的支援のうち、JAC と FITS に委託できる４つの支援以外の６つの支援については、外国人の雇用主であれば、法令による規制にかかわらず、社会通念上、当然に行うべき支援ですので、こうした支援を外部に委託する前に、自社でできないか、検討してみることも有効です。その上で、JAC と FITS への委託の活用を検討してみて下さい。

図表15　受入企業が行うべき義務的支援10項目

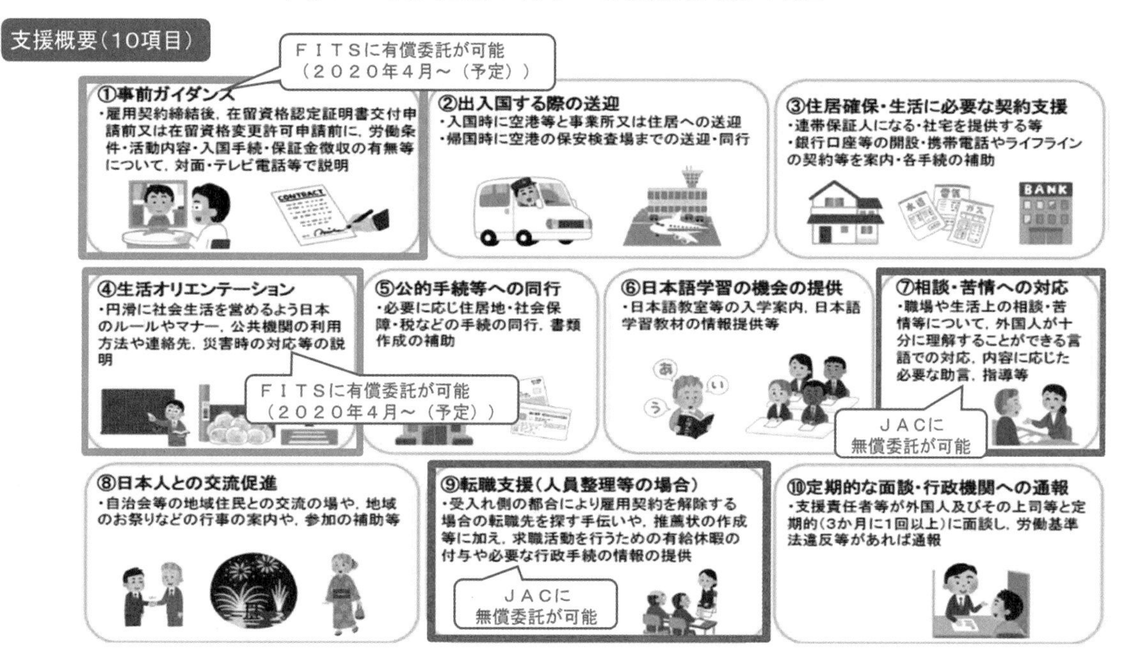

支援概要（10項目）
ＦＩＴＳに有償委託が可能
（２０２０年４月～（予定））
①事前ガイダンス
・雇用契約締結後，在留資格認定証明書交付申請前又は在留資格変更許可申請前に，労働条件・活動内容・入国手続・保証金徴収の有無等について，対面・テレビ電話等で説明
②出入国する際の送迎
・入国時に空港等と事業所又は住居への送迎
・帰国時に空港の保安検査場までの送迎・同行
③住居確保・生活に必要な契約支援
・連帯保証人になる・社宅を提供する等
・銀行口座等の開設・携帯電話やライフラインの契約等を案内・各手続の補助
BANK
④生活オリエンテーション
・円滑に社会生活を営めるよう日本のルールやマナー，公共機関の利用方法や連絡先，災害時の対応等の説明
ＦＩＴＳに有償委託が可能
（２０２０年４月～（予定））
⑤公的手続等への同行
・必要に応じ住居地・社会保障・税などの手続の同行，書類作成の補助
⑥日本語学習の機会の提供
・日本語教室等の入学案内，日本語学習教材の情報提供等
⑦相談・苦情への対応
・職場や生活上の相談・苦情等について，外国人が十分に理解することができる言語での対応，内容に応じた必要な助言，指導等
ＪＡＣに
無償委託が可能
⑧日本人との交流促進
・自治会等の地域住民との交流の場や，地域のお祭りなどの行事の案内や，参加の補助等
⑨転職支援（人員整理等の場合）
・受入れ側の都合により雇用契約を解除する場合の転職先を探す手伝いや，推薦状の作成等に加え，求職活動を行うための有給休暇の付与や必要な行政手続の情報の提供
ＪＡＣに
無償委託が可能
⑩定期的な面談・行政機関への通報
・支援責任者等が外国人及びその上司等と定期的（3か月に1回以上）に面談し，労働基準法違反等があれば通報

●ポイント

・特定技能資格には、業種横断的な基準に加えて、建設分野の特性に応じた基準を満たすことが必要。
・支援の基準では、技能実習等の適正な受入れ実績があり、法令違反や行政指導がない企業は、支援体制を有していると認められ、支援を自社で行ったり、一部のみ他者に委託することが可能。そうでない場合には、登録支援機関に支援全部を委託することが必要。
・自社で可能な支援を行うことで、受入れ費用を軽減できる。
・建設分野では、JAC が無償で相談・苦情対応及び転職支援を受託、FITS が、事前オリエンテーションや生活ガイダンスを低額で受託する仕組みがある。支援体制を有する企業であれば、活用することが有効。

2－3．建設特定技能受入計画の認定と適正な実施

1）受入れ前に必要な手続（建設特定技能受入計画の認定申請）

①　認定申請手続

受入企業は、試験を経て雇用する場合、技能実習修了者を雇用する場合（技能実習先でそのまま継続して雇用する場合及び技能実習先以外の企業で雇用する場合いずれも含む）、既に日本で就労中の特定技能外国人の転職者を雇用する場合、いずれの場合であっても、新たに特定技能雇用契約を結ぶ場合には、必ず建設特定技能受入計画を作成し、国土交通大臣の認定を受けることが必要です。

計画の趣旨は、

・低賃金や社会保険未加入といった処遇で外国人労働者を雇用する企業を認めないことで公正な競争環境を維持すること
・他産業・他国と比して有為な外国人材を確保すること
・雇用者・被雇用者双方が納得できる処遇により建設業における外国人技能者の失踪・不法就労を防止すること
・受入企業における受注環境の変化が起こった場合でも建設業界として特定技能外国人の雇用機会を確保すること

等、特定技能外国人を受入れるにあたって建設業界として必要であると認められる事項について、国土交通大臣による認定及びその実施状況の継続的な確認により担保しようとするものです。したがって、計画の遵守は、外国人にとってだけではなく、業界の共通利益に資するものです。

受入計画は、受入企業ごとに一つの計画で認定を行い、受入れる人材の変更や人数増減がある場合には、認定計画の変更認定を行うことになります。

申請に必要な書類は、国土交通省のホームページに掲載しています。また、建設特定技能受入計画は、2020年度からオンラインで申請することになりました。認定主体は、国土交通省地方整備局長（北海道は、北海道開発局長、沖縄県は、沖縄総合開発事務局長）となります。

ポータルサイト「外国人就労管理システム（https://gaikokujin-shuro.keg.jp/gjsk_1.0.0/portal）にアクセスし、認定申請を行って下さい。

図表16のとおり、国土交通大臣の認定は、出入国管理庁による在留資格の審査と並行審査が可能となっています。ただ、最終的に、在留資格を取得するためには、国土交通省各地方整備局長等（北海道は、北海道開発局長、沖縄県は、沖縄総合開発事務局長）の認定証が必要となりますので、国土交通省への申請は、早めの準備が必要となります。技能実習からの移行の場合、技能実習計画の期間満了する６カ月前から申請が可能です。

図表16　建設分野における特定技能外国人の受入れフロー

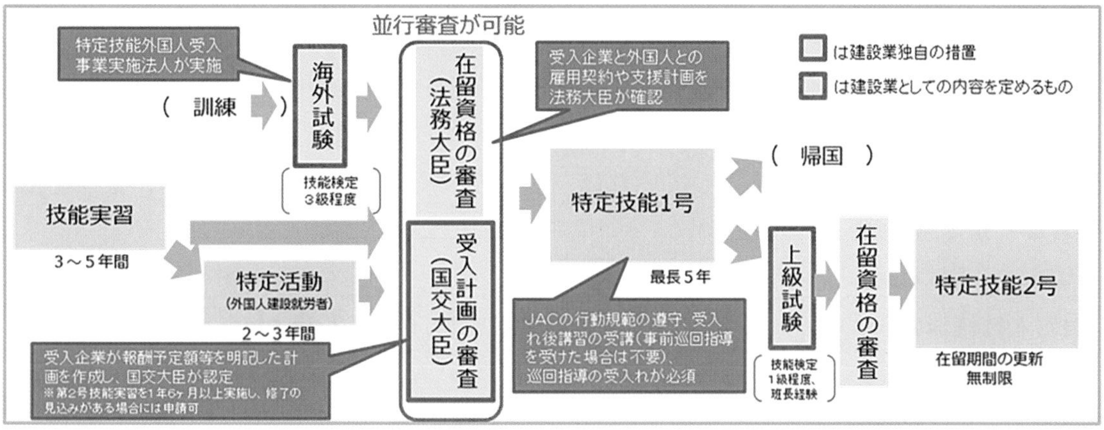

並行審査が可能
特定技能外国人受入事業実施法人が実施
（　訓練　）
海外試験
技能検定3級程度
在留資格の審査（法務大臣）
受入計画の審査（国交大臣）
受入企業と外国人との雇用契約や支援計画を法務大臣が確認
は建設業独自の措置
は建設業としての内容を定めるもの
技能実習
3～5年間
特定活動（外国人建設就労者）
2～3年間
受入企業が報酬予定額等を明記した計画を作成し、国交大臣が認定
※第2号技能実習を1年6ヶ月以上実施し、修了の見込みがある場合には申請可
特定技能1号
最長5年
（　帰国　）
JACの行動規範の遵守、受入れ後講習の受講（事前巡回指導を受けた場合は不要）、巡回指導の受入れが必須
上級試験
技能検定1級程度、班長経験
在留資格の審査
特定技能2号
在留期間の更新無制限

② 告示第３条の規定による認定要件の解説

告示第３条により、認定申請者は、以下の要件を満たしていることが必要です。申請の仕方や添付書類については、第５章及び参考資料編のⅠを参考にして下さい。

ⅰ．建設業法第３条の許可を受けていること【告示第３条第３項第１号イ・ニ】

建設業法上、請負代金の額が500万円未満の軽微な工事のみを請け負う企業は、建設業法第３条の許可の取得は任意とされています。

しかしながら、技能実習において、建設分野では、他分野に比較して突出して失踪者を出している実態がありました。特に、小規模な事業者がその監督能力を超えて受入れる場合に、失踪が多い傾向にありました。

このため、建設分野の特定技能外国人を受入れられるのは、建設業法第３条の許可を有し、建設業の許可行政庁による監督指導や元請企業による下請指導の対象となる企業に限ることとしたものです。また、併せて、建設特定技能受入計画の申請の日前５年以内又はその申請の日以後に、建設業法に基づく監督処分を受けていないことも要件としています。

ⅱ．建設キャリアアップシステムへの事業者登録を行うこと【告示第３条第３項第１号ロ】

建設キャリアアップシステムを活用することで、特定技能外国人に対する、日本人と同様の、客観的基準に基づく技能と経験に応じた賃金支払の実現や、工事現場ごとの当該外国人の在留資格・安全資格・社会保険加入状況の確認、不法就労の防止等の効果が得られます。

受入企業は、認定申請の前に、建設キャリアアップシステムに登録し、計画には、登録後に付される建設キャリアアップシステム事業者ＩＤを記載してください。

ⅲ．特定技能外国人受入事業実施法人に所属すること【告示第３条第３項第１号ハ】

受入企業は、建設業界自ら特定技能外国人の適正かつ円滑な受入れを実現するための取組を実施する営利を目的としない組織として国土交通大臣の登録を受けた特定技能外国人受入事業実施法人

である「一般社団法人建設技能人材機構（JAC）」の正会員である建設業者団体に加入するか、JACの賛助会員として直接加入するか、いずれかの方法でJACに所属し，登録法人が定める行動規範に従い、適正な受入れを行って頂く必要があります。

受入企業は、正会員である建設業者団体（令和２年６月４日現在39団体）のいずれか一つに加入していれば、所属先の団体の職種にかかわらず、どの職種でも雇用することができます。（例えば、（公社）全国鉄筋工事業協会に加入していれば、鉄筋施工だけでなく、とびでも、型枠施工でも、雇用することができます。）

iv．国内人材確保の取組を行っていること【告示第３条第３項第１号ホ】

職員に対する処遇をおろそかにしていないかや、適正な労働条件による求人の努力を行っているか、について審査されます。ハローワークで求人した際の求人票又はこれに類する書類や受入企業が雇用している日本人技能者の経験年数及び報酬額（月額）が確認できる賃金台帳の内容を確認した結果、適切な雇用条件（処遇等）での求人が実施されていない場合や、既に雇用している職員（技能者）の報酬が経験年数等を考慮した金額であることが確認できない場合、計画は認定されません。

その他の国内人材確保の取組としては、例えば、建設技能者の技能及び経験を適切に評価して処遇改善を図ることを目的として建設業界全体で取り組んでいる建設キャリアアップシステムに加入し積極的に運用していること、などが想定されます。

v．同等技能を有する日本人と同等の報酬支払い等【告示第３条第３項第２号】

報酬予定額については、「同等の技能を有する日本人が従事する場合と同等額以上の報酬を安定的に支払い、技能習熟に応じて昇給を行うとともに、その旨を特定技能雇用契約に明記していること」を要件としています。

（報酬の額）

特定技能外国人は３年以上の経験を有する者として扱いますので、技能実習生（２号）を上回ることはもちろんのこと、同等の経験を積んだ日本人の技能者に支払っている報酬と比較し、適切に報酬予定額を設定する必要があります。同等の技能を有する日本人の処遇が低い場合は、基準を満しません。また、賞与、各種手当や退職金についても日本人と同等に支給する必要があり、特定技能外国人だけが不利になるような条件は認められません。

国土交通省の計画の認定審査において，

・同じ事業所内の同等技能を有する日本人の賃金
・事業所が存する圏域内における同一又は類似職種の賃金水準
・全国における同一又は類似職種の賃金の水準
・これまでの賃金

と比較し、低いと判断される場合には国土交通省より賃金を引き上げるよう指導することがあります。

（報酬の支払形態）

日給制や時給制の場合、季節や工事受注状況による仕事の繁閑によりあらかじめ想定した報酬予定額を下回ることもあり、報酬面のミスマッチが特定技能外国人の就労意欲の低下や失踪等を引き起こす可能性があります。したがって、特定技能外国人については月給制により毎月安定的に支払うことが必要です。受入企業で雇用している他の職員が月給制でない場合も、特定技能外国人に対しては月給制による報酬の支払が求められます。

「月給制」とは，「1カ月単位で算定される額」（基本給，毎月固定的に支払われる手当及び残業代の合計）で報酬が支給されるものを指します。自己都合による欠勤（年次有給休暇を除く）分の報酬額を基本給から控除することは差し支えありませんが、会社都合や天候を理由とした現場作業の中止等による休業について欠勤の扱いとすることは認められません。天候を理由とした休業も含め、使用者の責に帰すべき事由による休業の場合には、労働基準法に基づき、平均賃金の60%以上を支払う必要があります。

（昇給等）

1号特定技能外国人が在留することができる期間は、通算して5年を超えない範囲とされており、この範囲で就労することが可能です。したがって、技能の習熟（例：実務経験年数、資格・技能検定を取得した場合、建設キャリアアップシステムの能力評価におけるレベルがステップアップした場合等）に応じて昇給を行うことが必要であり、その昇給見込額等をあらかじめ特定技能雇用契約や計画に記載しておくことが必要です。

受入企業は、1号特定技能外国人の受入後、在留期間中のできる限り早期に職種毎の能力評価基準に定める安全衛生講習を受講させ、建設キャリアアップシステムのレベル2の能力レベルに相当する技能教育を施す必要があります。受入企業は、受入後3年以内に技能検定2級、5年以内に技能検定1級の取得を目指す等、5年間の在留期間を見据えた技能の向上を図ることが必要です。計画には、特定技能外国人の在留中の具体的な技能習得の目標を記載してください。

vi. 1号特定技能外国人にして雇用契約の重要事項説明を行うこと【告示第3条第3項第3号】

○重要事項説明と雇用契約締結を自社で行う場合

受入企業は、告示様式第2を用い、1号特定技能外国人に支払われる報酬予定額や業務内容等について、事前に当該外国人が十分に理解することができる言語を用いて説明し、当該契約に係る重要事項について理解していることを確認する必要があります。外国人が十分に理解することができる言語を用いた説明については、国土交通省ホームページにおいて公表している様式例を参考にしてください。

（有害危険業務従事に関する重要事項説明書への明記）

「平成31年3月28日付け基発0328第28号・厚生労働省労働基準局長通知」記2に記載された事項に係る、高所からの墜落・転落災害、機械設備、車両系建設機械等によるはさまれ・巻き込まれ等のおそれのある業務、化学物質、石綿、電離放射線等にばく露するおそれのある業務や夏季期間における屋外作業等の暑熱環境における作業などの危険又は有害な業務に特定技能外国人を従事させる可能性がある場合には、その旨を当該特定技能外国人に説明し、理解を得なければ当該業務に従事させることはできません。

当該業務に特定技能外国人を従事させる可能性がある場合には、必ず、告示様式第2の「6．業務内容」欄に明記のうえ、健康上のリスクとその予防方策について具体的かつ丁寧に説明を行い、当該外国人から理解・納得を得た場合に限り、雇用契約を締結するようにしてください。なお、従事させる理由の如何によっては計画を認定しないこともあり得ます。

説明は直接対面のほか、テレビ電話等の映像と音声が双方向で確認できるもので行うことも可能であり、説明時に通訳の方が同席することは差し支えありません。

なお、送出し国の国内法制や我が国との間の協力覚書等によっては、主たる業務か付随的な関連業務かの別にかかわらず、従事させることができない業務もあります。例えば、ベトナムについては、同国の国内法令によって、放射能の影響下にある区域、放射能汚染区域における就労が禁止されています。

○ FITS（適正就労監理機関）の適正契約締結サポート（事前巡回指導）を受ける場合（無償）

受入企業は、特定技能雇用契約締結時の義務となっている上記重要事項説明のプロセスについて、無償にて、適正就労監理機関である FITS の適正契約締結サポート（事前巡回指導）を受けることができます。このサポート（事前巡回指導）を受けることで、受入れ後に、FITS が開催する「受入れ後講習（受講料が必要）」への雇用する1号特定技能外国人の受講義務が免除されます。

また、建設分野での適切な受入れのための契約・計画作成のポイントをアドバイスしますので、国土交通省の認定審査の段階で、報酬額等に係る是正指導を受けにくくなり、手戻りも少なくなることから、迅速に認定が得られる効果が期待できます。また、失踪などのリスクも低下することが期待されます。

vii.　1号特定技能外国人の受入れ状況等の報告を行うこと【告示第3条第3項第4号】

受入企業は、1号特定技能外国人の受入れを開始し、若しくは終了したとき又は当該外国人が特定技能雇用契約に基づく活動を継続することが困難となったとき（例：経営悪化に伴う雇止め、受入計画の認定の取り消し、在留資格の喪失、特定技能外国人の失踪等）は、国土交通省にオンラインで報告する必要があります。

告示第3条第3項第4号による受入れの報告は、受入れ後原則として1か月以内に行う必要があります。特定技能雇用契約の終了や特定技能外国人が活動を継続することが困難となったときは、別途、地方出入国在留管理局に対する届出も必要です。

viii.　建設キャリアアップシステムへの技能者登録を行うこと【告示第3条第3項第5号】

建設キャリアアップシステムには、受入企業のみならず、特定技能外国人も入国後速やかに登録する必要があります。既に日本に在留している技能実習修了者等を雇用する場合には、建設キャリアアップカードの写しを認定申請時にオンラインで提出する必要があります。海外から入国する特定技能外国人の場合、入国後原則として1か月以内に、受入報告と併せて、建設キャリアアップ技能者ＩＤを明らかにする書類（建設キャリアアップカードの写し）を国土交通省へオンラインで報告する必要があります。

ix．元請建設業者の指導に従うこと【告示第３条第３項第６号】

受入企業は、１号特定技能外国人が従事する建設工事において、申請者が下請負人である場合には、発注者から直接工事を請け負った建設業者（元請建設業者）からの、国土交通省が別途定める「特定技能制度及び建設就労者受入事業に関する下請指導ガイドライン」に基づく指導に従わなければなりません。受入企業が特定技能外国人を現場に入場させる際には、現場入場届出書を各添付書類と併せて元請建設業者に提出することが必要となります。計画の認定証の情報の全部又は一部は、告示第４条第２項の規定に基づき、建設キャリアアップシステムを運用する一般財団法人建設業振興基金に提供されますので、同システムに蓄積されることになり、その情報に基づき、元請建設業者が指導することがあります。

x．受入れ人数は、常勤職員数を超えないこと【告示第３条第３項第７号】

建設技能者は，一つの事業所だけで働くわけではなく、様々な現場に出向いて働くことを必要としますので、支援を要する１号特定外国人を監督者が適切に指導し、育成するためには、一定の数の常勤雇用者が必要です。

このため、１号特定技能外国人の総数と外国人建設就労者の総数との合計が，受入企業となろうとする者の常勤職員（１号特定技能外国人、技能実習生及び外国人建設就労者を含まない。以下同じ。）の総数を超えてはいけません。技能実習生の数についても、別途、受入れ基準が定められており、常勤職員の総数を超えていけません（令和４年４月１日より適用）。

例えば、日本人の常勤職員数が10名の企業は、技能実習生で10名以下、１号特定外国人又は外国人建設就労者で10名以下まで（３つの在留資格による外国人が合計20名以下）は雇用することができます。

xi．１号特定技能外国人に受入れ後の講習又は研修を受講させること【告示第３条第３項第８号】

○　受入れ後講習の受講

受入企業は、１号特定技能外国人の受入れ後、当該外国人に対し、適正就労監理機関であるFITSが開催する受入れ後講習を受講させることが必要です。詳細は、２）③をご覧ください。

計画の認定前に受入企業が適正就労監理機関であるFITSによる事前巡回指導を受けた場合には、この限りではありません。講習の受講のための旅費、受講料などの費用負担は、受入企業が負担することになります。

○　安全衛生教育（特別教育、技能講習の受講）

申請する受入計画には、特定技能外国人に従事させる業務に従い、労働安全衛生法に基づく特別教育等の安全衛生教育又は技能講習等を箇条書きしてください。特定技能外国人に従事させようとする業務に必要となる安全衛生教育の内容が満たされていない場合、国土交通省は受入企業に対し、指導を行うことがあります。

なお、「平成31年３月28日付け基発0328第28号・厚生労働省労働基準局長通知」記２に記載された事項に係る、危険又は有害な業務に特定技能外国人を従事させる場合には、雇い入れ時等の安全衛生教育や特別教育等において、当該危険又は有害な業務に伴う労働災害発生のおそれとその防止対策等について正確に理解させるよう留意が必要です。労働安全衛生法に基づく特別教育等の安全衛生教育又は技能講習等の受講のための旅費、受講料などの費用負担は、受入企業が負担することになります。

③　FITS の適正契約締結サポート（事前巡回指導）について

適正就労監理機関である FITS では、次の2）にあるように、受け入れ後の特定技能外国人の適正就労監理を行うほか、受入企業の受け入れ前にも、求めがあれば、雇用契約の事前の重要事項説明と契約締結手続のサポートを行う「適正契約締結サポート（事前巡回指導）」を無償で行っています。

特定技能外国人を受け入れるためには、国土交通省や入国在留管理局への行政手続の前に、外国人と特定技能雇用契約を結ぶことが求められており、賃金水準などで行政指導が行われることが多くあります。また、雇用条件や業務内容に関して、日本語能力が不足していて、後々トラブルとなり、失踪等につながることも想定されます。

「適正契約締結サポート（事前巡回指導）」を受けることで、外国人との間の処遇や業務内容をめぐるトラブルの未然防止と、国土交通省の建設特定技能受入計画の認定審査における手戻り防止・迅速化が図られるほか、受入れ後に、特定技能外国人が受講することが義務付けられている受入れ後講習（スタートアップセミナー）が免除されるなどのメリットがありますので、活用を検討してみてください。

図17　FITS による適正契約サポート（案内）

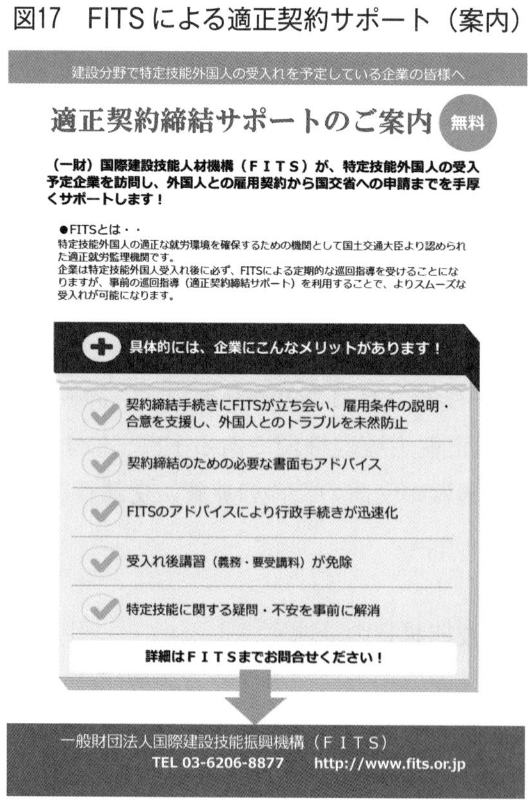

2）受入後の特定技能外国人の適正就労監理

①　適正就労監理機関の役割

認定する国土交通省では、事前に受入計画にて確認した上で、受入後も認定受入計画に基づき適正な就労が行われているかどうかを継続的に確認し、適正な受入れが行われていないと判断される場合には、助言、指導、受入れ停止、認定取消等の処分が行われます。そのためのいわゆる監視機関が、適正就労監理機関ということになります。

適正就労監理機関は、国土交通大臣告示第７条に基づき、国土交通省が受入企業及び１号特定技能外国人に対する巡回訪問その他の方法による指導及び助言、１号特定技能外国人からの苦情又は相談への対応など１号特定技能外国人の適正な就労環境を確保するための業務を行う能力を有すると認めた「一般財団法人国際建設技能振興機構（FITS：Foundation for International Transfer of Skills and Knowledge in Construction)」となります。FITSは、2022年度までの時限措置として実施している外国人建設就労者受入事業のみならず、特定技能外国人制度の下でも、適正な就労環境を確保するための賃金や就労状況等の監視役、指導・助言役を担うことになりました。

まずは、建設業界全体の行動規範を定め、遵守するなどの自主規制を行う主体であり、特定技能外国人受入事業実施法人として国土交通大臣による登録を受けた「一般社団法人建設技能人材機構（JAC)」が、受入企業から徴収する受入負担金を財源として、適正就労監理機関に委託して、適正就労監理業務を行うことになります。JACは、低賃金による外国人雇用を未然に防ぎ、ダンピングを防いで公正な競争環境を確保するとともに、建設業界としての処遇改善の流れを止めないという役割を担っています。

②　国土交通省に対する受入報告等（オンラインでの報告）

受入企業は、１号特定技能外国人の在留資格が取得できた場合、速やかに、国土交通省（地方整備局長、北海道開発局長、沖縄開発総合事務局長）に対して受入報告を「外国人就労管理システム」からオンライン上で行う必要があります。また、特定技能外国人の退職・転職、帰国の場合には退職報告を、倒産、経営悪化、不正行為認定、失踪等により、特定技能の継続が不可能となった場合には、継続付加事由発生報告書をオンラインで行う必要があります。

これらの報告は、同システムにより、FITSとJACとも情報共有されます。

③　受入れ後講習（スタートアップセミナー）の受講

FITSから案内される受入れ後講習（スタートアップセミナー）に１号特定技能外国人を受講させることが認定計画の認定要件になっています。特定技能外国人は、就労開始後、原則として３ヶ月以内にこの受入れ後講習を受講する必要があります。受入れ後講習では、国土交通大臣の認定受入計画による自らの処遇内容について、外国人がきちんと理解しているかどうかの確認を行うとともに、雇用主や上司にはなかなか相談できないような事項についても、FITSが開設する母国語相談ホットライン窓口に相談できることや、万が一の時の転職支援をFITSとJACが協力して行うこと、など、外国人の保護に関する情報について、直接母国語通訳をつけて講習することとしています。

受入れ後講習で、万が一、認定受入計画に基づく雇用条件と異なる条件で外国人と契約しているなど、虚偽申請が発覚した場合には、国土交通大臣認定を取り消す等、厳正に対処されることになります。一度、認定取り消しを受けると、在留資格の前提となる要件が喪失しますので、その後、外国人材の受入れができなくなるなど、大きな影響があります。

なお、海外試験に合格した外国人で、入国前に特定技能外国人受入事業実施法人による同等の講習を受講した場合、また、受入れ前に、FITS による無償の事前巡回指導（適正契約締結サポート）を受けて、雇用契約の重要事項説明及び契約締結を行った場合には、受入れ後講習の受講義務が免除されます。詳細は、2－3　1）③と FITS のホームページを確認してください。

④　**認定受入計画の実施状況の確認（巡回指導と母国語相談ホットライン）**

認定受入計画は、外国人の入国前に作成された計画であり、その計画が適正に履行されているかどうかについては、国土交通省としても確認し、必要応じて受入企業からの報告を求め、指導をすることになっています。

そして、認定要件への適合しなくなったとき、認定受入計画が適正に実施されていないとき、不正の手段により認定を受けたとき、国土交通省に対して適切に報告をせず、又は虚偽の報告をしたときには、国土交通大臣は、認定を取り消すことがあります。受入企業は、国土交通大臣告示第2条に基づき、建設特定技能受入計画を適正に実施し、国土交通大臣又は適正就労監理機関により、その旨の確認を受けることが認定要件となっています。

具体的な認定受入計画の確認方法としては、適正就労監理機関である FITS が、すべての受入企業に対し、原則として１年に１回以上の頻度で巡回訪問を行います（巡回指導）。巡回指導では、外国人が計画どおりにきちんと就労しているかどうかを確認するため、書面と関係者へのヒアリングを通じて確認を行い、外国人との面談も実施します。

FITS は、巡回訪問を通じて気づいた点について受入企業に助言を行うほか、計画への違反行為や労働関係法令など関係法令への違反行為を見つけた場合、受入企業に対して文書及び口頭で改善指導を行うことになります。改善指導を受けた場合、受入企業は速やかに指摘された点を改善し、FITS に報告しなければなりません。

FITS の改善指導の中でも、虚偽の申請に基づく受入計画の認定取得や二重契約、故意による賃金の不払い等、重大な違反行為が発見された企業については、国による監査の対象となります。監査の結果、国土交通省は、認定の取消しなど、受入企業に必要な指導を行うことになりますが、仮に認定の取消しには至らなかった場合でも、一度国の監査を受けた「重点監査企業」に対しては、計画に基づいた外国人の就労がきちんとなされているかどうか、引き続き FITS により厳しい監視がなされることになります。

認定受入計画の継続的な遵守は、在留資格の付与の構成要件となっていますから、国土交通大臣から受入計画の認定が取り消されると、国土交通省から出入国在留管理庁に報告がなされ、地方出入国在留管理局における実地検査や改善命令の対象となるほか、在留期間の更新時に更新されない場合もありますのでご注意下さい。

また、建設分野で働く特定技能外国人の苦情や相談に母国語で対応するための窓口として、「母国語相談ホットライン」が開設されています。平日と休日それぞれの固定日における電話相談のほか、メールでの相談は24時間受付けています。現時点ではベトナム語、フィリピン語、中国語、インドネシア語、英語での相談が可能ですが、今後も必要な言語に広く対応していく予定です。

図表18　建設分野における適正就労監理の流れ

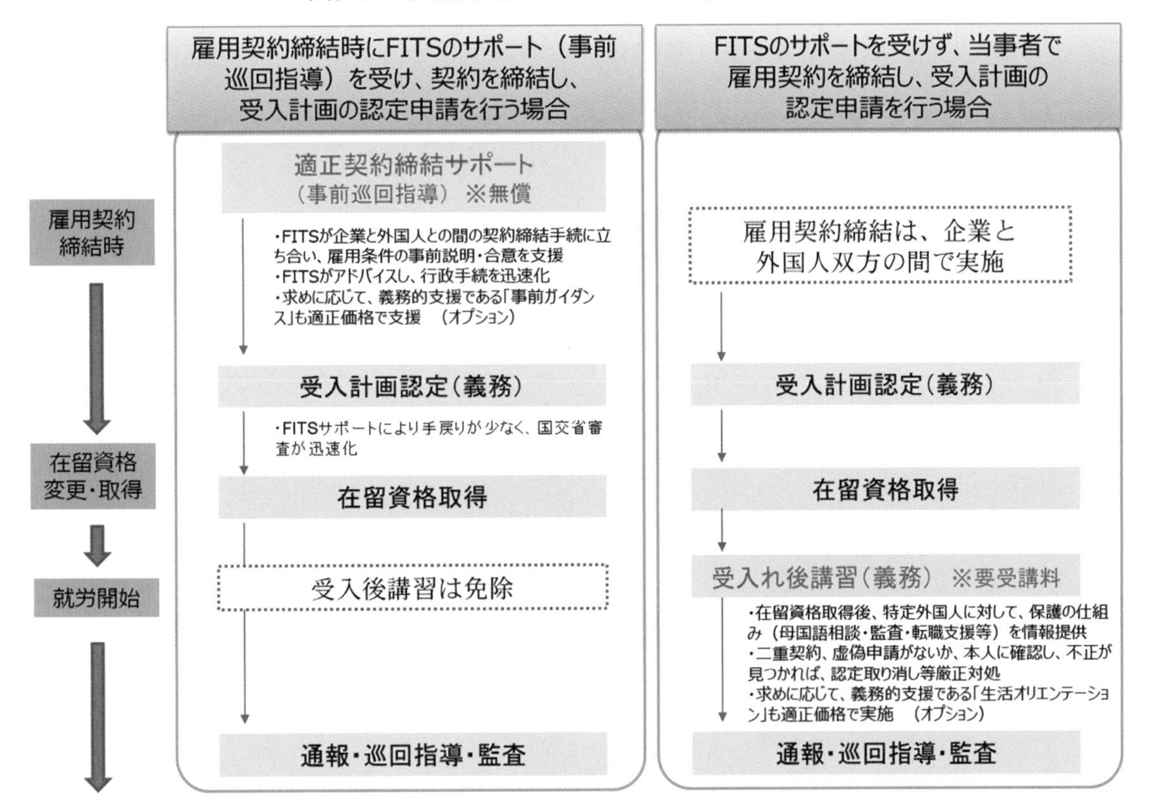

⑤　元請企業による下請指導

建設業では、技能労働者は、様々な現場で働くことになることから、国土交通省及び一般社団法人建設技能人材機構（JAC）による適正な受入れの取組を補完する観点から、現場管理に責任を有する元請企業においても、外国人入場の際の現場入場届等により、下請への指導が行われます。

国土交通大臣告示においても、外国人建設就労者等を労働者として受入れ建設工事に従事させる建設企業が下請負人である場合には、直接当該工事を請け負った元請企業の指導等に従わなければならない旨が定められています。

受入企業は、現場に特定技能外国人又は外国人建設就労者を入場させる場合には、現場入場届出書に加えて、建設特定技能受入計画認定証又は適正監理計画認定証の写し、パスポート、在留カードの写し、雇用条件書、建設キャリアアップカードの写し等の添付書類を提出しなければなりません。元請企業は、その記載内容と各添付書類の情報の整合性に加え、就労させる場所、従事させる業務の内容、従事させる期間について、チェックを行うことになっています。

詳細は、2－5で解説します。

●ポイント

・建設分野は、出入国在留管理庁における審査に先立ち、国土交通省における受入計画の認定と継続的な実施状況の確認等が必要

・国土交通省における審査のポイントは、同一技能同一賃金の原則、月給制、技能習熟にあわせた昇給といった賃金の基準、技能や安全衛生講習の習得等のステップアップが必要。この

ほか、建設業許可、建設キャリアアップシステムへの登録、受入人数上限（技能実習生以外の常勤雇用者数以下）など。

・受入れ後は、適正就労監理機関（FITS）による受入れ後講習の受講、巡回指導等の計画の実施状況確認、外国人の現場入場ごとの現場入場届等の提出も行う。

2－4．特定技能外国人受入事業実施法人

特定技能外国人の受入れに当たって、元請ゼネコン、受入対象職種の専門工事業団体の16団体が発起人（設立時社員）となり、2019年4月1日に、20の建設業者団体を正会員として、一般社団法人建設技能人材機構（JAC：Japan Association for Construction Human Resources）が発足しました。同JACは、国土交通大臣告示第10条において、「第十条の登録を受けた法人（※特定技能外国人受入事業実施法人）又は当該法人を構成する建設業者団体に所属し、同条第一号イに規定する行動規範を遵守すること」とされていることを受け、業界共通ルールである行動規範を定め、これを構成員である受入企業に遵守させるとともに、関係業界団体が協力して受入事業を行うことを目的に設立され、同日付で国土交通大臣の登録を受けたものです。設立後、順次、加入団体が増加しており、2020年6月現在、正会員は39の建設業者団体、賛助会員として、1の建設業者団体、227の建設企業が会員となっています。

1）JACの設立趣旨

①　全員加入・公平負担の原則

建設分野の分野別運用方針においては、「建設業は多数の専門職種に分かれており、建設業者団体も多数に分かれていること等から、特定技能外国人の受入れに係る建設業者団体は、建設分野における外国人の適正かつ円滑な受入れを実現するため、共同して以下の取組を実施する団体を設けること」とされています。

海外における建設分野特定技能評価試験の問題作成・実施、このための必要な教育プログラムの立案と実施、入国後の必要な研修の実施、求職求人の斡旋のほか、国土交通大臣認定を受けた受入計画の実施状況の確認及び指導など、受入れのために業界団体が実施しなければならない業務が多数あり、そのためには多くのコストや労力もかかります。

基本的には、受入対象職種の建設業者団体がその負担をしなければなりませんが、全ての企業がこうした建設業者団体に属しているわけではありません。団体や団体加入の企業ばかりがコストや労力を負担するのは公平ではなく、制度の受益者たる受入企業のすべてが薄く広く負担を行うべきものです。

また、建設工事を発注者から請け負うのは、元請業者ですが、外国人を雇うのは、主に下請である専門工事業者であり、それぞれの専門工事業者の協力なくしてはありえません。したがって、今回の特定技能外国人の受入れは元請ゼネコンにも利益があります。

JACは、元請、下請の立場や、団体加入・非加入の別によらず、特定技能外国人の受入れで利益を受けるすべての者がすべて加入し、公平な負担をすることを原則に設立されたものです。

②　複数に分かれる専門工事業団体による共同実施によるスケールメリット

今回の特定技能外国人の受入れは、業界団体ごとに試験を実施することが原則となっています。ただ、建設業は、一つの建設生産活動は、多数多種の専門職種が分業して協力しながら作業する仕組みであり、職種及びそれに応じた建設業者団体も多数に分かれています。それぞれの団体が個別に海外における候補者の訓練及び試験の実施を行うことは効率的でないことから、新しく設立するJACに、教育や試験に係る海外現地機関との提携や連携、外国人の就職の斡旋などの業務を一元

的に担わせることで、スケールメリットを働かせようとするものです。

③ 公正な競争環境の確保

JAC は、特定技能外国人の適正かつ円滑な受入れの実現に向けて構成員が遵守すべき行動規範の策定及び適正な運用を行います。

JAC が策定した行動規範では、Ⅰ業界全体として守るべき総則、Ⅱ受入企業が守るべき義務、Ⅲ元請企業の役割、Ⅳ共同事業の実施、Ⅴ実効性確保措置、Ⅵ. 外国人技能実習生及び外国人建設就労者の取り扱い、からなっています。

行動規範の趣旨は、低賃金・保険未加入で外国人を雇うことにより公正な競争環境を歪めるアウトサイダー企業や、劣悪な労働環境で外国人を働かせるブラック企業を排除し、公正な競争環境を確保し、外国人がその能力を有効に発揮できる環境を整備しようとするものです。

④ 民間の職業紹介事業者の介在ができない仕組みの補完

一般的には、企業は、特定技能外国人の人材紹介を受けるために、民間の職業紹介事業者が介在することが想定されていますが、建設業務（土木、建築その他工作物の建設、改造、保存、修理、変更、破壊若しくは解体の作業又はこれらの作業の準備の作業に係る業務をいう。）に就く職業については、一般の民間の有料職業紹介事業者による職業紹介は行ってはいけないこととなっています。

このため、JAC では、傘下の会員である受入企業や傘下の団体の会員である受入企業に対して、職業紹介事業を行うこととしています。

JAC では、会員企業等から求人情報を幅広く受付け、集約した情報をもとに求職者と求人企業のマッチングを実施します。企業において、特定技能外国人を雇いたいけれど外国人のアテがない場合や、現在雇っている技能実習生のうち企業の事情等から自社で特定技能に移行させられない外国人の転職先を探している場合等にこの JAC の求職求人マッチングを利用できます。

また、求職者としては、特定技能での就労を希望する外国人、具体的には、現に日本で就労している技能実習生や外国人建設就労者のうち、特定技能の在留資格により日本で働き続けたくても、現在の就労先が特定技能外国人の雇用に積極的でない場合等により、同じ企業で特定技能として働くことが難しい外国人等が想定されます。外国人の中には、日本語に不安がある方もいると思いますが、適正就労監理機関である（一財）国際建設技能振興機構（FITS）の母国語相談ホットラインが窓口となり、JAC の求職求人マッチングについて、外国語（英語、ベトナム語、中国語、インドネシア語）での情報提供及び相談の受付を行い、FITS に寄せられた求職情報は JAC に伝達されます。

図表19　JACによる無料職業紹介事業

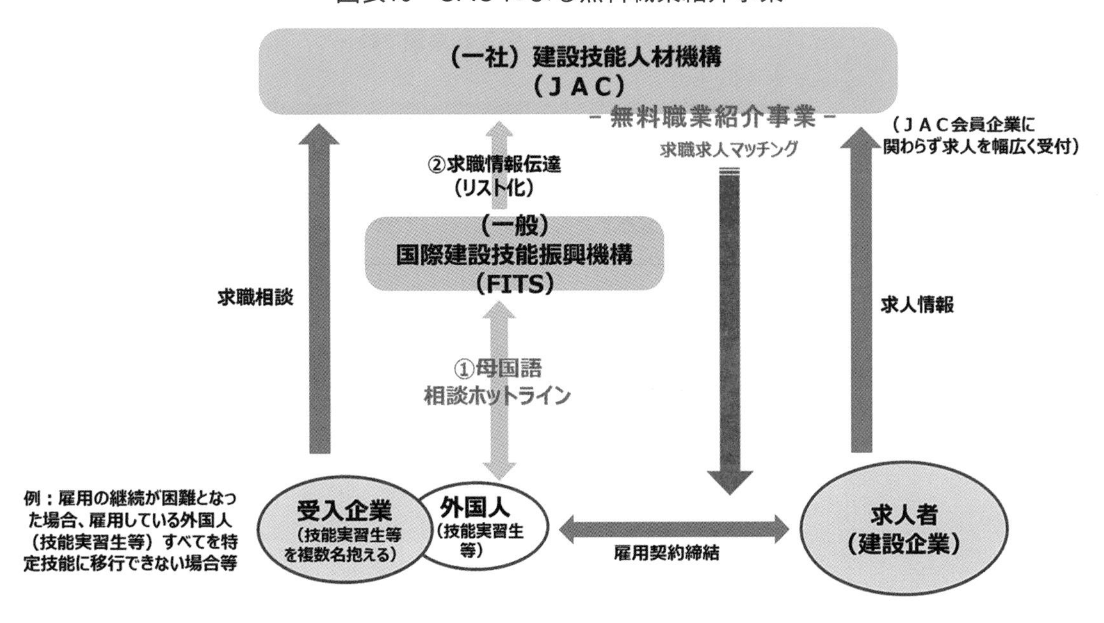

2）JACが会員のために行う共同事業

JACが会員のために行う共同事業について紹介します。特定技能外国人受入事業実施法人であるJACは、国土交通大臣告示第十条により、以下の二から四に掲げる受入事業を実施することとされています。

一　特定技能外国人の適正かつ円滑な受入れの実現に向けて構成員が遵守すべき行動規範の策定及び適正な運用

二　建設分野における特定技能の在留資格に係る制度の運用に関する方針（平成三十年十二月二十五日閣議決定）で定めるすべての試験区分についての建設分野特定技能評価試験の実施

三　特定技能外国人に対する講習、訓練又は研修の実施、就職のあっせんその他の特定技能外国人の雇用の機会の確保を図るために必要な取組

四　受入企業が認定受入計画に従って適正な受入れを行うことを確保するための取組

図表20にありますとおり、JACは、

○政府間の協力関係の下、海外な適切な提携教育機関で、特定技能外国人となろうとする候補者を選考し、日本式の技能教育や就業に必要な日本語教育を施して、技能評価試験を実施すること

○試験合格者をJACに加入している企業に対して紹介する職業紹介事業を実施すること

○技能実習生修了者や他社で働く特定技能外国人からの転職希望情報を集約し、JACに加入している企業の求めに応じて人材紹介を行うこと

○適正就労監理機関である一般財団法人国際建設技能振興機構（FITS）に委託して、定期的に受入企業を巡回訪問（就労モニタリングするとともに、特定技能外国人からダイレクトに相談や苦情を受け付け、必要に応じて巡回訪問、調査・指導を行い、転職相談に応じること）

といった共同事業を行います。

図表20　外国人受入れ業務フロー

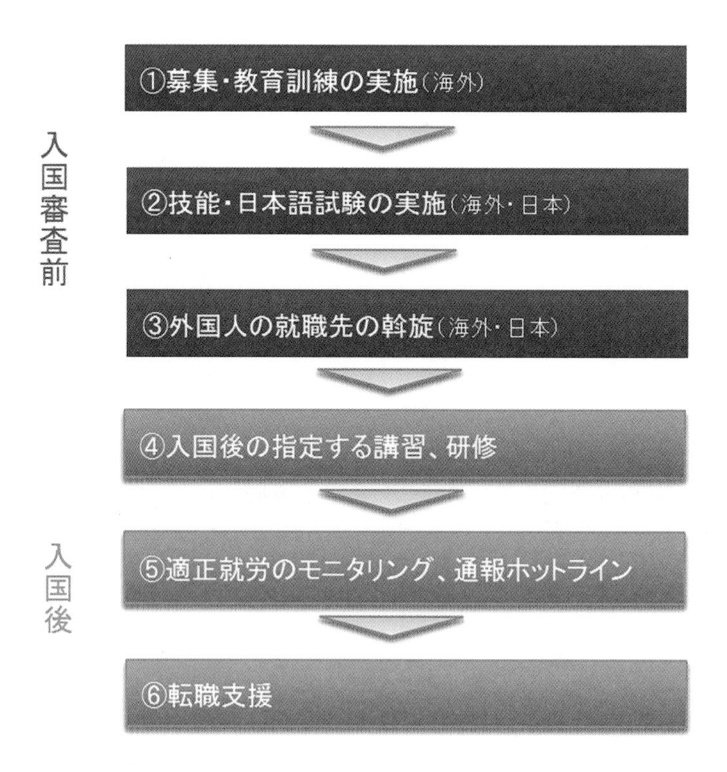

3）JACの構成員たる資格と加入方法

①　建設業者団体、受入企業等の加入

JACは、一般社団法人であり、議決権を有する正会員と、議決権を有さない賛助会員により構成されます。正会員は、元請となる建設業者団体と、受入対象職種に関係する建設業者団体（専門工事業団体等）となります。関係する建設業者団体（JACに加入している団体）は、次の図表21のとおりです。

図表21　建設特定技能の対象業務と関係建設業者団体（2020年6月4日現在）

技能	関係建設業者団体
1　型枠施工	（一社）日本型枠工事業協会
2　左官	（一社）日本左官業組合連合会
3　コンクリート圧送	（一社）全国コンクリート圧送事業団体連合会
4　トンネル推進工	（公社）日本推進技術協会
5　建設機械施工	（一社）日本機械土工協会 日本発破工事協会 （一社）全国基礎工事業団体連合会 （一社）日本建設機械レンタル協会 （一社）日本基礎建設協会
6　土工	（一社）日本機械土工協会

	（一社）日本建設躯体工事業団体連合会 （一社）全日本漁港建設協会
7　屋根ふき	（一社）全日本瓦工事業連盟
8　電気通信	（一社）情報通信エンジニアリング協会
9　鉄筋施工	（公社）全国鉄筋工事業協会
10　鉄筋継手	全国圧接業協同組合連合会
11　内装仕上げ 12　表装	（一社）全国建設室内工事業協会 日本室内装飾事業協同組合連合会 日本建設インテリア事業協同組合連合会
13　とび	（一社）日本建設躯体工事業団体連合会 （一社）日本鳶工業連合会
14　建築大工	全国建設労働組合総連合 （一社）ツーバイフォー建築協会 （一社）日本在来工法住宅協会 （一社）全国住宅産業地域活性化協議会
15　配管	全国管工事業協同組合連合会
16　建築板金	（一社）日本金属屋根協会 （一社）日本建築板金協会
17　保温保冷	（一社）日本保温保冷工業協会
18　吹付ウレタン断熱	（一社）日本ウレタン断熱協会
20　海洋土木工	日本港湾空港建設協会連合会
21　元請ゼネコン他（特定職種に限らない団体）	（一社）日本建設業連合会 （一社）全国建設業協会 （一社）日本道路建設業協会 （一社）全国中小建設業協会（再掲） （一社）プレストレスト・コンクリート建設業協会 （一社）電設工業協会 （一社）日本空調衛生工事業協会 （一社）全国防水工事業協会 （一社）マンション計画修繕施工協会

建設特定技能受入計画の申請に当たっては、受入企業は、JACの正会員である建設業者団体の会員となるか、JACの賛助会員となることが必要で、選択が可能です。いずれの場合であっても、JACが定める行動規範に従うこと、それぞれの加入先の団体が定めるルールに従うことなどを誓約した上で、会員であることを証明する書類の交付を受ける必要があります。証明書は、受入計画の認定申請に必要な書類になります。

JACの正会員である建設業者団体は、多くの場合、全国組織であり、その構成員に支部を有している場合や、法人格を有する団体を傘下に有している場合があります。こうした場合であっても、全国組織である建設業者団体が一元的に入会手続、会員証明書の発行等の事務を行っています。

会員団体のリスト・連絡先は、参考資料Ⅸのとおりです。

② 登録支援機関の加入

建設分野の受入企業の特定技能外国人の受入れを支援する登録支援機関についても、JACに賛助会員として加入することができます。

JACの賛助会員となる登録支援機関は、加入時に、

・支援の区分に応じた委託費用を明らかにし、正会員である建設業者団体及び受入企業に提示することを拒まないこと
・支援区分に応じた委託費用を自社のホームページ上で公表するとともに、機構のホームページにリンクを貼ること
・特定技能外国人に対する支援に関し、上記以外の費用を受入企業に請求しないこと
・職業安定法により、建設業務労働者については、有料職業紹介が禁止されていることを理解し、支援している企業に対してJACが行う職業紹介事業の周知、活用促進その他の協力を行うこと
・受入企業の求めに応じて、適正就労監理機関である一般財団法人国際建設技能振興機構（FITS）の行う巡回訪問・調査指導等に係る連絡調整業務の協力を行うこと
・JACは又はFITSからの連絡事項を支援している建設企業に情報提供すること
・会員の利益に反する行為、法令に違反する行為、JACの信用を失墜する行為を行った場合又は登録支援機関としての登録を取り消された場合には、JACの意思決定に従って、除名されること

という事項について、同意・誓約が必要です。（詳細は、JACにお尋ね下さい。）

賛助会員となるメリットとしては、建設分野の受入企業に対して支援サービスを適正な対価で提供する機関であることが明確になる、JACによる求人情報の受付の開始や海外・国内での試験実施などの最新の情報を共有できる、といったことが挙げられます。また、顧客である受入企業の委託を受けて、建設分野の独自の措置である、建設特定技能受入計画の認定申請や、受入企業からの受入負担金及び賛助会費のJACに対する収納代行といった事務を行うことも可能です。

図表22　JACへの加入

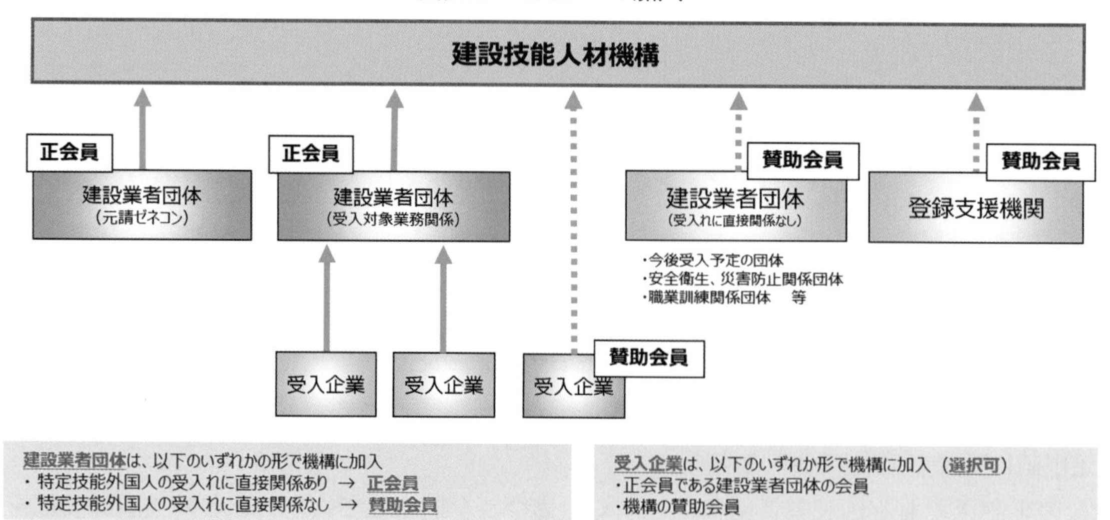

4）会費及び受入負担金

JACは、共同事業の実施などの事業運営に要する経費として、①会費規程に従って正会員又は賛助会員から徴収する会費と、②JACの定める受入負担金規程に従って受入企業からの受入負担

金を徴収することになっていて、受入企業もそれに従う必要があります。仮に受入企業が受入負担金の支払いを怠った場合には、告示で認定の要件（行動規範を遵守すること）となっている受入計画の認定が取り消され、出入国在留管理庁による在留期間の更新時に更新されない場合もありますのでご注意下さい。

基本的には、会費は、JACの正会員となる建設業者団体が払うもの、受入負担金は、受入企業が特定技能外国人の受入れ人数に応じて負担するものと理解して下さい。ただし、いずれの建設業者団体にも加入しない受入企業は、JACの賛助会員となる必要があるため、受入負担金のほかに、賛助会費が必要となります。

①　会費

正会員、賛助会員の別によって会費は変わってきます。

正会員の場合、年間36万円です。正会員は、建設業者団体であり、受入企業ではありません。受入関係業務に協力する正会員の団体については、JACの事業に協力して頂いている団体ということで、年会費は免除されます。また、大手元請ゼネコン団体など、傘下に特定技能外国人の受入企業を有さない正会員の団体については、会費を免除することとしています。

賛助会員の場合、年間24万円です。受入れ職種に直接関係しないが、JACの活動に賛同、賛助する建設関連団体又は登録支援機関についても、賛助会員になることができます。また、正会員である建設業者団体に加入しない受入企業の場合には、賛助会費を支払って、賛助会員として特定技能外国人を受け入れることになります。

図表23　JACの会費について

<table>
<tr><th colspan="3">会員・賛助会員の分類</th><th>金額</th></tr>
<tr><td rowspan="3">正会員</td><td colspan="2">試験問題作成等の事業協力を行う建設業者団体</td><td>免除</td></tr>
<tr><td colspan="2">傘下に特定技能外国人の受入企業を有さない建設業者団体</td><td>免除</td></tr>
<tr><td colspan="2">上記以外の建設業者団体</td><td>36万円／年</td></tr>
<tr><td rowspan="5">賛助会員</td><td colspan="2">建設業関連団体又は正会員である建設業者団体に加入しない受入企業</td><td>24万円／年</td></tr>
<tr><td rowspan="4">登録支援機関</td><td>支援対象となる受入企業が20社以上</td><td>24万円／年</td></tr>
<tr><td>支援対象となる受入企業が10社以上20社未満</td><td>12万円／年</td></tr>
<tr><td>支援対象となる受入企業が５社以上10社未満</td><td>６万円／年</td></tr>
<tr><td>支援対象となる受入企業が５社未満</td><td>３万円／年</td></tr>
</table>

②　受入負担金（受入企業がJACに支払う経費）

イ）受入れケースに応じた受入負担金

受入企業が支払う受入負担金は、JACが行う共同事業である教育訓練や技能評価試験の実施、適正就労モニタリング、転職支援等の受益度合いに応じて、金額を設定しています。ケース１は、技能実習の経験がない外国人に対して海外で教育を施し、試験を行って受け入れる場合、ケース２は、受入企業が人材募集や日本語・技能訓練等を独自に行って、試験のみを行って受け入れる場合、ケース３は、試験免除者（技能実習生や外国人建設就労者）を受け入れる場合、と３つのケースが考えられます。

図表24　受入ケース分類

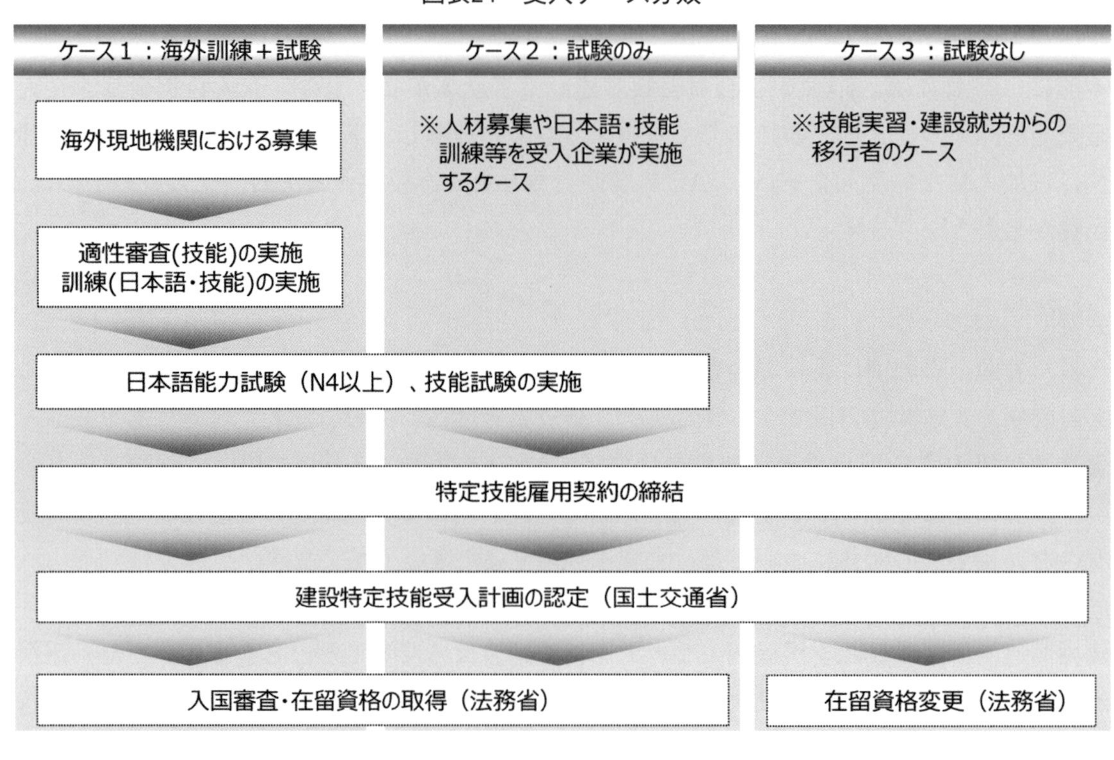

JAC は、海外で教育訓練等を行う提携機関と連携して、
・技能・安全衛生教育の講師を日本から派遣する費用、資機材の調達費用
・技能評価試験に係る実施費用、日本から試験官を派遣する費用、資機材の調達費用
等の教育訓練・試験に係る実費相当分の経費を支弁するために必要最低限の範囲で、受入負担金の水準を設定したものです。

ロ）受入負担金の金額の水準

受入負担金は、JAC が行う共同事業の実施等の事業運営の活動原資となるもので、JAC に加入するか、JAC に加入している正会員である建設業者団体に加入するかの別にかかわらず、受入れる１号特定技能外国人の数に応じて、JAC に毎月支払う必要があります。

図表25　受入れケース分類に応じた受入負担金の額

受入対象	受入負担金の額
ケース１）JAC が業務提携する海外現地機関において教育訓練を受けた試験合格者を受入れる場合	24万円／人・年 月額２万円
ケース２）受入企業が独自に教育訓練を行った試験合格者を受入れる場合	18万円／人・年 月額1.5万円
ケース３）技能実習・外国人建設就労からの試験免除で受入れる場合	15万円／人・年 月額1.25万円

図表26　JACへの受入負担金の支払い方法（イメージ図）

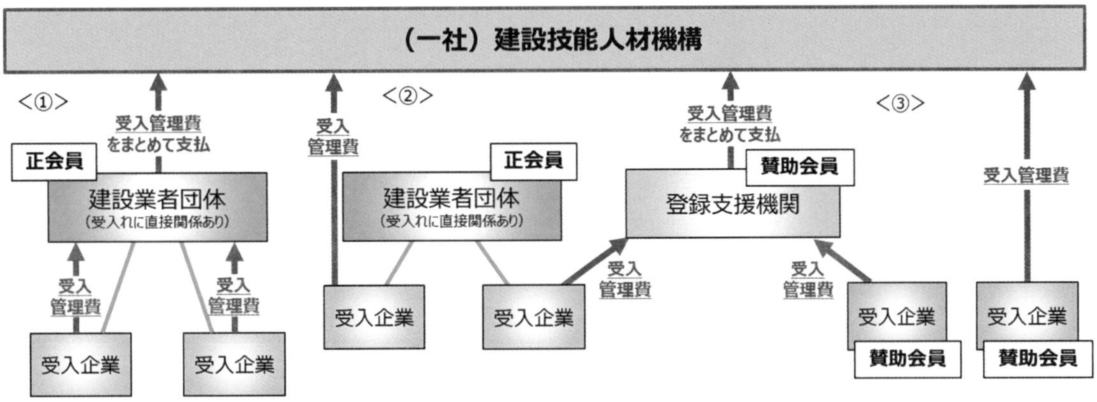

5）建設分野の受入れ費用は高いのか？

一部に、JACに対する受入れの負担が高すぎるという声もあります。建設分野で特定技能外国人を受入れる場合には、JACへの加入が義務づけられ、受入計画を策定して国土交通大臣（地方整備局長等に権限委任）の認定を受ける必要があり、また、受入れ後も、FITSによる巡回指導や監査、FITSに設置する母国語相談ホットライン窓口の設置という、他の分野にはない仕組みを取り入れています。これは、技能実習生の失踪者が年々増加しており、その４割が建設分野の技能実習生となっている状況に鑑み、他分野よりも厳格に就労監理することになりました。そういう意味で、他分野にはない就労監理のための経費がかかっており、これをJACに対する受入負担金でまかなっているということは事実です。また、海外での教育訓練をしっかり行って受入れることとしており、こうした海外の提携機関との調整も必要になります。

しかしながら、こうした経費を考えてもなお、技能実習との比較や、他分野との比較においても、合理的な範囲で収まっていることを説明します。

①　技能実習との比較

技能実習では、監理団体が徴収する監理費は、実習生一人あたり月４～６万円（年48万円～72万円）が相場であると言われています。

技能実習生から建設特定技能に変更する場合、JACの受入負担金は、月1.25万円／人ですから、支援を外部に委託しなければ、大きく費用が低減されます。仮に全てを登録支援機関に委託したとしても、委託費が高いところで3.5万円／人程度のようですから、合計で月４万円／人を超えることはなく、技能実習から特定技能に変更すると、技能実習時よりもコストが低減されます。

また、技能実習を経ずに直接試験を受けて建設特定技能の在留資格を取得する外国人の場合、JACの受入負担金は、月２万円／人です。これらの外国人は、入国前に日本の建設現場で働くために必要な知識の付与や技能とＮ４レベルの日本語の教育訓練がなされて入国しますので、技能実習生で初めて日本に入国する者よりも、高度な技能・日本語能力を有し、受入企業は、技能実習よりも低いコストで安心して採用できることになります。

②　他分野との比較

次に、他業種との比較です。他業種では、建設分野とは異なり、受入企業による負担を求めて受入事業を行う法人は位置付けられていませんが、様々な民間の職業紹介事業者が特定技能外国人の人材紹介ビジネスに参入することが想定され、人材紹介料などのサービスの対価は当然必要になります。人材紹介料を取らない事業者の場合でも、その事業者の支援を受けなければならないという条件が付されることもあります。

JACは、「建設業界自身による、業界のための非営利型の法人」であり、利益目的で事業を実施するわけではありません。多数の専門工事業団体の代わりに、スケールメリットを働かせながら、効率的に事業を行うことが期待されます。

6）行動規範の策定及び遵守

告示では、受入企業すべてに、国土交通大臣の登録を受けた特定技能外国人受入事業実施法人への所属と、当該法人が定める行動規範の遵守を義務づけています。これは、建設業界として、受入企業が遵守すべき自主規制的なルールを建設業界自らが策定し、継続的に遵守させる義務を、業界団体に求めているという趣旨です。

大きな哲学としては、

・同一技能同一賃金の原則、公正な競争環境の確保
・外国人の人権尊重と必要な支援（日本語、技能・安全教育、労災適用等）
・悪質な引き抜き防止と大都市偏在の是正のためのJACの役割
・元請企業の現場管理責任の明確化
・JACによる共同事業の実施とこれに必要な費用の分担（受入負担金等の徴収の根拠）
・ルールを守らない企業の除名等の措置

となっています。

特定技能外国人の適切かつ円滑な受入れの実現に向けた建設業界共通行動規範

Ⅰ．総則
1．建設業界は一般社団法人建設技能人材機構を設立し、行動規範の遵守に一致協力
2．低賃金雇用により競争環境を不当に歪める者等との関係遮断
3．生産性向上や国内人材確保の取組を最大限推進
4．労働関係法令等の遵守、特定技能外国人との相互理解、文化や慣習の尊重

Ⅱ．受入企業（雇用者）の義務
5．特定技能外国人が在留資格を適切に有していることを常時確認
6．同等技能・同等報酬、月給制等、技能の習熟に応じた昇給等の適切な処遇
7．外国人を含め被雇用者を必要な社会保険に加入
8．契約締結時に雇用関係に関する重要事項の母国語説明、書面での契約締結
9．外国人であることを理由とした待遇の差別的取扱の禁止
10．暴力、暴言、いじめ及びハラスメントの根絶、職業選択上の自由の尊重
11．建設キャリアアップシステムへの加入、技能習得・資格取得の促進
12．安全確保に必要な技能・知識等の向上支援、元請企業が行う安全指導の遵守

13. 日常生活上及び社会生活上の支援
14. 直接的、間接的な手段を問わず悪質な引抜行為を禁止
15. 機構の行う共同事業の費用を負担

Ⅲ. 元請企業の役割

16. 建設キャリアアップシステムの活用等による在留資格等の確認の徹底、不法就労者・失踪者等の現場入場禁止
17. 正当な理由なく、特定技能外国人を工事現場から排除することを禁止
18. 特定技能外国人への適切な安全衛生教育及び安全衛生管理
19. 自社の工事現場で就労する特定技能外国人に対する労災保険の適用を徹底

Ⅳ. 共同事業の実施

20. 事前訓練及び技能試験、試験合格者や試験免除者の就職・転職支援の実施
21. 日本の建設現場未経験の特定技能外国人に対する安全衛生教育を実施
22. 受入企業による労働関係法令の遵守、理解促進等を推進
23. 受注環境変化時の特定技能外国人への転職先の紹介、斡旋
24. 一般財団法人国際建設技能振興機構に委託して、巡回訪問等による指導・助言業務、苦情・相談への対応を実施
25. 地方部の求人情報発掘、都市部と地方部の待遇格差是正のための助言・指導等、建設特定技能協議会からの地域偏在対策に関する要請に応じて必要な措置を実施
26. 会費徴収や共同事業等の事業運営を実施

Ⅴ. 実効性確保措置

27. 本規範の違反者に対する除名等
28. 必要に応じた国土交通省、法務省その他関係機関と連携

Ⅵ. 外国人技能実習生及び外国人建設就労者の取り扱い

29. 特定技能外国人の取り扱いに準じた外国人技能実習生及び外国人建設就労者の適正な就労環境の確保

7）今後のJACの業務

① 教育訓練の仕組み

JACは、特定技能外国人を確保するために、現地の教育機関と提携して、技能毎に、国外で、技能評価試験の実施とこれに備えた教育訓練プログラムの策定と実施を行います。日本の技能の区分と施工方法は、送り出し国と異なっているのが一般的であり、日本で即戦力として働ける技能者を確保するためには、講師を派遣し、日本で使うような資機材等も調達して、現地で必要な教育を施すとともに、技能評価試験についても、試験官の派遣、資機材の調達を行います。

現在、JACは、ベトナムの建設省が所管する建設職業訓練短大、大学５校と業務提携の覚書を締結し、訓練生の募集、教育訓練を行った上、2020年中に技能評価試験を行うこととしています。

教育訓練の仕組みは、図表27のとおりです。建設関連の職業訓練校において訓練生を募集し、まずは、N５レベルの日本語教育を行い、その過程で、特定技能外国人としての適正審査を行い、優秀な訓練生を特定技能水準コースに選抜して、集中的に日本式施工の技能訓練やN４レベルの日本語教育を実施し、１号特定技能外国人として日本に送り出すことを目指しています。

ベトナムのほか、インドネシア、フィリピンにおいても、同様の考え方で、国土交通省及びJACが、相手国政府及び提携機関との間で教育訓練の仕組みを構築中です。

図表27　JACの教育訓練の仕組み（ベトナム）について

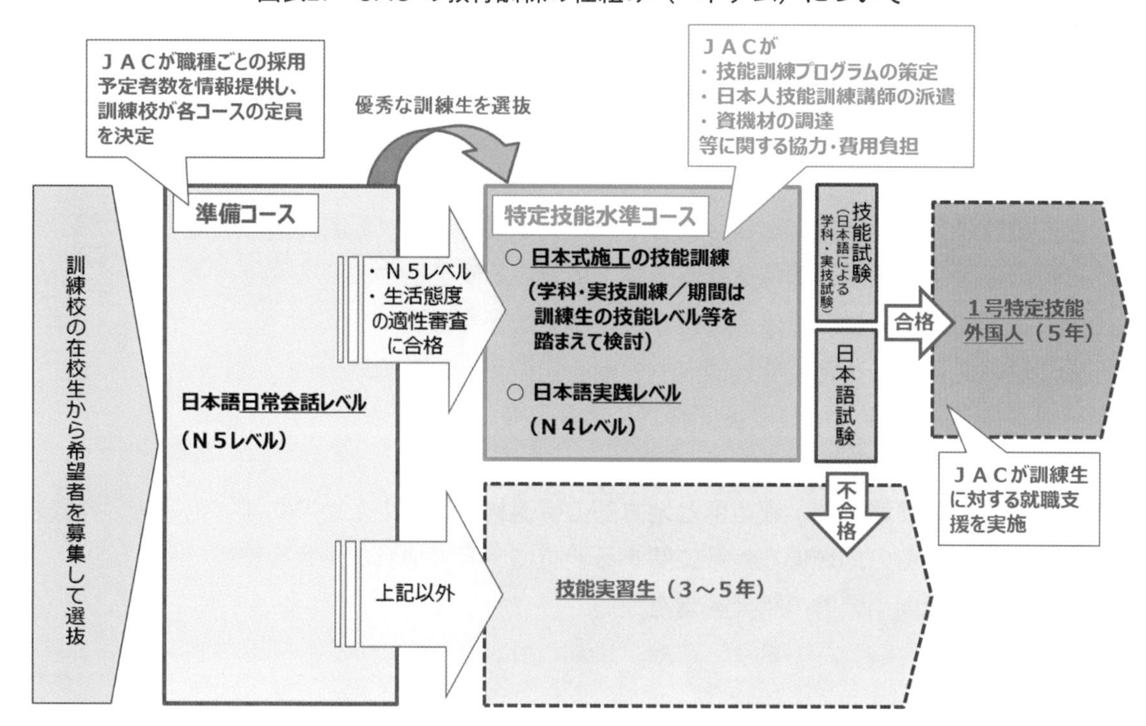

② 送出しの仕組み

また、特定技能外国人の諸外国から日本への派遣については、送出機関への関与の有無や送出費用等、国ごとに条件が異なります。送出機関が関与する場合のJACの役割については、以下のとおりです。

イ）JACは、受入予定企業の求人情報をとりまとめ、現地の送出機関と労働者提供契約を締結する。

※受入予定企業が送出機関と個別に労働者提供契約を締結することは妨げない。

ロ）JACは、受入予定企業と特定技能外国人の間で、求人求職マッチング（無料職業紹介事業）を実施する。

※マッチングが成立した企業は、特定技能外国人との雇用契約を締結し、建設特定技能受入計画の申請（国土交通省）、在留資格認定証明書の申請（法務省）等の所要手続を実施。

ハ）JACによる受入企業と送出機関の費用収受に関するコーディネート（取次事務）の下、受入企業は送出機関に対して送出費用を支払う。

図表28　送出機関が関与する場合のJACの役割について

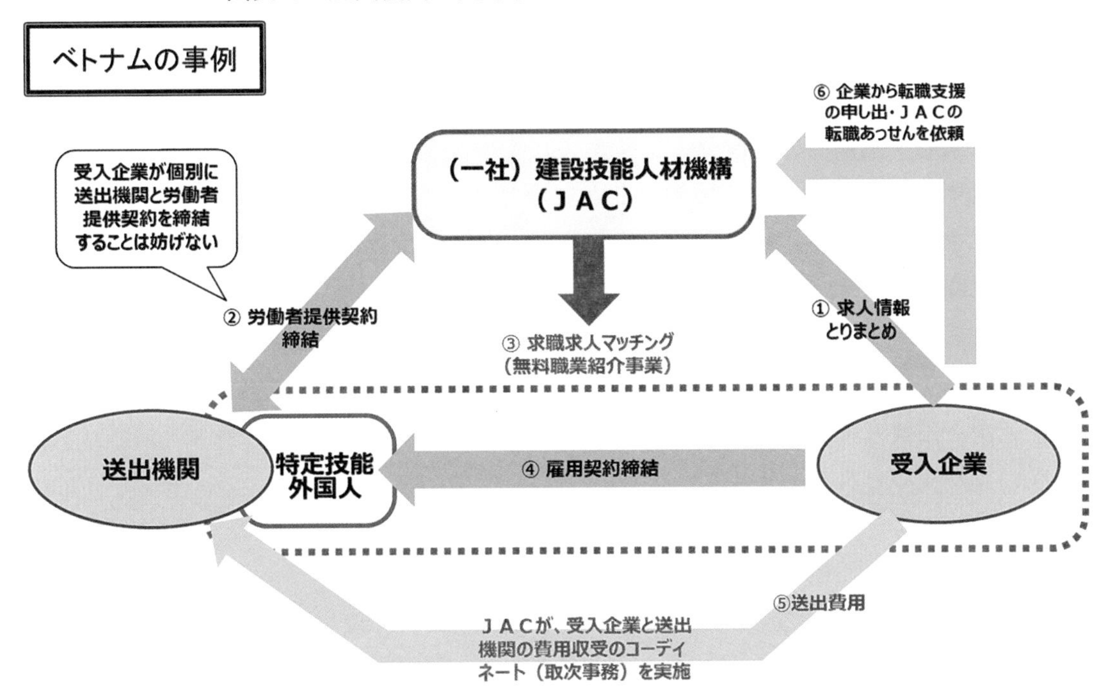

●ポイント

・特定技能外国人受入事業実施法人は、業界共通の行動規範の策定及び適正な運用、技能評価試験の実施、講習、訓練又は研修の実施、就職先の斡旋などを実施するための法人で、一般社団法人建設技能人材機構（JAC）が登録済み。

・受入企業は、受入事業実施法人への加入は義務。JACは、建設業者団体を正会員とする社団法人で、正会員である団体に所属するか、賛助会員としてJACに所属して、行動規範を遵守することが必要。

・登録支援機関も、JACに賛助会員として加入は可能。支援委託料金の透明性確保等を誓約することが加入の条件。

・JACは、多数の職種にまたがる建設業者団体を代表して、海外にて、教育訓練、技能試験の実施のコーディネートを行う。

２－５．元請企業が現場で特定技能外国人の就労に関して行うこと

１）元請企業による下請指導の趣旨

外国人建設就労者等は様々な現場で働くことになりますので、国土交通省及びJACによる適正な受入れの取組を補完する観点から、現場管理に責任を有する元請企業においても、外国人建設就労者等の管理に関し一定の関与も期待されるところです。

元請企業による下請指導の実効性を確保するために、外国人建設就労者受入事業、特定技能制度ともに、国土交通大臣告示において、外国人建設就労者等を労働者として受入れ建設工事に従事させる建設企業が下請負人である場合には、直接当該工事を請け負った元請企業の指導等に従わなければならない旨が定められています。

また、建設業法により、施工体制台帳の作成及び備付けが義務付けられる建設工事において、再下請負がなされる場合には、下請負人から元請企業に対して再下請負通知書が提出され、建設業法施行規則第14条の４の規定に基づき、施工体制台帳及び再下請負通知書の記載事項に外国人建設就労者等の従事の状況に関する事項を記載する必要があり、元請企業は、現場において外国人の従事の状況を確認する必要があります。

こうしたことを踏まえ、「特定技能制度及び建設就労者受入事業に関する下請指導ガイドライン」が定められております。１号特定技能外国人又は外国人建設就労者が現場入場する際に、元請企業が行うべき確認と指導は以下のとおりです。

２）現場入場届による確認と指導

元請企業は、特定技能外国人又は外国人建設就労者を受入れる企業から外国人建設就労者等現場入場届出書による報告があった場合、その記載内容と各添付書類の情報の整合性に加え、以下の①から③の事項について確認する必要があります。あわせて、現場入場届の記載内容に変更がある場合、受入企業から元請企業に変更の届出を行うよう指導して下さい。

①　就労させる場所

外国人建設就労者等現場入場届出書の「施工場所」が建設特定技能受入計画の「就労場所」の範囲内であるかどうか。

②　従事させる業務の内容

外国人建設就労者等現場入場届出書の「従事させる業務」が、建設特定技能受入計画の「従事させる業務の内容」と同一であるかどうか。

③　従事させる期間

外国人建設就労者等現場入場届出書の「現場入場の期間」が、建設特定技能受入計画の「従事させる期間（計画期間）」の範囲内であるかどうか。

外国人建設就労者等現場入場届出書の記載内容と各添付書類の情報の整合性が確認できない場合、届出は無効として扱い、改めて適正な届出を行うよう受入企業を指導する必要があります。現場入場以降、実際の受入れ状況と届出の内容と整合が取れない場合は、建設特定技能受入計画及び適正監理計画に基づいた外国人建設就労者等の受入れが行われるよう、受入企業を指導する必要が

あります。
受入企業が指導に従わないような場合には、所属する元請企業団体（特定技能外国人については特定技能外国人受入事業実施法人である一般社団法人建設技能人材機構（JAC）を含む。）を通じて適正監理推進協議会又は建設分野特定技能協議会への報告を行うことになっています。なお、元請企業団体に所属していない元請企業は、直接各協議会への報告を行うことになります。
なお、建設分野における外国人材の受入れにあたっては、特定技能制度、外国人建設就労者受入事業、そして技能実習制度それぞれについて、受入企業及び外国人材の双方が建設キャリアアップシステムに登録しなければならないことになりました。今後は、下請指導ガイドラインで定められた現場入場届出書などの書類に記載すべき事項や、元請企業において確認するべき事項を明確にした上で建設キャリアアップシステムに反映することにより、書類の削減やペーパレス化を図っていく予定です。

外国人建設就労者等建設現場入場届出書

工事事務所長　殿

令和　　年　　月　　日
（一次下請企業の名称）
（責任者の職・氏名）
（受入企業の名称）
（責任者の職・氏名）

外国人建設就労者等の建設現場への入場について下記のとおり届出ます。

記

1　建設工事に関する事項

建設工事の名称	
施工場所	

2　建設現場への入場を届け出る外国人建設就労者等に関する事項
※4名以上の入場を申請する場合、必要に応じて欄の追加や別紙とする等対応すること。

	外国人建設就労者等 1	外国人建設就労者等 2	外国人建設就労者等 3
氏名			
生年月日			
性別			
国籍			
従事させる業務			
現場入場の期間			
在留資格 ※いずれかをチェック	□外国人建設就労者 □建設特定技能	□外国人建設就労者 □建設特定技能	□外国人建設就労者 □建設特定技能

在留期間満了日			
CCUS 登録情報が最新であることの確認 ※登録義務のある者のみ	□確認済 （確認日：　）	□確認済 （確認日：　）	□確認済 （確認日：　）

3　受入企業・建設特定技能受入計画及び適正監理計画に関する事項

就労場所	
従事させる業務の内容	
従事させる期間（計画期間）	
責任者（連絡窓口）	役職　　　　氏名　　　　連絡先

※就労場所・従事させる業務の内容・従事させる期間については、建設特定技能受入計画及び適正監理計画の記載内容を正確に転記すること

○添付書類

提出にあたっては下記に該当するものの写し各１部を添付すること

1　建設特定技能受入計画認定証又は適正監理計画認定証（複数ある場合にはすべて。建設特定技能受入計画認定証については別紙（建設特定技能受入計画に関する事項）も含む。）

2　パスポート（国籍、氏名等と在留許可のある部分）

3　在留カード

4　受入企業と外国人建設就労者等との間の雇用条件書

5　建設キャリアアップシステムカード（登録義務のある者のみ）

2－6．建設キャリアアップシステムによる能力評価と現場管理

1）趣旨

「建設キャリアアップシステム」は、技能者の資格、社会保険加入状況、現場の就業履歴等を業界横断的に登録・蓄積する仕組みです。

システムの活用により技能者が能力や経験に応じた処遇を受けられる環境を整備し、将来にわたって建設業の担い手を確保することを目的としています。

平成31年４月より本運用が開始されており、運用開始初年度で100万人の技能者の登録、５年で全ての技能者（330万人）の登録を目標と、官民挙げて周知普及に取り組んでいるところです。

このシステムに蓄積される就業履歴や保有資格を活用して、技能者の技能について、４段階の客観的なレベル分けを行い、レベル４として登録基幹技能者、レベル３として職長クラスの技能者を位置づける、能力評価制度の整備を並行して行っていくことになります。

これにより、技能レベル（評価結果）を活用して、技能者一人ひとりの技能水準を対外的にPRし、技能に見合った評価や処遇の実現等を図っていくことを目指しています。

国土交通省では、2019年度、登録基幹技能者制度がある35職種について、各専門工事業団体が策定した能力評価基準の認定を行いました。

図表29　建設キャリアアップシステムの概要と利用手順

建設キャリアアップシステムの構築

○「建設キャリアアップシステム」は、技能者の資格、社会保険加入状況、現場の就業履歴等を業界横断的に登録・蓄積する仕組み

○若い世代にキャリアパスと処遇の見通しを示し、技能と経験に応じ給与を引き上げ、将来にわたって建設業の担い手を確保し、ひいては、建設産業全体の価格交渉力を向上させるもの

○また、労務単価の引き上げや社会保険加入の徹底といった、これまでの技能者の処遇改善の取組をさらに加速させるもの

○平成３１年４月より「本運用」を開始。初年度で１００万人、５年で全ての技能者の登録を目標

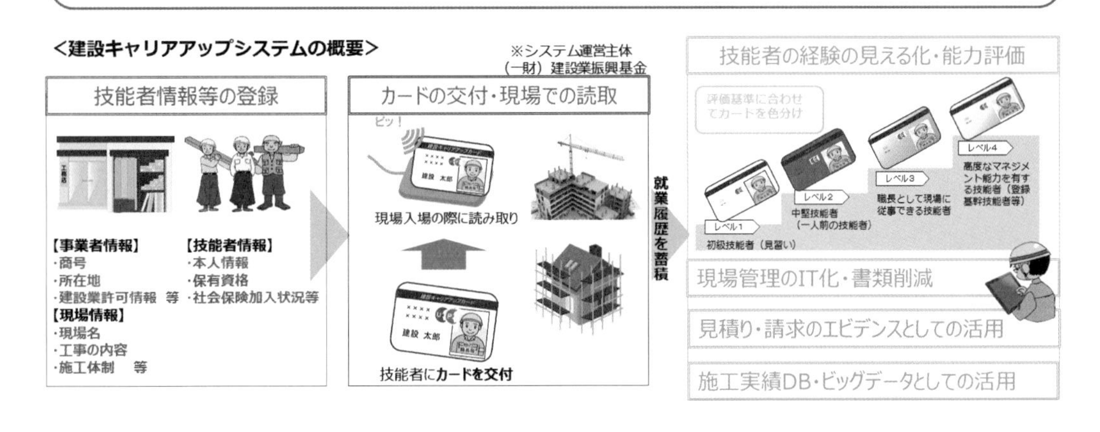

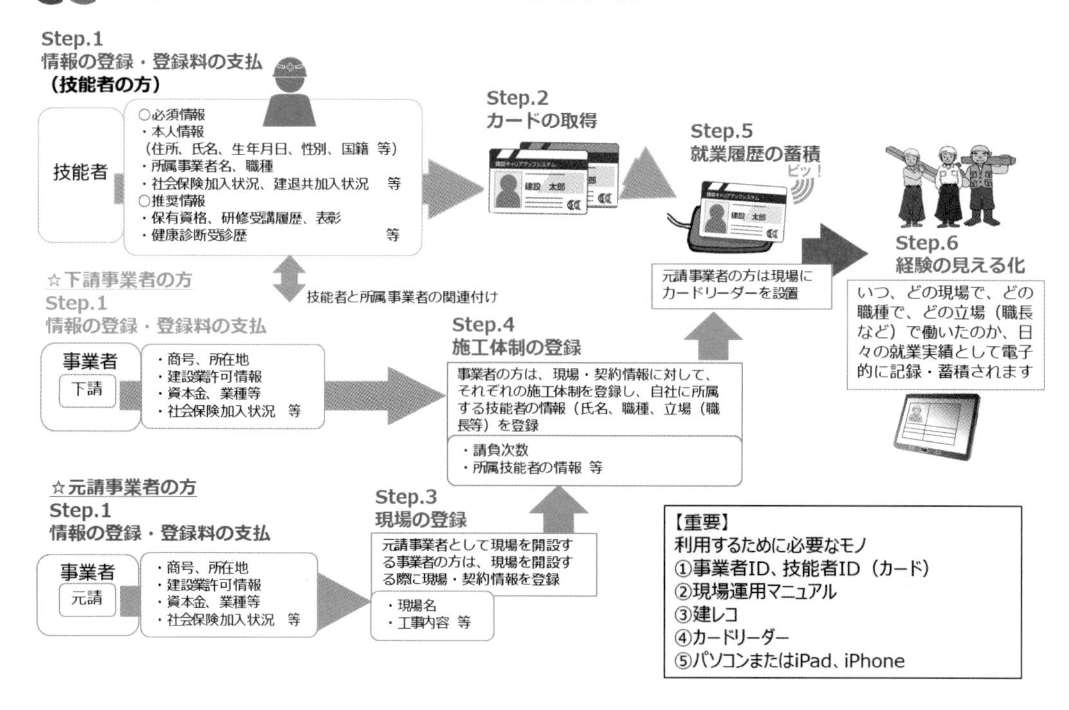

建設キャリアアップシステムの詳細は、運営主体である一般財団法人建設業振興基金のホームページでご覧になれます。

2）特定技能外国人やその他の外国人への活用

特定技能外国人をはじめとする外国人材の建設キャリアアップシステムへの登録は、外国人に対しても、日本人と同一の客観的な基準に基づき、技能と経験に応じた賃金支払いを実現しようとするものです。これにより、同時に、外国人材が低賃金で雇用されることを防ぐことができ、建設技能者全体の処遇に悪影響を与えないことにもつながります。

また、本システムへの登録等を通じて同一技能同一賃金の原則を制度として担保することにより、外国人材からも納得感が得られ、不当な処遇を理由とした失踪の抑制につながるものと考えております。

さらに、本システムにより、工事現場毎に、外国人の在留資格、保有資格、社会保険加入状況の確認を行うことができることから、在留資格を有さない外国人材による不法就労の防止等の効果も得られます。

第３章　その他の外国人受入れ制度

３－１．外国人建設就労者受入事業

１）制度の趣旨

　復興事業の更なる加速を図りつつ、2020年オリンピック・パラリンピック東京大会等の関連施設整備等による一時的な建設需要の増大に対応するため、緊急かつ時限的措置（2020年度で新規受入れ停止、2022年度で制度終了）として、国内人材の確保に最大限努めることを基本とした上で、即戦力となり得る外国人材の活用促進を図ることが、建設分野における外国人材の活用に係る緊急措置を検討する閣僚会議（平成26年４月４日）においてとりまとめられ、平成27年４月から本措置の対象となる外国人材の受入れが開始しました。

　本事業では、建設分野の技能実習修了者を対象に、２年間を上限として技能実習に引き続き日本に在留することや、一旦本国へ帰国した後に３年間を上限として再入国することを可能としています。在留資格は「特定活動」が付与されます。

　本事業では、現行の技能実習制度を上回る特別の監理体制を構築しています。監理団体や受入企業の皆様が制度を活用する場合、事前に国土交通大臣の認定を受ける必要があります（特定監理団体の認定及び適正監理計画の認定）。

　本事業は、特定技能外国人制度の創設に伴い、７月31日までで新規の受入れのための適正監理計画の認定申請・変更申請は受付停止となり、特定技能外国人制度に一本化されることが予定されています。

図表30　外国人建設就労者受入事業の仕組み

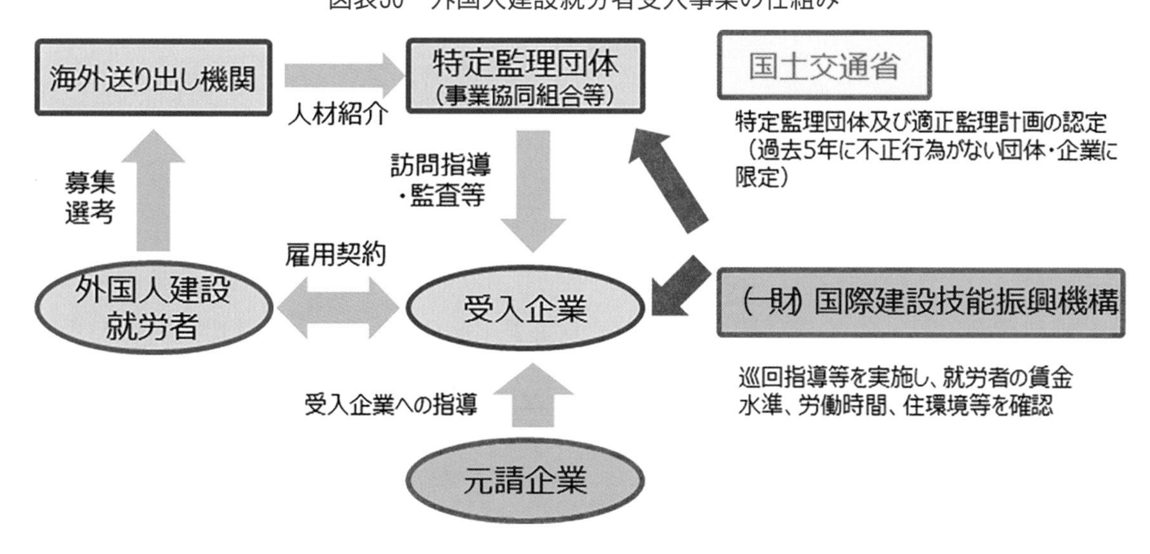

２）認定要件

①　特定監理団体の要件

　特定監理団体として国土交通大臣の認定を受けた者が、外国人建設就労者受入事業を行うことができます。国土交通大臣に対して必要書類を提出し、認定を受ける必要があります。

・過去5年間に2年以上適正に建設分野技能実習を監理した実績があること
・過去5年間に外国人の受入れ又は就労に係る不正行為を行ったことがないこと
・監理団体の役員等が暴力団員等でないこと
・外国人建設就労者のあっせんに関して手数料又は報酬を得ないこと
・無料職業紹介事業の許可又は届出を行っていること
・適正な監理のための体制の整備及び人員の確保
・外国人建設就労者等からの保証金等の徴収の禁止
・外国人建設就労者からの監理費の徴収の禁止

② 適正監理計画の認定

適正監理計画の主な認定要件は以下のとおりです。適正監理計画には、受入人数や報酬予定額など、具体的な受入の計画を記載します。特に、報酬予定額については「同等の技能を有する日本人が従事する場合の報酬と同等額以上であること」を求めています。国土交通大臣に対して、必要書類を提出し、認定を受ける必要があります。

○受入建設企業の要件
・建設業法第3条の許可を受けていること
・過去5年間に建設業法に基づく監督処分を受けていないこと
・過去5年間に労働基準関係法令違反により罰金以上の刑に処せられたことがないこと
・労働関係法令及び社会保険関係法令の遵守
・過去5年間に2年以上建設分野技能実習を実施した実績があること
・過去5年間に外国人の受入れ又は就労に係る不正行為を行ったことがないこと
・相当数の労働者を過去3年間に非自発的に離職させていないこと
○受入人数が常勤の職員の総数を超えないこと
○報酬予定額が同等の技能を有する日本人が従事する場合の報酬と同等額以上であること
○外国人建設就労者等からの保証金等の徴収の禁止

また、令和元年7月の告示改正により、令和2年1月1日以降に申請が受理された適正監理計画については、認定にあたり以下の要件が課される事になりました。
・建設キャリアアップシステムに登録していること
・月給制であること
・技能習熟に応じて昇給を行うこと
・外国人建設就労者に対し、雇用契約締結前に重要事項を書面にて本人が十分に理解できる言語で説明していること
・1号特定技能外国人と外国人建設就労者との合計の数が、常勤職員の数を超えないこと

技能実習制度についても同様に受入れ基準が強化されておりますので、詳細は3－2をご確認ください。

必要な手続等の情報は、インターネットで「外国人建設就労者受入事業」で検索して入手できます。

3）制度推進事業実施機関の活動

外国人建設就労者受入事業では、国土交通省から委託を受けた第三者的立場である制度推進事業

実施機関が、特定監理団体及び受入建設企業に対する巡回指導と、外国人建設就労者に対する面談を実施することとなっています。これまで、特定技能制度における適正就労監理機関である一般財団法人国際建設技能振興機構（FITS）が本業務を受託してきました。

FITSには、40名の職員（バックグラウンド：行政書士、社会保険労務士、労働基準行政の経験者、建設業行政・地方行政等の経験者、母国語の通訳・翻訳）を有しており、①巡回指導業務、②母国語ホットライン相談業務を行っています。

① 巡回指導業務

○特定監理団体・受入建設企業をそれぞれ別個に訪問し、役員、受入れに関する責任者等と面会。併せて住居や就労現場も出来る限り確認。

✓ 特定監理団体：受入建設企業に対する監査の方針、実施状況を確認。

✓ 受入建設企業：国土交通省から認定された適正監理計画どおりの就労、賃金の支払状況、労働関係法令の遵守等について確認。

○特に外国人建設就労者の報酬額については、「同等の技能を有する日本人が従事する場合の報酬と同等額以上であること」を要件としており、認定された報酬を得ているか、賃金台帳、出勤簿、給与明細書等の提示を求め確認。

○特定監理団体や受入建設企業関係者の同席を求めずに外国人建設就労者と面談し、就労状況、賃金の支払状況、悩みの有無等について本人から直接確認。

上述の内容を確認した上で、特定監理団体、受入建設企業等への指導・助言を実施しています。

図表31　外国人建設就労者受入事業の巡回指導業務

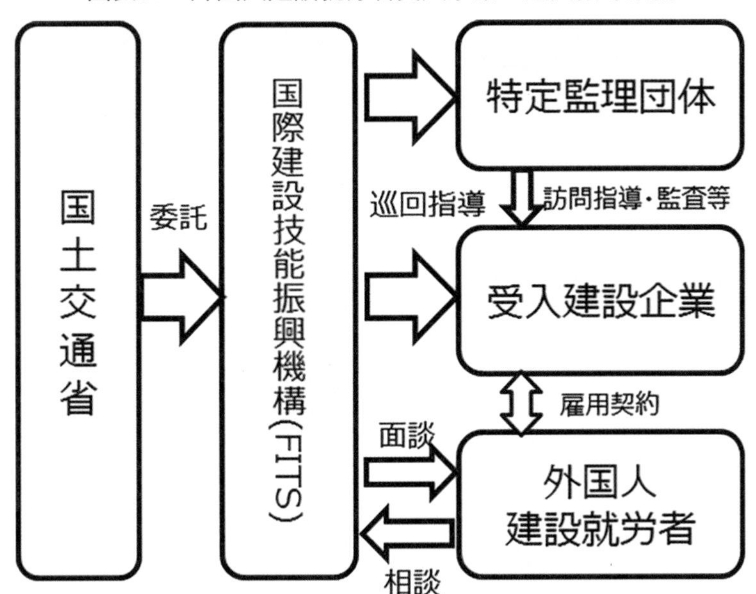

② 母国語ホットライン相談業務

外国人建設就労者に対する支援として、国において、母国語ホットライン相談窓口を設置し、5ケ国語（中国語、ベトナム語、インドネシア語、フィリピン語、英語）による相談の受付を実施しています。

母国語相談の受付日時や連絡先等の案内については、

・国交省からの業務委託先であるFITSのホームページへの掲載

・窓口の開設時間や連絡先を記載した「ホットラインカード（図表32）」の配布（入国時や巡回監査時）

により行っています。

図表32　外国人建設就労者に配布しているホットラインカード

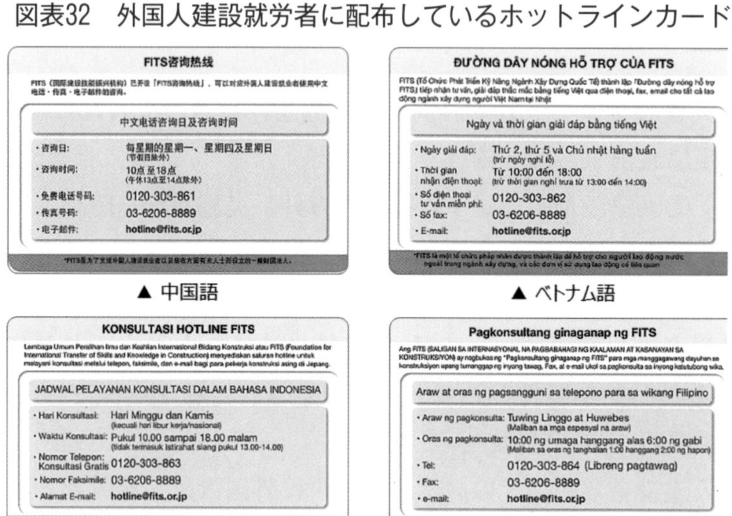

▲ 中国語　▲ ベトナム語

▲ インドネシア語　▲ フィリピン語

▲ 英語（表、裏）

3－2．外国人技能実習制度における受入れ基準の強化

技能実習制度を巡る問題は、国会の改正入管法の審議等でも大きく取り上げられ、同法附帯決議にも、失踪対策等の強化等が盛り込まれることとなりました。

技能実習制度において、建設業では他産業に比して失踪者数が多い状況ですが、その背景として、現場ごとに就労場所が変わり管理の目が行き届きにくい点や、季節や仕事の繁閑により報酬が変動する点などの業の特性が挙げられます。

こうした特性を踏まえ、新たな在留資格（特定技能）では、建設業特有の基準を設けることとしており、技能実習生についても、修了すれば試験免除で特定技能での就労が可能になることから、受入れ基準について一定の整合を図る必要があります。

このため、こうした建設分野の特有の事情にかんがみ、2020年１月以降に受理された技能実習実施計画については、以下のような基準が新たに設けられることとなりました。

１）建設業法第３条許可の取得

500万円未満の建設工事を請け負う場合には、建設業法の許可が必要になり、主任技術者等の配置、請負契約の適正化、監督処分などの義務がかかります。

建設業は、さまざまな協力会社の協力の下で工事を施工するため、施主、元請含め、安心な実習生の受入れを行っていることを担保するためにも、許可を要件としたものです。

２）月給制の採用

技能実習生の失踪は、産業別では建設分野が最も多く、近年の傾向では４割弱に上ります。在留数に対する失踪の割合をみても、他業種と比較で極めて高い失踪率となっています。

法務省が失踪者に対して行ったアンケート調査によると、建設業だけに限りませんが、７割近くが低賃金であることを不満とした失踪であるという結果になっています。

建設業の場合、季節や工事の受注状況によって、繁閑の差が大きいわけですが、多くの技能労働者は、日給制又は時給制を採用していて、仕事がない時には報酬が下がってしまいます。日本人であれば、例えば、別の現場で働く等の融通も聞きますが、外国人技能実習生は、そういった自由な行動はできません。

こうした状況を踏まえて、報酬の変動による失踪を防ぐ観点から、新たに受入れる技能実習生については、毎月ベースとなる基本給与の支給される月給制を原則とすることとしました。

３）建設キャリアアップシステムへの登録（事業者・技能者登録）

外国人材の建設キャリアアップシステムへの登録については、国籍の区別なく、技能者を共通の客観的な基準で能力を評価することにより、外国人材の適正な評価・処遇の実現を図り、建設技能者全体の処遇に悪影響を与えないことを目的として導入したものです。

特定技能外国人については、本システムへの登録を受入れの基準とすることを既に決定しておりますが、現在、技能実習生や外国人建設就労者を受入れている建設企業の多くが、その修了者の特定技能への移行を検討していることから、これら制度間での整合を図ることとなりました。

また、技能実習制度における失踪等の課題については、特定技能制度導入時の改正入管法附帯決

議においても対策が求められました。この課題については、法務省においても調査・検討を進めているところですが、国土交通省としては、建設キャリアアップシステムへの登録等を通じて技能実習生を日本人と同じ基準で技能・経験を評価し、適切に処遇していることを制度として担保することにより、外国人材からも納得感が得られ、不当な処遇を理由とした失踪の抑制につながるものと考えております。

まずは、技能実習計画の認可申請の段階で、実習実施者は、建設キャリアアップシステムに事業者登録申請書を行って頂く必要があります。技能実習生が入国して、技能実習２号移行して、２号技能実習に係る実習計画の認可申請が行われるまでに、技能者登録を行って下さい。

４）技能実習生の受入れ人数枠の設定

建設業の場合、他産業と異なり、様々な工事現場でチーム単位で働く就労形態であり、技能実習生は指導者の指示・監督を受けながら実習に従事する必要があります。指導する立場となる日本人等の常用雇用者があまり少ないと、管理の目が行き届かなくなり、良好な就労環境が確保できなくなるおそれがあります。

このため、現在、分野共通で、技能実習生の受入の人数枠は、図表33のとおり決まっていますが、建設分野については、優良実習実施者（団体監理型の場合は監理団体の区分が一般監理団体である場合に限る。）以外の者については、常勤雇用者数（技能実習生、外国人建設就労者、特定技能外国人を除く。）を超えないことという基準を2022年４月から適用することとしました。

この受入人数枠で影響を受けるのは、常勤雇用者９人未満の事業者です。常勤雇用者を超えることができませんので、例えば、常勤雇用者３人の事業者が９人の実習生を受入れていた場合には、３年後の基準施行までに、段階的に受入れ数を減らしながら受入人数枠の３人に収まるよう、毎年度の受入れ数を調整していく必要があります。

図表33　技能実習生の人数枠

①　基本人数枠

実習実施者の常勤の職員の総数	技能実習生の人数
301人以上	常勤職員数の20分の１
201～300人	15人
101～200人	10人
51～100人	６人
41～50人	５人
31～40人	４人
30人以下	３人

②　人数枠（団体監理型）

通常の者		優良基準適合者		
第１号	第２号	第１号	第２号	第３号
基本人数枠	基本人数枠の２倍	基本人数枠の２倍	基本人数枠の４倍	基本人数枠の６倍
例） 常勤雇用者30人以下の場合：９人まで （1号：３人まで　2号：６人まで） →９人未満の事業者は、影響あり		例） 常勤雇用者30人以下の場合：36人まで （1号：６人まで　2号12人まで　3号：18人まで） →優良基準適合者は、規制強化による受入人数枠なし		

第４章　特定技能Q＆A

1．特定技能外国人の受入れについて

(1)　対象職種

Q. 特定技能外国人の受入れ対象職種は何ですか。

A.

型枠施工、左官、コンクリート圧送、トンネル推進工、建設機械施工、土工、屋根ふき、電気通信、鉄筋施工、鉄筋継手、内装仕上げ、表装、とび、建築大工、配管、建築板金、保温保冷、吹付ウレタン断熱、海洋土木工の19業務区分です。なお、内装仕上げと表装の特定技能評価試験は同一区分で行われるため、試験区分は18となります。

Q. 現在受入れ対象となっていない職種があるのはなぜですか。

A.

建設業界では、職種ごとに業界団体（専門工事業団体）が存在していますが、その専門工事業団体の意向等を踏まえながら、受入れ職種を決定しています。

今回の制度では、海外の試験実施等が必要であることから、こうした準備の見通しが立った職種から受入れを開始することにしており、その他の職種についてはまだ準備が整っていないため、現時点では受入れ対象職種にはなっていない、ということです。

Q. 受入れ対象となっていない職種は、今後受入れ対象となる可能性はありますか。

A.

業界として、特定技能外国人受入れの準備が整えば、受入れ対象職種に追加される見込みです。対象となっていない間は、外国人建設就労者受入事業や技能実習３号を活用することが可能です。

Q. 外国人に従事させようとする業務が、受入れ対象職種の業務に該当するか、どのように確認したら良いですか。

A.

「特定の分野に係る特定技能外国人受入れに関する運用要領―建設分野の基準について―」別

表６―２から別表６―19において、受入れ対象職種ごとに業務内容が定義されていますので、ご確認ください。特定技能外国人は、別表に記載された「主な業務内容」及び「主に想定される関連業務」に従事することができますが、専ら「主に想定される関連業務」のみに従事することは認められません。

なお、別表に記載された関連業務以外でも、建設分野の業務に従事する日本人が通常従事することとなる関連業務（作業準備、運搬及び片付け等）に付随的に従事することもあり得るものです。

Q. 技能実習２号で修了した職種と異なる職種の特定技能に移行することは可能ですか。

A.

特定技能で従事しようとする職種の技能試験（特定技能１号評価試験又は技能検定３級の試験）に合格することで可能になります。この場合、日本語能力試験の合格は要件ではありません。

Q. 一般社団法人建設技能人材機構（JAC）の正会員となっている建設業者団体の会員であるが、当該団体の職種ではない別の職種にて受入れる場合、当該職種の団体にも加入する必要がありますか。

A.

いいえ。その必要はありません。すでに、正会員の団体の会員の方は、他の職種であっても、改めて団体に加入する必要はなく、受入れることができます。

(2) 試験

Q. 特定技能外国人になろうとする者が技能実習２号を良好に修了していない場合、何の試験を受ける必要がありますか。

A.

外国人が建設分野特定技能１号で働く場合には、基本的な日本語能力を確認する日本語試験と、特定技能で従事しようとする職種の技能試験の両方に合格する必要があります。日本語試験は、国際交流基金日本語基礎テスト又は日本語能力試験（N４以上）のいずれかに合格する必要があります。技能試験は、一般社団法人建設技能人材機構（JAC）が実施する特定技能１号評価試験又は技能検定３級のいずれかに合格する必要があります。

Q. 特定技能外国人になろうとする際に合格が必要な技能検定３級の試験は、随時３級の試験のことを指していますか。

A.

技能検定３級の試験と、随時３級の試験は異なるものです。随時３級に合格された上で技能実習を修了された方は、技能試験を免除されることになります。特定技能外国人になろうとする際に合格が必要な「技能検定３級」は、都道府県職業能力開発協会等が実施する、日本人の技能者向けの試験を指します。

Q. 技能実習２号を修了しましたが、随時３級の試験には不合格となりました。特定技能に移行することは可能ですか。

A.

法務省ホームページに掲載されている「特定技能外国人の受入れに関する運用要領」（本体）によると、技能実習を行っていたときの実習実施者が、外国人の実習中の出勤状況や技能等の修得状況、生活態度等を記載した評価に関する書面により、技能実習２号を「良好に修了」したと認めた場合には、特定技能に移行することが可能です。

ただし、特定技能外国人を受入れようとする企業が、当該外国人を技能実習生として受入れていた実習実施者である場合には、原則として、評価調書の提出を省略することができます。

Q. 特定技能１号評価試験はいつどこで開催されますか。

A.

海外については、ベトナム、フィリピン、インドネシア等での開催に向け、調整中です。また、国内についても、近日中の実施を予定しています。具体的な日程が決まり次第、一般社団法人建設技能人材機構（JAC）のホームページ等で公表します。

Q. 特定技能１号評価試験の試験内容はどのようなものですか。

A.

試験は、学科試験と実技試験で構成されています。試験水準は技能検定３級相当の水準で、初級の技能者が通常有すべき技能と知識を問うものとなっています。試験範囲等の詳細については、試験を実施する一般社団法人建設技能人材機構（JAC）がホームページ等で公表していますので、ご確認ください。

Q. 特定技能２号は技能検定１級を求めるとのことだが、外国人独自の試験は設ける予定はありませんか。

A.

外国人向け試験も設けられる仕組みとしていますが、特定技能２号については、基本的には建設キャリアアップシステムのレベル３の技能水準を想定しており、それに相当する水準の試験を設けることとなります。特定技能２号はいわゆる高度人材と同水準の専門性を有している者ということで、受入れ対象は高度な技能を有する者に限定する方針です。

２．受入企業の要件

(1) 建設業許可

Q. 請負代金の額が500万円未満の軽微な工事のみを行う企業であっても、建設業の許可をとらなければならないのですか。

A.

軽微な工事のみを請け負う企業は、建設業法上、建設業法第３条の許可の取得は任意とされています。しかしながら、建設分野の特定技能外国人を受入れるに当たっては、「出入国管理及び難民認定法第七条第一項第二号の基準を定める省令及び特定技能雇用契約及び一号特定技能外国人支援計画の基準等を定める省令の規定に基づき建設分野に特有の事情に鑑みて当該分野を所管する関係行政機関の長が告示で定める基準を定める件」第３条第３項第１号イに基づき、軽微な工事のみを請け負う企業であっても建設業法第３条の許可は必須になります。

Q. 建設業許可の種類と特定技能外国人が従事する職種とが一致していない場合、新たに該当職種の建設業許可をとる必要がありますか。

A.

建設業許可の種類と特定技能外国人が従事する職種の職種名が一致していなくても問題ありません。何らかの建設業の許可をお持ちであれば、改めて特定技能の職種と同じ種類の建設業許可をとる必要はありません。

(2) 建設キャリアアップシステム

Q. 建設キャリアアップシステムの登録は、いつまでに済ませるのですか。

A.

外国人を雇用する受入企業の方の事業者登録は、受入計画を国土交通省に認定申請するまでに済ませておくことが必要です。外国人の技能者登録については、特定技能外国人になろうとする者が①日本に在留している場合は、認定申請時に、②海外に在留している場合は、原則として入国後１か月以内に、告示第３条第３項第４号による受入れの報告とともに国土交通省に建設キャリアアップカードの写しを提出する必要があります。

なお、新型コロナウィルス感染症の影響拡大を踏まえ、当面の間は、認定申請時に建設キャリアアップシステムの登録が完了してない場合であっても、申請を行ったことを証する書類が添付されていれば、認定申請は行えることとしています。

(3) 特定技能外国人受入事業実施法人

Q. 一般社団法人建設技能人材機構（JAC）の会員になるためには、どうしたら良いですか。

A.

JACの正会員である建設業者団体に加入するか、JACに賛助会員として直接加入するか、いずれかを選択してください。詳しくは、JACのホームページをご覧いただくか、JACまでお問合せください。

Q. 一般社団法人建設技能人材機構（JAC）の正会員である建設業者団体に加入を申し込んだところ、加入を断られた場合、受入れられないということですか。

A.

JACの正会員である建設業者団体であれば、必ずしも、ご自身の関係する職種の団体でなくても、加入できますので、各団体にご相談下さい。

正会員である建設業者団体に加入できない場合でも、JACの賛助会員になることができます。その場合、JACに対して賛助会費（年24万円）を収める必要があります。

Q. 「特定技能外国人受入事業実施法人（一般社団法人建設技能人材機構（JAC））」と「協議会」とは同じものですか。

A.

別のものです。特定技能外国人受入事業実施法人（一般社団法人建設技能人材機構（JAC））は、建設分野における特定技能外国人の適正かつ円滑な受入れを実現するため、元請団体及び専門工事業団体が共同して設立する法人で、海外における技能試験の実施や構成員が遵守すべき行動規範の策定・運用等を担います。

「協議会」は、制度の適切な運用を図るため、国土交通省が設置するものです。構成員は、国土交通省のほか、制度所管省庁、特定技能外国人受入事業実施法人（一般社団法人建設技能人材機構（JAC））で、構成員の連携の緊密化を図り、制度や情報の周知、地域ごとの人手不足の状況を把握しての必要な対応等を行っていきます。

建設分野の特定技能外国人を受入れるすべての企業は、協議会への加入ではなく、特定技能外国人受入事業実施法人（一般社団法人建設技能人材機構（JAC））への加入または同法人を構成する建設業者団体に所属することが求められます。

Q. 「特定技能外国人受入事業実施法人（一般社団法人建設技能人材機構（JAC））」と「登録支援機関」の役割の違いは何ですか。

A.

特定技能受入事業実施法人は、外国人の教育訓練、技能試験実施、人材紹介、適正な就労環境確保のための措置などを行う法人です。建設分野独自の措置であり、特定技能外国人を受入れる企業は必ず加入する必要があります。

「登録支援機関」は、入管法に基づき分野横断的に設けられる仕組みで、入国後の外国人への生活支援や、受入企業の手続代行などの事務を行う者として法務大臣の登録を受けたものです。特定技能外国人を受入れる企業は任意で登録支援機関に委託して各種支援を受けることが可能です。

Q. 登録支援機関は、特定技能外国人受入事業実施法人（一般社団法人建設技能人材機構（JAC））に加入する必要がありますか。

A.

加入は義務ではございません。

賛助会員となるメリットとしては、建設分野の受入企業に対して支援サービスを適正な対価で提供する機関であることが明確になる、最新の情報を共有できる、といったことが挙げられます。また、顧客である受入企業の求めにより、建設分野の独自の措置である、建設特定技能受入計画の認定申請や、受入企業からの受入負担金及び賛助会費のJACに対する収納代行といった事務を行うことも可能です。

Q. 一般社団法人建設技能人材機構（JAC）の会費や受入負担金は他業種にはない仕組みで、高額なのではないですか。

A.

建設分野で特定技能外国人を受け入れる場合には、全員加入・公平負担の考え方に基づき、全ての受入企業にJACへの受入負担金を一律に負担していただいています。

JACに対する受入負担金は、技能実習修了者の場合、月1.25万円／人ですが、特定技能制度においては支援の全部を自社で行うこともでき、この場合、技能実習制度（監理団体が徴収する監理費は月４～５万円程度）と比べ受入費用が大きく低減されることになります。

また、支援を行政書士系の登録支援機関に全部委託する場合は、月1.5万円程度／人、技能実習の監理団体系の登録支援機関に全部委託する場合は、月３～４万程度／人が必要になりますが、この場合でも技能実習制度と比べて受入費用は低減されます。

また、海外の即戦力人材を技能実習等を経ずに直接受け入れる場合のJACの受入負担金は、月２万円／人ですが、支援を行政書士系の登録支援機関に委託する場合でも、技能実習の監理費用を超えない水準となっています。

特定技能外国人は即戦力人材の受入れであり、技能実習生は就労未経験者の受入れであることを踏まえれば、JACの受入負担金の水準は決して高くありません。

（JACの受入負担金の趣旨について）

JACは、技能実習生の失踪者の約４割が建設分野であるという業特有の事情に鑑みて、国土交通大臣告示に基づき、受入企業に対する巡回指導や特定技能外国人への母国語相談対応等を行っています。受入負担金は、こうした業務を実施するために必要最小限の負担を求めているものであり、関係業界団体の総意に基づき水準が決定されています。

（JACの年会費について）

JACの正会員は、建設業者団体等であり、受入企業ではありません。JACでは、受入企業に対して、JACの正会員であるいずれかの建設業者団体等に加入していただくことを推奨しており、この場合、JACは受入企業から一切会費を徴収していません。建設業者団体等の会費は、団体によって異なりますが、一社あたり年数千円から数万円程度であり、大きな負担ではありません。なお、受入企業が何らかのご事情により、JACの正会員である建設業者団体等に加入されない場合は、JACの賛助会員となっていただく必要があり、その場合には、年24万円／社の賛助会費が必要になります。

Q. 特定技能外国人受入事業実施法人（一般社団法人建設技能人材機構（JAC））から人材紹介を受けるのは義務ですか。

A.

義務ではありません。JACは、以下の３つのケースにおいて、無料の職業紹介を実施します。

①　特定技能１号評価試験の合格者への職業紹介

②　既に就労中の特定技能外国人、又は近く技能実習又は外国人建設就労者の活動を修了し他社への転職を希望する外国人への転職支援

③　技能実習修了生等で既に帰国済みの外国人への職業紹介

上記①については、JAC自身が試験を実施するので、事実上、JACのみが人材紹介を行うこ

とになります。ただし、②・③については、企業が機構から人材紹介を受けることは必須ではありません。JAC 以外の者でも、無料職業紹介事業の許可を持っている者からであれば、紹介を受けることができます。また、企業と外国人の間で直接契約を結ぶことが可能な場合には、人材紹介を受けなくても問題ありません。

Q. 他社で雇用されていた技能実習生を実習修了後、雇用することはできるのですか。

A.

技能実習生の場合、実習先を変更しようとする場合、実習実施者である雇用先の企業、監理団体の了解を得たうえで、技能実習計画の変更認可の取得など、色々な手続きを踏む必要があり、事実上、外国人の意思に基づく転職は難しい実情がありました。

他方、新しい特定技能は、在留期間が存続している間は、基本的に、外国人の意思による転職は、在留資格変更の手続を踏みさえすれば、日本人と同様に制限されないこととなります。外国人がハローワーク等の無料職業紹介に登録したり、JAC に転職支援を求めることが想定されますので、そうした形での無料職業紹介で人材を確保することは可能です。

ただし、特定技能外国人受入事業実施法人の定める行動規範により、直接、間接の別を問わず、他社の雇用する外国人に秘密裏に接触し、現在の雇用条件を聞き出すなどして高い条件を提示して引き抜くといった悪質な引き抜き行為は禁止されています。

こうした行為が繰り返されるなどの場合には、行動規範違反となり、JAC や JAC の正会員団体から除名され、特定技能の受入れができなくなることがありますので、ご注意下さい。

Q. 建設特定技能外国人の職業紹介事業を行っても良いですか。

A.

建設業務については、職業安定法第32条の11第1項において、日本人か外国人かを問わず、有料職業紹介事業が禁止されています。無料職業紹介事業の許可を受けて、職業紹介を行うことは可能です。

3．建設特定技能受入計画について

(1) 申請

Q. 特定技能外国人を受入れる際の手続きの流れを教えてください。

A.

大まかな流れとしては、

① 採用したい特定技能外国人の候補者を確保する。
② 特定技能外国人受入事業実施法人への加入、建設キャリアアップシステムの事業者登録、（特定技能外国人の候補者が日本に滞在している場合）建設キャリアアップシステムの技能者登録を行う。
③ 特定技能外国人の候補者に対して、雇用契約の重要事項説明を本人が理解できる言語で行う。
④ 雇用契約を締結する
⑤ 国土交通省に建設特定技能受入計画の認定申請（オンライン）を行う。
⑥ 地方出入国在留管理局に特定技能の在留資格の申請を行う（⑤と並行申請可能）。
になります。

Q. **建設特定技能受入計画の申請はいつすれば良いですか。**

A.

建設特定技能受入計画の申請は、原則として、技能実習２号を良好に修了した者に係るものについて受け付けることとしています。ただし、申請時点において、現に技能実習生として実習中の者についても、技能実習２号を１年６か月以上実施しており、修了の見込みがある場合には、建設特定技能受入計画を申請することが可能です。

Q. **在留資格「特定活動」で就労している外国人建設就労者は、その在留中に「特定技能」へ在留資格変更をすることが可能ですか。また、技能実習生は変更可能ですか。**

A.

外国人建設就労者については、必要な手続を行っていただければ、在留資格変更は可能です。
なお、技能実習期間中に技能実習から特定技能に在留資格変更することはできません。

Q. **特定技能の在留資格への変更は、いつまでに行うのでしょうか。**

A.

建設分野の特定技能の在留資格を得るためには、この本でも述べている通り、一般社団法人建設技能人材機構（JAC）の正会員である建設業者団体への加入又はJACへの賛助会員としての加入、建設キャリアアップシステムへの事業者登録に加えて、建設特定技能受入計画の認定証取得（概ね１カ月半から２カ月）といった手続が必要になります。
在留資格変更の場合には、前の在留資格が満了するまでの間に変更申請することで、変更処分が出るまでの間、最長２カ月間、在留ができますが、この間は就労ができませんので、余裕をもって満了日の４カ月前には、一連の手続きを開始しましょう。そして、満了日の２カ月前には、国土交通省への受入計画の認定申請を行ってください。

Q. 建設特定技能受入計画の申請から認定までの期間はどれくらいが見込まれますか。

A.

申請から認定までは１ヶ月半～２ヶ月を見込んでおりますが、申請状況や提出いただいた計画の内容によって変動します。

Q. .「建設特定技能受入計画」と「１号特定技能外国人支援計画」は、どちらも作成する必要があるのですか。

A.

どちらも作成いただく必要がございます。「建設特定技能受入計画」は建設分野独自の措置であり、１号特定技能外国人の適正な就労環境の確保、安全衛生教育、技能の習得等について記載の上、国土交通省に認定の申請を行っていただくものです。

「１号特定技能外国人支援計画」は分野にかかわらず作成することが求められており、１号特定技能外国人に対する職業生活上、日常生活上、社会生活上の支援等について記載の上、地方出入国在留管理局へ申請を行っていただきます。

Q. 建設特定技能受入計画について分からないことがあります。問い合わせ先はどこですか。

A.

受入企業の主たる営業所の所在地を管轄する地方整備局、北海道開発局又は沖縄総合事務局にお問い合わせください。問い合わせ先は、この本の参考資料Ⅷに記載されています。

(2) 認定要件

Q. 建設特定技能受入計画では、「同等の技能を有する日本人と同等以上の報酬を安定的に支払うこと」とされていますが、日本語能力が日本人と同等ではないので、その分報酬を下げることは構いませんか。

A.

技能に着目して相当程度の技能又は知識を有する人材を雇用するわけであり、日本語能力の水準をもって、報酬を下げることは想定していません。日本語能力もＮ４以上のレベルですから、技能者として働くのに支障はないはずです。

Q. 月給制とのことだが、日給月給制でも構わないのですか。

A.

月給制とは、「１カ月単位で算定される額」（基本給、毎月固定的に支払われる手当及び残業代の合計）で報酬が支給されるものを指します。働く日数に応じて報酬が毎月変わるような日給月給制は認められません。

もちろん、基本給以外に、雇用する日本人と同様に、賞与や各種手当を支払うことも必要ですが、その水準は能力や実績に応じて支払ってもらって構いません。

月給制を義務付けたのは、技能実習生の失踪の増加が社会問題になっていますが、これは処遇に対する不満が最も多い要因であり、特に、建設業は、季節や仕事の受注状況によって繁閑の差があり、報酬が変動しやすい特性がありますが、仕事が無いときに報酬が大きく下がると、就労可能な活動が制限されている外国人の不満がたまります。あらかじめ雇用前に事前説明を受けた報酬水準にて、安定的に賃金が支払われることを制度として担保して、処遇に不満を感じることなく、安心して外国人に就労してもらうためです。

Q. 特定技能外国人の賃金は、いくらに設定すれば良いですか。

A.

特定技能外国人と同等の技能を有する日本人の技能者に支払っている報酬と比較し、適切に報酬予定額を設定する必要があります。

また、特定技能外国人は、既に一定程度の経験又は技能等を有していることから、第２号技能実習生の報酬額を上回るものでなければなりませんし、同じ企業で外国人建設就労者を雇用している場合には、当該外国人建設就労者と同等額以上の報酬でなければなりません。

なお、上記の基準を満たしたとしても、事業所が存する圏域内及び全国における同一又は類似職種の賃金水準と比較して低いと判断される場合には、報酬予定額を設定し直して頂くこともありますので、ご留意ください。

Q. 特定技能外国人の平均的な賃金はどの程度ですか。必要経費は賃金から控除できますか。

A.

一概には言えませんが、外国人建設就労者は、１年目で、平均的23万円の月収となっていて、これに手当も支払われるのが通常です。30万円を超える月収を受けている者もいます。

特に、特定技能外国人は、職業選択の自由が認められていますので、適切な賃金水準で処遇しないと、転職されてしまい、受入企業にとっては損失になります。

住居費や食費などの必要経費以外に、不当に給与から控除することはできません。また、就業に必要な知識を習得させる目的の講習や研修への参加経費は、受入企業が負担する必要があります。

Q. 比較対象となる同等の技能を有する日本人がいない場合、どうしたら良いですか。

A.

特定技能外国人と同じ職種の日本人労働者を参考に、適切に報酬額を設定してください。なお、参考にする日本人労働者が同じ職種であっても、当該日本人労働者が年金受給者であったり、定年後の再雇用者であったりする等、経験年数が大きく離れている場合には参考とすることができません。

その場合には、周辺地域における建設技能者の平均賃金や設計労務単価等を参考にしつつ、就業規則や賃金規程に基づき、３年程度又は５年程度の経験を積んだ者に支払われるべき報酬の額から適切に設定してください。

Q. 外国人も社会保険加入は必須ですか。

A.

社会保険（雇用保険、健康保険、年金）への加入は、外国人といえども必須です。これは、特定技能雇用契約の適格性の条件になっています。

Q. 特定技能外国人は、何人まで受入れることができますか。

A.

特定技能外国人と外国人建設就労者の人数の合計が、受入企業の常勤の職員（特定技能外国人、技能実習生及び外国人建設就労者を含まない）までは受入れることができます。

Q. 認定要件は義務なのか。建設特定技能受入計画の認定が取り消されたらどうなりますか。

A.

認定受入計画は、外国人の入国前に作成された計画であり、その計画が適正に履行されているかどうかについては、国土交通省としても確認し、必要応じて受入企業からの報告を求め、指導をすることになっています。そして、認定要件への適合しなくなったとき、認定受入計画が適正に実施されていないとき、不正の手段により認定を受けたとき、国土交通省に対して適切に報告をせず、又は虚偽の報告をしたときには、国土交通大臣は、認定を取り消すことがあります。

認定受入計画の継続的な遵守は、在留資格の付与の構成要件となっていますから、国土交通大臣に受入計画の認定が取り消されると、国土交通省から出入国在留管理庁に報告がなされ、地方出入国在留管理局における実地検査や改善命令の対象となるほか、在留期間の更新時に更新されない場合もあります。

Q. 一部の適正な受入れを行っていない企業のために、建設分野では他業種がない様々な要件が課され、まじめな企業が様々な規制を課されるのは不公平ではないですか。

A.

残念ながら、外国人労働者を安く雇おうとする事業者など不適切な受入れを行う事業者は、確実に存在します。まじめに適切な処遇で雇用する事業者が競争上不利にならないように、全体にルールを課して、公正な競争環境を確保するというのが今回の制度の趣旨です。

(3) 受入れ開始後

Q. 特定技能外国人を受入れた後の国土交通省への報告等の手続きを教えてください。

A.

特定技能外国人の受入れを開始したら、原則として1か月以内に「外国人就労監理システム」のポータルサイト（https://gaikokujin-shuro.keg.jp/gjsk_1.0.0/）より受入報告を行ってください。建設特定技能受入計画の認定申請時に、建設キャリアアップカードの写しを提出していない場合には、併せて建設キャリアアップカードの写しも提出してください。

また、受入れた特定技能外国人が帰国した場合や、他社へ転職した場合、倒産により雇用継続ができなくなった場合も、オンラインで国土交通省に報告する必要があります。

Q. 建設特定技能受入計画の認定後、受入人数を追加したいのですが、何を提出すれば良いですか。

A.

「外国人就労監理システム」のポータルサイト（https://gaikokujin-shuro.keg.jp/gjsk_1.0.0/）より、変更申請を行ってください。なお、申請にあたっては必要な書類や手続きについては、国土交通省のホームページをご確認ください。

Q. 受入れ後、現場入場はどのようにしたら良いですか。

A.

受入企業が下請負人である場合には、発注者から直接工事を請け負った建設業者（元請建設業者）からの、「特定技能制度及び建設就労者受入事業に関する下請指導ガイドライン」に基づく指導に従い、現場入場届出書の提出を行ってください。

第5章

建設特定技能受入計画の
オンライン申請の手引き

建設特定技能受入計画のオンライン申請について

国土交通省

1.準備

令和２年４月１日より、建設特定技能受入計画の申請が原則としてオンラインによることとなりました。

オンライン申請では、添付書類として複数の書類をアップロードする必要があります。申請の前に、右記の書類をスキャンしてPDF化するか、写真に撮ってJPEG 化して用意しておきましょう。

各添付書類を用意するにあたってのポイントについて、次ページから説明します。

建設特定技能受入計画　オンライン申請　添付書類一覧表

書類 No.	書　類　名
1	登記事項証明書　（履歴事項全部証明書）（申請日より３か月以内発行のもの）
2	建設業許可証（有効期限内のもの）
3	常勤職員数を明らかにする文書（社会保険加入の確認書類）
4	建設キャリアアップシステムの事業者 ID を確認する書類
5	特定技能外国人受入事業実施法人に加入していることを証する書類（会員証明書）
6	取次資格を有することを証する書類の写し（取次申請を行う場合のみ）
7	ハローワークで求人した際の求人票（申請日から直近１年以内。建築・土木の作業員の募集であること）
8	同等の技能を有する日本人と同等額以上の報酬であることの説明書（国土交通省ホームページからダウンロード）
9	就業規則及び賃金規程（労働基準監督署に提出したものの写し。常時１０人以上の労働者を使用していない企業であって、これらを作成していない場合には提出不要）
10	同等の技能を有する日本人の賃金台帳（直近１年分。賞与を含む）
11	同等の技能を有する日本人の実務経験年数を証明する書類（経歴書等。様式任意）
12	特定技能雇用契約書及び雇用条件書の写し（全員分）
13	時間外労働・休日労働に関する協定届（３６協定届）、変形労働時間に係る協定書、協定届、年間カレンダー（有効期限内のもの）（変形労働時間採用の場合のみ）
14	雇用契約に係る重要事項事前説明書（告示様式第２）（全員分）
15	建設キャリアアップシステムの技能者 ID を確認する書類

オンライン申請に必要な添付書類について

国土交通省

書類No.1　登記事項証明書（履歴事項全部証明書）

※申請日より3ヶ月以内発行のもの
法務局で発行されたもの

履歴事項全部証明書

東京都港区虎ノ門３－５－１
株式会社　●●●●

会社法人等番号	１２３４－５６－７８９０１２	
商　号	株式会社　●●●●	
本　店	東京都港区虎ノ門３－５－１	
	東京都港区虎ノ門３－５－１	令和 元年 ７月 １日 日移転 平成31年４月 １日 日登記
公告をする方法	官報に掲載してする	
会社成立の年月日	平成31年４月１日	
目　的	１．建築工事業 ２．鉄筋工事業 ３．産業廃棄物収集運搬業 ４．古物営業 ５．前各号に附帯関連する一切の業務	
	１．建築工事業 ２．鉄筋工事業 ３．太陽光発電並びに電気の供給及び販売業 ４．ガス圧接工事業 ５．産業廃棄物収集運搬業 ６．古物営業 ７．前各号に附帯関連する一切の業務 令和 元年 ７月 １日 変更　平成31年４月 １日 登記	
発行可能株式総数	４００株	令和 元年 ７月 １日 変更 平成31年４月 １日 登記
発行済株式の総数並びに種類及び数	発行済株式の総数 ２００株	令和 元年 ７月 １日 変更 平成31年４月 １日 登記
資本金の額	金１０００万円	令和 元年 ７月 １日 変更 平成31年４月 １日 登記
株式の譲渡制限に関する規定	当会社の株式は、全て譲渡制限株式とし、これを譲渡により取得するには、当会社の承認を要する。但し、当会社の株主に譲渡する場合は承認したものとみなす。	

整理番号　コ２１３７４７　＊　下線のあるものは抹消事項であることを示す。　１／２

書類No.2　建設業許可証

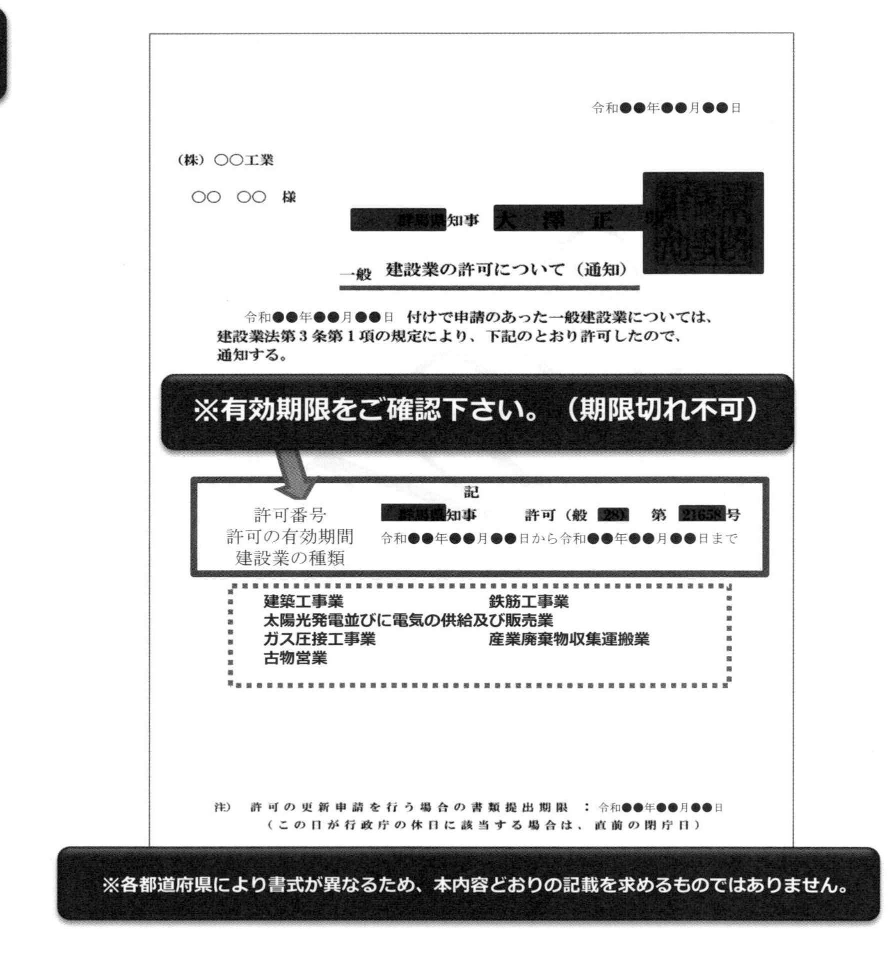

令和●●年●●月●●日

(株) ○○工業

○○ ○○ 様

群馬県知事　大澤 正明

一般　建設業の許可について（通知）

令和●●年●●月●●日 付けで申請のあった一般建設業については、建設業法第３条第１項の規定により、下記のとおり許可したので、通知する。

記

許可番号　群馬県知事　許可（般 28）第 21658号
許可の有効期間　令和●●年●●月●●日から令和●●年●●月●●日まで
建設業の種類

建築工事業　鉄筋工事業
太陽光発電並びに電気の供給及び販売業
ガス圧接工事業　産業廃棄物収集運搬業
古物営業

注）許可の更新申請を行う場合の書類提出期限 ： 令和●●年●●月●●日
（この日が行政庁の休日に該当する場合は、直前の閉庁日）

※有効期限をご確認下さい。（期限切れ不可）

※各都道府県により書式が異なるため、本内容どおりの記載を求めるものではありません。

オンライン申請に必要な添付書類について

国土交通省

書類No. 3 勤職員数を明らかにする文書

厚生年金保険被保険者標準報酬決定通知書

※本通知書はマスキング処理不要（不可）

事業所整理記号		事業所番号

健康保険・厚生年金保険被保険者標準報酬決定通知書

	被保険者整理番号	被保険者氏名	生年月日	種別	適用年月	決定後の標準報酬月額（健保）	決定後の標準報酬月額（厚年）
	1	建設　太郎	1965.12. 25	第一種	R1.9	410千円	410千円
	5	建設　花子	1985.1. 27	第二種	R1.9	280千円	280千円
	7	建設　歩	1986.3. 10	第二種	R1.9	260千円	260千円
非	9	建築　孝	1968.6.24	第一種	R1.9	80千円	80千円
パ	11	大山　あかり	1990.11.7	第二種	R1.9	78千円	78千円
建	12	グエン　ホアン	1987.5. 15	第二種	R1.9	240千円	240千円
実	14	テウアン　ダン	1988. 10.10	第二種	R1.9	170千円	170千円

郵便番号	〒105－8444
事業所住所	東京都港区虎ノ門3－5－1
事業所名	株式会社 ●●●●　殿
事業主氏名	建設　太郎　様

令和 ●●年 ●●月 ●●日

上記のとおり標準報酬が決定されたので通知します。

日本年金機構理事長

※申請時には、直近の通知書を提出して下さい。

※常勤職員数（告示様式第１　１（９）、３（３））

１号特定技能外国人の総数と外国人建設就労者の総数との合計が、

特定技能所属機関（受入企業）となろうとする者の常勤の職員（１号特定技能外国人、

技能実習生及び外国人建設就労者を含まない）の総数を超えてはいけません。

【！要注意！】
氏名の横に技能実習生は「実」、建設就労者は「建」、
パートタイム労働者等の短時間労働者には「パ」を、
非常勤役員には「非」をつけてください。

書類No. 4　建設キャリアアップシステムの**事業者IDを確認**する書類

書類No.15建設キャリアアップシステムの**技能者IDを確認**する書類

● 事業者 ID が記載された**ハガキ又はメールの写し**

件名：【建設キャリアアップシステム】事業者情報新規登録完了「事業者ＩＤ」のお知らせ

（株）●●●●　御中

申請番号：93000000009420

このたびは建設キャリアアップシステムに登録申請いただきありがとうございます。
以下の事業者情報の登録が完了しましたのでお知らせします。
初回ログイン時に下記情報の入力が必要になりますので、このメールは大切に保存してください。
「セキュリティコード」のお知らせメールは別途送信します。

【事業者ID】
91683672513422　　事業者ID（14桁）

【事業者名】
（株）●●●●　　事業者名

【管理者ID（登録責任者）】
91683672513422

【初期パスワード】
YdLMOm9olIqiMUi9
（初回ログイン時にパスワードの変更が必要になります。ご注意ください。）

【ログインURL】
https://www.mobile.ccus.jp/#/gcm/01/017

【日付】
2019/02/19

※本メールには個人情報が含まれています。取り扱いにはご注意ください。
※このメールは送信専用のため、このメールから返信いただいても回答できません。
※このメールに心当たりがない場合は、お手数ですが破棄してください。

【問い合わせ先】
建設キャリアアップシステム　お問い合わせセンター
TEL　：03-6386-3725
E-mail　：otoiawase@mail.ccus.jp
受付時間：9時～17時　※土日・祝日、年末年始（12月29日～1月3日）を除く

一般財団法人建設業振興基金

● 技能者 ID が記載された**カードの写し**

【一般のカード（表面）】

※申請時点で海外に居住する外国人の場合は、在留カードが交付されてから技能者

ID を取得することになるため、取得後、速やかにオンラインから報告を行う。

オンライン申請に必要な添付書類について

国土交通省

書類No.5　特定技能外国人受入事業実施法人に加入していることを証する書類

1．所属する建設業者団体が JAC の正会員として加入している場合

●**当該建設業者団体が発行した会員証明書の写し**

2．JAC に賛助会員として加入している場合

●**JAC が発行した会員証明書の写し**

1の例：正会員団体発行の会員証

例：（公社）全国鉄筋工事業協会

（様式3-1）

年　月　日

会員証明書

東京都千代田区神田多町2-9-6
田中ビル４階
公益社団法人全国鉄筋工事業協会
会長　岩田

下記の法人について、発行時点で当協会の会員であることを証明します。
併記の会員（企業）は当該法人に加盟していることを申し添えます。

記

所在地　〇〇県〇〇市〇〇町　1－2－3

会員名称　〇〇県鉄筋工事業協同組合

代表者名　理事長　組合　太郎

会員コード　01－2019＊＊＊＊

【併記】

所在地　〇〇県△△市△△町　4－5－6

会員名称　株式会社サンプル鉄筋工業

代表者名　鉄筋　太郎

No.　01－2019＊＊＊＊－0001

以上

2の例：JAC 発行の会員証

例：（一社）建設技能人材機構

（様式3-2）

会員証明書

下記の法人は、一般社団法人建設技能人材機構の賛助会員であることを証明いたします。

記

法人名　〇〇〇〇株式会社

代表者名　代表取締役　〇〇　〇〇

所在地　埼玉県〇〇市

会員番号　01－02－123456789

2019年（令和元年）〇月〇日

東京都港区虎ノ門四丁目3番1[illegible]
一般社団法人　建設技能人材機構
理事長　才賀　[illegible]

書類No.7　ハローワークで求人した際の求人票（申請日から直近１年以内。建築・土木の作業員の募集であること）

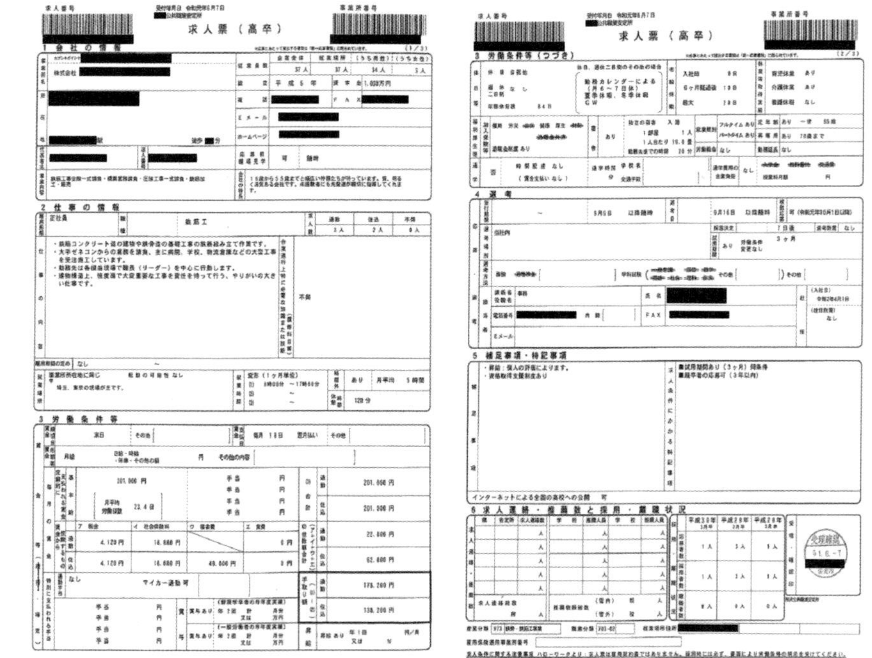

オンライン申請に必要な添付書類について

国土交通省

書類No.8　同等の技能を有する日本人と同等額以上の報酬であることの説明書　※国交省ＨＰからダウンロード

同等の技能を有する日本人と同等額以上の報酬であることの説明書

受入建設企業 ＿＿＿＿

内のご入力
ご確認をお願い致します。

下記のとおり、報酬予定額が同等の技能を有する日本人の報酬と同等額以上であることについて説明致します。

記

外国人および日本人氏名		1号特定技能外国人 氏名	日本人従事者 氏名
実務経験（年数）		年　　ヶ月	年　　ヶ月
主な業務			
保有資格			
報酬額	基本給（月給） （※諸手当、みなし時間外手当等を含めないこと）	円	円
	毎月固定的に支払われる手当の種類とその月額	手当　　円 手当　　円 手当　　円 手当　　円 手当　　円	手当　　円 手当　　円 手当　　円 手当　　円 手当　　円
	計	円	円
賞与		有・無	有・無
昇給		有・無	有・無

○添付資料
・就業規則または賃金規程（作成義務が無く、作成していない企業は除く。）
・同等の技能を有する日本人の賃金台帳（直近１年分、賞与を含む。）
・同等の技能を有する日本人の実務経験年数を証明する書類（経歴書）
・社会保険確認書類（標準報酬月額決定通知書等、全職員分かつマスキングしていないもの。）

※受入予定外国人が複数いる場合、上記条件がすべて同じ場合１枚の提出でかまいません。欄外にその他の外国人の氏名を記載してください。
※実務経験（年数）は、受入建設企業以前の企業従事期間も通算してください。
※比較する日本人従事者が複数人いる場合、２枚目またはシートを加工して記載してください。

以上

※雇用契約書に記載した手当の内容は全て記載（手当の根拠は雇用条件書に記載必須）
※雇用条件書と相違がないように記載

特定技能雇用契約に係る賃金支払い基準（建設分野）
①社内の同等技能の日本人技能者との比較
⇒経験年数の差で賃金に格差を設けることは可能だが、日本語能力を理由とした賃金の差別は認められない。最低賃金レベルは×
②同一圏域における建設技能者の賃金水準と均衡を失していないこと
⇒各都道府県労働局において公表されているハローワークの求人求職賃金を参考に
③大都市圏その他特定の地域への集中を防止する観点から、全国の賃金水準との比較も考慮
※このほか、同一企業内で受入実績のある技能実習生及び外国人建設就労者との比較の観点からも審査を行う。

オンライン申請に必要な添付書類について

国土交通省

書類No.１１　同等の技能を有する日本人の実務経験年数を証明する書類（経歴書等、様式任意）

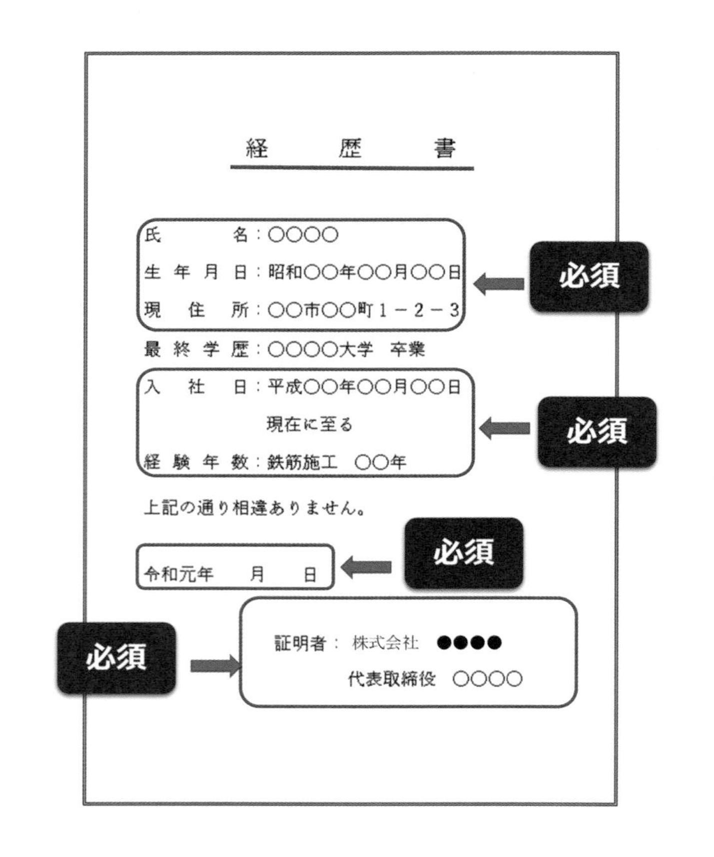

書類No.１２　特定技能雇用契約書及び雇用条件書（１／４）　※全員分が必要

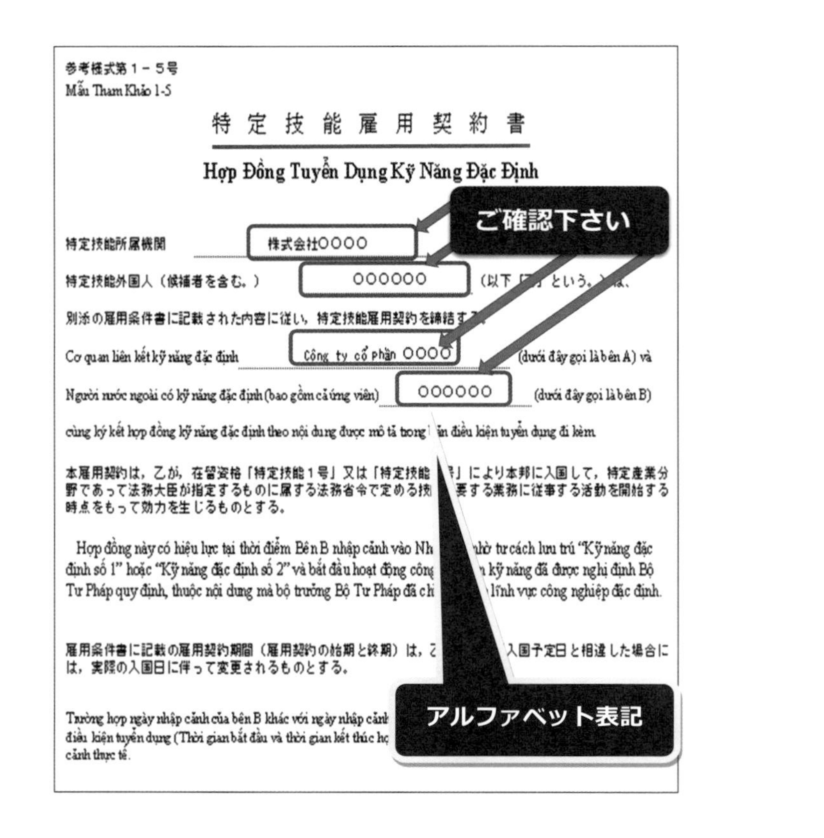

参考様式第１－５号
Mẫu Tham Khảo 1-5

特　定　技　能　雇　用　契　約　書

Hợp Đồng Tuyển Dụng Kỹ Năng Đặc Định

特定技能所属機関　株式会社OOOO

特定技能外国人（候補者を含む。）　OOOOOO　（以下「乙」という。）は，

別添の雇用条件書に記載された内容に従い，特定技能雇用契約を締結する。

Cơ quan liên kết kỹ năng đặc định　Công ty cổ phần OOOO　(dưới đây gọi là bên A) và

Người nước ngoài có kỹ năng đặc định (bao gồm cả ứng viên)　OOOOOO　(dưới đây gọi là bên B)

cùng ký kết hợp đồng kỹ năng đặc định theo nội dung được mô tả trong … điều kiện tuyển dụng đi kèm.

本雇用契約は，乙が，在留資格「特定技能１号」又は「特定技能…」により本邦に入国して，特定産業分野であって法務大臣が指定するものに属する法務省令で定める技…要する業務に従事する活動を開始する時点をもって効力を生じるものとする。

Hợp đồng này có hiệu lực tại thời điểm Bên B nhập cảnh vào Nh… nhờ tư cách lưu trú "Kỹ năng đặc định số 1" hoặc "Kỹ năng đặc định số 2" và bắt đầu hoạt động công… kỹ năng đã được nghị định Bộ Tư Pháp quy định, thuộc nội dung mà bộ trưởng Bộ Tư Pháp đã ch… lĩnh vực công nghiệp đặc định.

雇用条件書に記載の雇用契約期間（雇用契約の始期と終期）は，乙…入国予定日と相違した場合には，実際の入国日に伴って変更されるものとする。

Trường hợp ngày nhập cảnh của bên B khác với ngày nhập cảnh… điều kiện tuyển dụng (Thời gian bắt đầu và thời gian kết thúc h… cảnh thực tế.

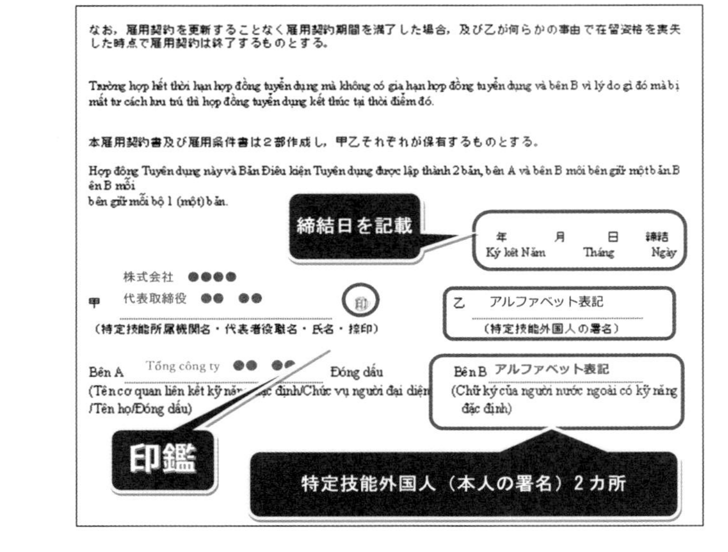

なお，雇用契約を更新することなく雇用契約期間を満了した場合，及び乙が何らかの事由で在留資格を喪失した時点で雇用契約は終了するものとする。

Trường hợp hết thời hạn hợp đồng tuyển dụng mà không có gia hạn hợp đồng tuyển dụng và bên B vì lý do gì đó mà bị mất tư cách lưu trú thì hợp đồng tuyển dụng kết thúc tại thời điểm đó.

本雇用契約書及び雇用条件書は２部作成し，甲乙それぞれが保有するものとする。

Hợp đồng Tuyển dụng này và Bản Điều kiện Tuyển dụng được lập thành 2 bản, bên A và bên B mỗi bên giữ một bản.Bên B mỗi bên giữ mỗi bộ 1 (một) bản.

年　月　日　締結
Ký kết Năm　Tháng　Ngày

甲　株式会社　●●●●
代表取締役　●●　●●　㊞
（特定技能所属機関名・代表者役職名・氏名・捺印）

乙　アルファベット表記
（特定技能外国人の署名）

Bên A　Tổng công ty　●●　●●　Đóng dấu
(Tên cơ quan liên kết kỹ năng đặc định/Chức vụ người đại diện/Tên họ/Đóng dấu)

Bên B　アルファベット表記
(Chữ ký của người nước ngoài có kỹ năng đặc định)

書類No.１２　特定技能雇用契約書及び雇用条件書（２／４）

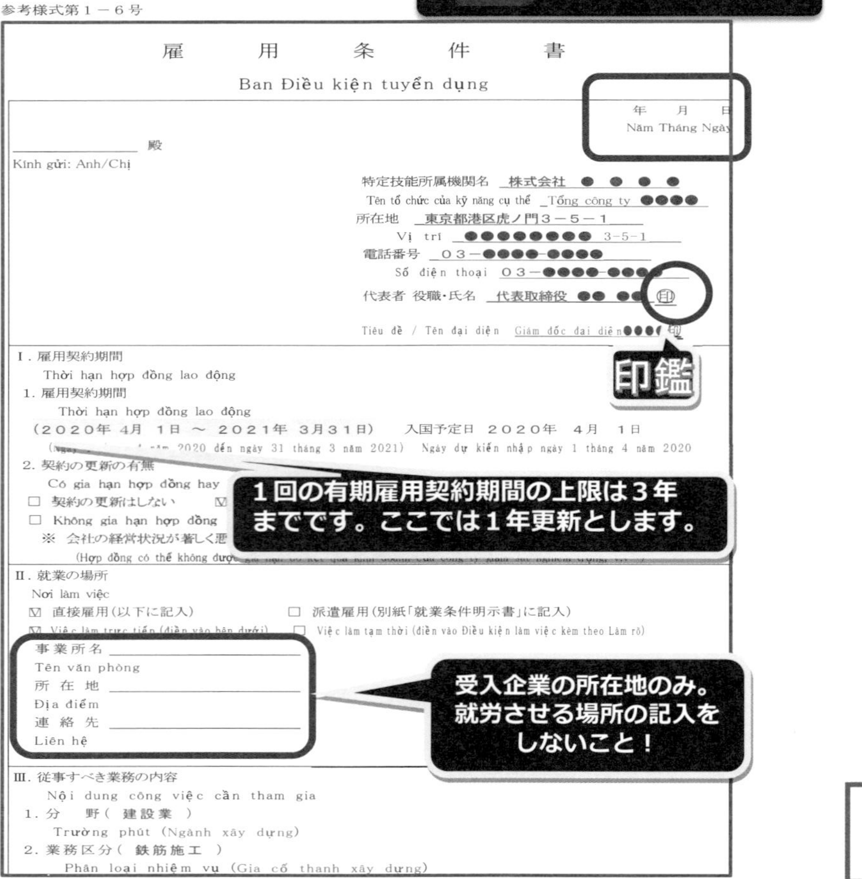
の内容をご確認下さい。
印鑑
１回の有期雇用契約期間の上限は３年までです。ここでは１年更新とします。
受入企業の所在地のみ。就労させる場所の記入をしないこと！

参考様式第１－６号

雇　用　条　件　書
Ban Điều kiện tuyển dụng

年　月　日
Năm Tháng Ngày

＿＿＿＿＿＿殿
Kính gửi: Anh/Chị

特定技能所属機関名　株式会社　●●●●
Tên tổ chức của kỹ năng cụ thể　Tổng công ty ●●●●
所在地　東京都港区虎ノ門３－５－１
Vị trí　●●●●●●●● 3-5-1
電話番号　０３－●●●●－●●●●
Số điện thoại　０３－●●●●－●●●●
代表者 役職・氏名　代表取締役 ●● ●● ㊞
Tiêu đề / Tên đại diện　Giám đốc đại diện ●●●● ㊞

Ⅰ．雇用契約期間
Thời hạn hợp đồng lao động
1．雇用契約期間
Thời hạn hợp đồng lao động
（２０２０年 ４月 １日 ～ ２０２１年 ３月３１日）　入国予定日 ２０２０年 ４月 １日
(... 2020 đến ngày 31 tháng 3 năm 2021)　Ngày dự kiến nhập ngày 1 tháng 4 năm 2020
2．契約の更新の有無
Có gia hạn hợp đồng hay
☐ 契約の更新はしない　☑
☐ Không gia hạn hợp đồng
※ 会社の経営状況が著しく悪
(Hợp đồng có thể không được ...)

Ⅱ．就業の場所
Nơi làm việc
☑ 直接雇用(以下に記入)　☐ 派遣雇用(別紙「就業条件明示書」に記入)
☑ Việc làm trực tiếp (điền vào bên dưới)　☐ Việc làm tạm thời (điền vào Điều kiện làm việc kèm theo Làm rõ)
事業所名 ＿＿＿
Tên văn phòng
所在地 ＿＿＿
Địa điểm
連絡先 ＿＿＿
Liên hệ

Ⅲ．従事すべき業務の内容
Nội dung công việc cần tham gia
1．分　野（ 建設業 ）
Trường phút (Ngành xây dựng)
2．業務区分（ 鉄筋施工 ）
Phân loại nhiệm vụ (Gia cố thanh xây dựng)

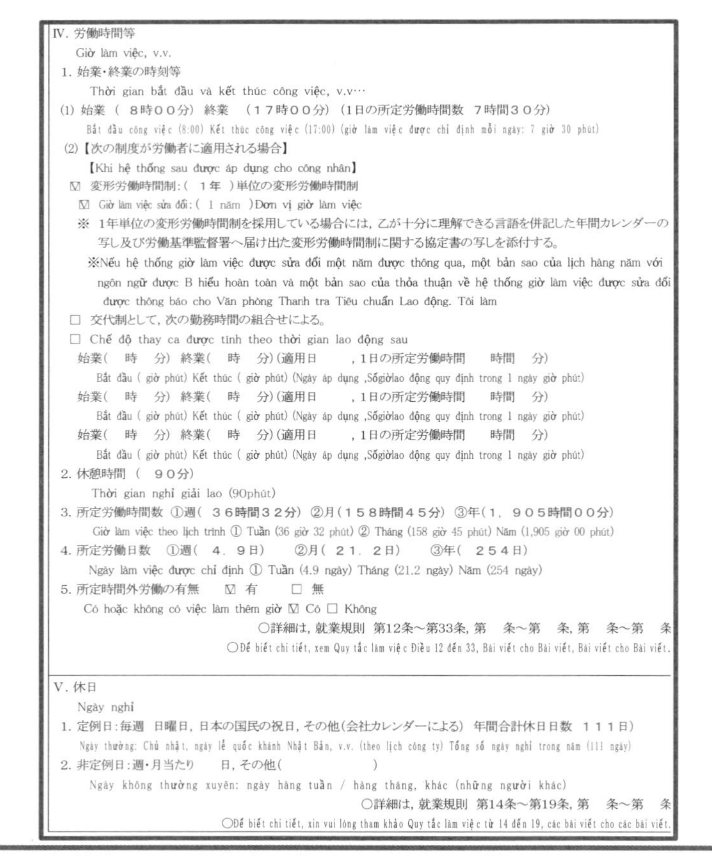

Ⅳ．労働時間等
Giờ làm việc, v.v.
1．始業・終業の時刻等
Thời gian bắt đầu và kết thúc công việc, v.v…
(1) 始業（ ８時００分） 終業 （１７時００分） (1日の所定労働時間数 ７時間３０分)
Bắt đầu công việc (8:00) Kết thúc công việc (17:00) (giờ làm việc được chỉ định mỗi ngày: 7 giờ 30 phút)
(2)【次の制度が労働者に適用される場合】
【Khi hệ thống sau được áp dụng cho công nhân】
☑ 変形労働時間制：（ １年 ）単位の変形労働時間制
☑ Giờ làm việc sửa đổi: (1 năm)Đơn vị giờ làm việc
※ 1年単位の変形労働時間制を採用している場合には，乙が十分に理解できる言語を併記した年間カレンダーの写し及び労働基準監督署へ届け出た変形労働時間制に関する協定書の写しを添付する。
※Nếu hệ thống giờ làm việc được sửa đổi một năm được thông qua, một bản sao của lịch hàng năm với ngôn ngữ được B hiểu hoàn toàn và một bản sao của thỏa thuận về hệ thống giờ làm việc được sửa đổi được thông báo cho Văn phòng Thanh tra Tiêu chuẩn Lao động. Tôi làm
☐ 交代制として，次の勤務時間の組み合わせによる。
☐ Chế độ thay ca được tính theo thời gian lao động sau
始業（　時　分） 終業（　時　分）(適用日　，1日の所定労働時間　時間　分)
Bắt đầu (giờ phút) Kết thúc (giờ phút) (Ngày áp dụng ,Sốgiờlao động quy định trong 1 ngày giờ phút)
始業（　時　分） 終業（　時　分）(適用日　，1日の所定労働時間　時間　分)
Bắt đầu (giờ phút) Kết thúc (giờ phút) (Ngày áp dụng ,Sốgiờlao động quy định trong 1 ngày giờ phút)
始業（　時　分） 終業（　時　分）(適用日　，1日の所定労働時間　時間　分)
Bắt đầu (giờ phút) Kết thúc (giờ phút) (Ngày áp dụng ,Sốgiờlao động quy định trong 1 ngày giờ phút)
2．休憩時間（ ９０分）
Thời gian nghỉ giải lao (90phút)
3．所定労働時間数 ①週（ ３６時間３２分） ②月（１５８時間４５分） ③年（１，９０５時間００分）
Giờ làm việc theo lịch trình ① Tuần (36 giờ 32 phút) ② Tháng (158 giờ 45 phút) Năm (1,905 giờ 00 phút)
4．所定労働日数 ①週（ ４．９日） ②月（ ２１．２日） ③年（ ２５４日）
Ngày làm việc được chỉ định ① Tuần (4.9 ngày) Tháng (21.2 ngày) Năm (254 ngày)
5．所定時間外労働の有無　☑ 有　☐ 無
Có hoặc không có việc làm thêm giờ ☑ Có ☐ Không
○詳細は，就業規則 第12条～第33条，第　条～第　条，第　条～第　条
○Để biết chi tiết, xem Quy tắc làm việc Điều 12 đến 33, Bài viết cho Bài viết, Bài viết cho Bài viết.

Ⅴ．休日
Ngày nghỉ
1．定例日：毎週 日曜日，日本の国民の祝日，その他(会社カレンダーによる) 年間合計休日日数 １１１日)
Ngày thường: Chủ nhật, ngày lễ quốc khánh Nhật Bản, v.v. (theo lịch công ty) Tổng số ngày nghỉ trong năm (111 ngày)
2．非定例日：週・月当たり　日，その他(　　)
Ngày không thường xuyên: ngày hàng tuần / hàng tháng, khác (những người khác)
○詳細は，就業規則 第14条～第19条，第　条～第　条
○Để biết chi tiết, xin vui lòng tham khảo Quy tắc làm việc từ 14 đến 19, các bài viết cho các bài viết.

※雇用契約書・雇用条件書に基づいた内容を記載
※手当等についても、金額決定の根拠を記載することを求められており、全て母国語表記も記載するよう求められております。

書類No.１２　特定技能雇用契約書及び雇用条件書　（３／４）

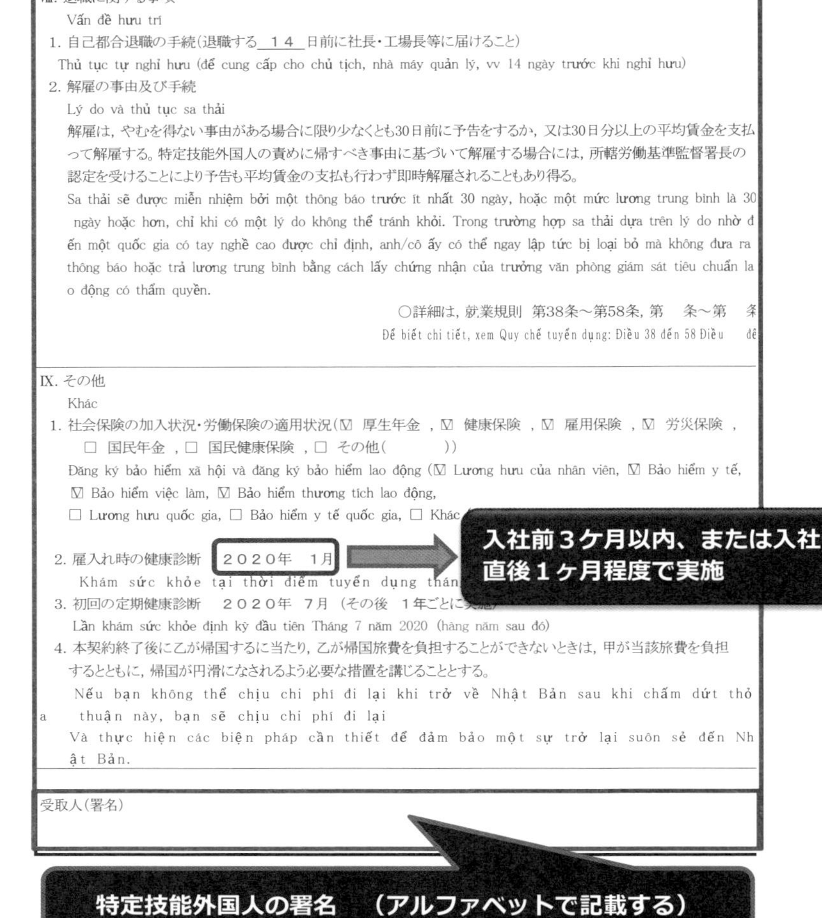

VI. 休暇
Nghỉ phép
1. 年次有給休暇　6か月継続勤務した場合→　１０日
Nghỉ có lương hàng năm trong 6 tháng → 10 ngày
継続勤務6か月未満の年次有給休暇(□ 有　☑ 無) →　か月経過で　日
Làm việc liên tục dưới 6 tháng có được nghỉ phép có lương không (□Có ☑Không) → Làm việc liên tục _tháng, được nghỉ_ngày
2. その他の休暇　有給(　　　)　無給(　　　)
Các kỳ nghỉ khác được trả (　) chưa thanh toán (　)
3. 一時帰国休暇　乙が一時帰国を希望した場合は，上記1及び2の範囲内で必要な休暇を取得させることとする。
Nghỉ phép tạm thời Nếu bạn muốn quay lại Nhật Bản tạm thời, bạn sẽ được yêu cầu nghỉ phép theo yêu cầu trong phạm vi 1 và 2 ở trên.
○詳細は，就業規則　第18条～第19条，　条Để biết chi tiết, xem Quy chế tuyển dụng: Điều 18 đến 19, Điều　đến

VII. 賃金　Tiền lương
1. 基本賃金　☑ 月給(２５０，０００円) □ 日給(　　円) □ 時間給(　　円)
Lương cơ bản ☑ Tiền lương hàng tháng (250,000 yên) □ Tiền lương hàng ngày (Yên) □ Tiền lương hàng giờ (Yên)
※詳細は別紙のとおり
Để biết chi tiết, xem tệp đính kèm.
2. 諸手当(時間外労働の割増賃金は除く)
Phụ cấp (không bao gồm tiền lương làm thêm
(資格 手当，　皆勤 手当，　　手当)
Trình độ chuyên môn Phụ cấp　Công việc toàn thời gian Phụ cấp　Phụ cấp
※詳細は別紙のとおり Để biết chi tiết, xem tệp đính kèm.
3. 所定時間外，休日又は深夜労働に対して支払われる割増賃金率
Mức lương tăng thêm được trả cho làm thêm giờ, ngày nghỉ hoặc làm việc đêm muộn
(1) 所定時間外　法定超月60時間以内　(　２５)%
Ngoài thời gian quy định Trong vòng 60 giờ kể từ tháng được yêu cầu hợp pháp (25)%
法定超月60時間超　(　２５)%
Hơn 60 giờ yêu cầu hợp pháp hàng tháng (25%)
所定超　(　―)%　Quá chỉ định (　―)%
(2) 休日　法定休日　(　３５)%，　法定外休日　(　２５)%
Ngày lễ: ngày lễ hợp pháp (　35)%, ngày lễ không thường xuyên (25)%
(3) 深夜　(　２５)%　Nửa đêm (25%)
4. 賃金締切日　☑ 毎月　末日，□ 毎月　日
Thời hạn lương ☑ Ngày cuối cùng của mỗi tháng
5. 賃金支払日　☑ 毎月　２０日，□ 毎月　日
Ngày thanh toán tiền lương ☑ ngày 20 hàng tháng, □ Mỗi tháng
6. 賃金支払方法　☑ 口座振込　□ 通貨払
Phương thức thanh toán tiền lương ☑ Chuyển khoản ngân hàng □ Thanh toán tiền tệ
7. 労使協定に基づく賃金支払時の控除　□ 無　☑ 有
Các khoản giảm trừ khi trả lương dựa trên thỏa thuận quản lý lao động □ Không ☑ Có
※詳細は別紙のとおり　Để biết chi tiết, xem tệp đính kèm
8. 昇給　☑ 有(時期 4月，金額 3%　就業規則による　　), □ 無
Tăng　☑ Có(Thời gian, Tháng 4, Số tiền: 3% Phụ thuộc vào quy tắc làm việc)、□Không
9. 賞与　☑ 有(時期 6月、12月，金額 200,000円　就業規則による　), □ 無
Tiền thưởng ☑ Có(Thời gian, tháng 6, tháng 12, số tiền: 200.000 JPY yên Phụ thuộc vào quy tắc làm việc)、□Không
10. 退職金　☑ 有(時期 5年勤続年の場合，金額 500,000円　就業規則による　), □ 無
Trợ cấp hưu trí ☑ Có(Thời gian, 5 năm phục vụ liên tục, số tiền: 500.000 yên Phụ thuộc vào quy tắc làm việc)、□Không
11. 休業手当　☑ 有(率 60%　)
Trợ cấp　☑ Có (Tỷ lệ 60%)

通貨払いは認められていません

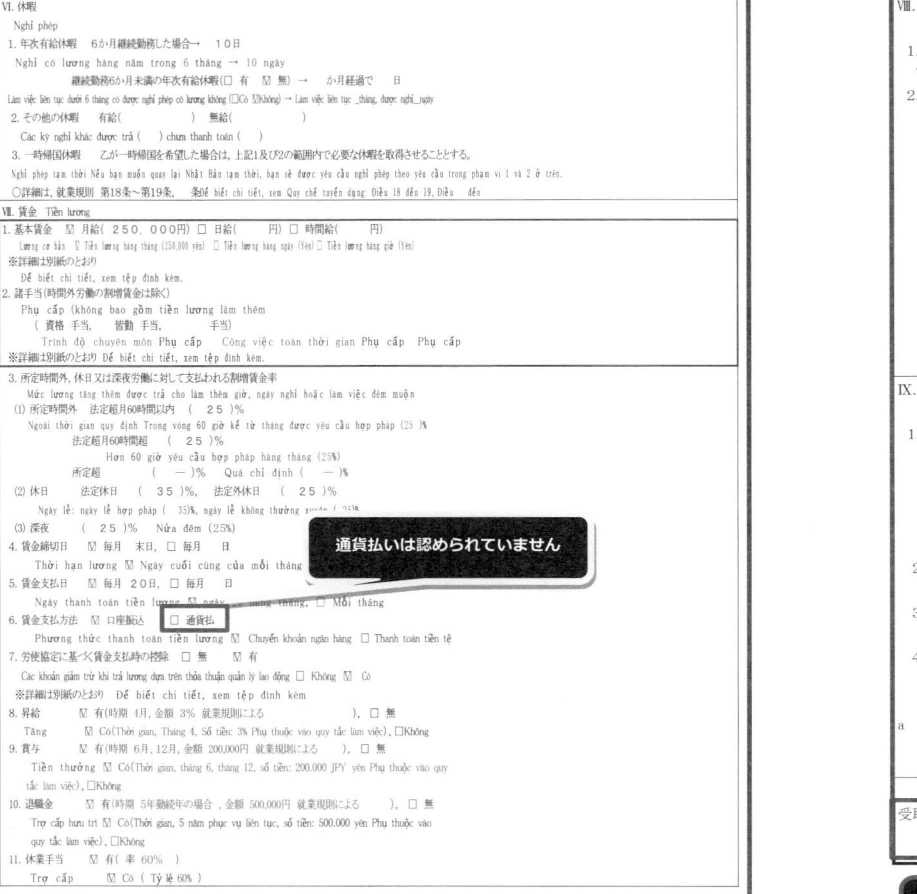

VIII. 退職に関する事項
Vấn đề hưu trí
1. 自己都合退職の手続(退職する＿１４＿日前に社長・工場長等に届けること)
Thủ tục tự nghỉ hưu (để cung cấp cho chủ tịch, nhà máy quản lý, vv 14 ngày trước khi nghỉ hưu)
2. 解雇の事由及び手続
Lý do và thủ tục sa thải
解雇は，やむを得ない事由がある場合に限り少なくとも30日前に予告をするか，又は30日分以上の平均賃金を支払って解雇する。特定技能外国人の責めに帰すべき事由に基づいて解雇する場合には，所轄労働基準監督署長の認定を受けることにより予告も平均賃金の支払も行わず即時解雇されることもあり得る。
Sa thải sẽ được miễn nhiệm bởi một thông báo trước ít nhất 30 ngày, hoặc một mức lương trung bình là 30 ngày hoặc hơn, chỉ khi có một lý do không thể tránh khỏi. Trong trường hợp sa thải dựa trên lý do nhờ đến một quốc gia có tay nghề cao được chỉ định, anh/cô ấy có thể ngay lập tức bị loại bỏ mà không đưa ra thông báo hoặc trả lương trung bình bằng cách lấy chứng nhận của trưởng văn phòng giám sát tiêu chuẩn lao động có thẩm quyền.
○詳細は，就業規則　第38条～第58条，第　条～第　条
Để biết chi tiết, xem Quy chế tuyển dụng: Điều 38 đến 58 Điều　đế

IX. その他
Khác
1. 社会保険の加入状況・労働保険の適用状況(☑ 厚生年金，☑ 健康保険，☑ 雇用保険，☑ 労災保険，□ 国民年金，□ 国民健康保険，□ その他(　　))
Đăng ký bảo hiểm xã hội và đăng ký bảo hiểm lao động (☑ Lương hưu của nhân viên, ☑ Bảo hiểm y tế, ☑ Bảo hiểm việc làm, ☑ Bảo hiểm thương tích lao động,
□ Lương hưu quốc gia, □ Bảo hiểm y tế quốc gia, □ Khác
2. 雇入れ時の健康診断　２０２０年　１月
Khám sức khỏe tại thời điểm tuyển dụng thán
3. 初回の定期健康診断　２０２０年　７月（その後　１年ごとに
Lần khám sức khỏe định kỳ đầu tiên Tháng 7 năm 2020 (hàng năm sau đó)
4. 本契約終了後に乙が帰国するに当たり，乙が帰国旅費を負担することができないときは，甲が当該旅費を負担するとともに，帰国が円滑になされるよう必要な措置を講じることとする。
Nếu bạn không thể chịu chi phí đi lại khi trở về Nhật Bản sau khi chấm dứt thỏa thuận này, bạn sẽ chịu chi phí đi lại
Và thực hiện các biện pháp cần thiết để đảm bảo một sự trở lại suôn sẻ đến Nhật Bản.

受取人(署名)

入社前３ケ月以内、または入社直後１ケ月程度で実施
特定技能外国人の署名　（アルファベットで記載する）

書類No.１２　特定技能雇用契約書及び雇用条件書（４／４）

の内容をご確認下さい。

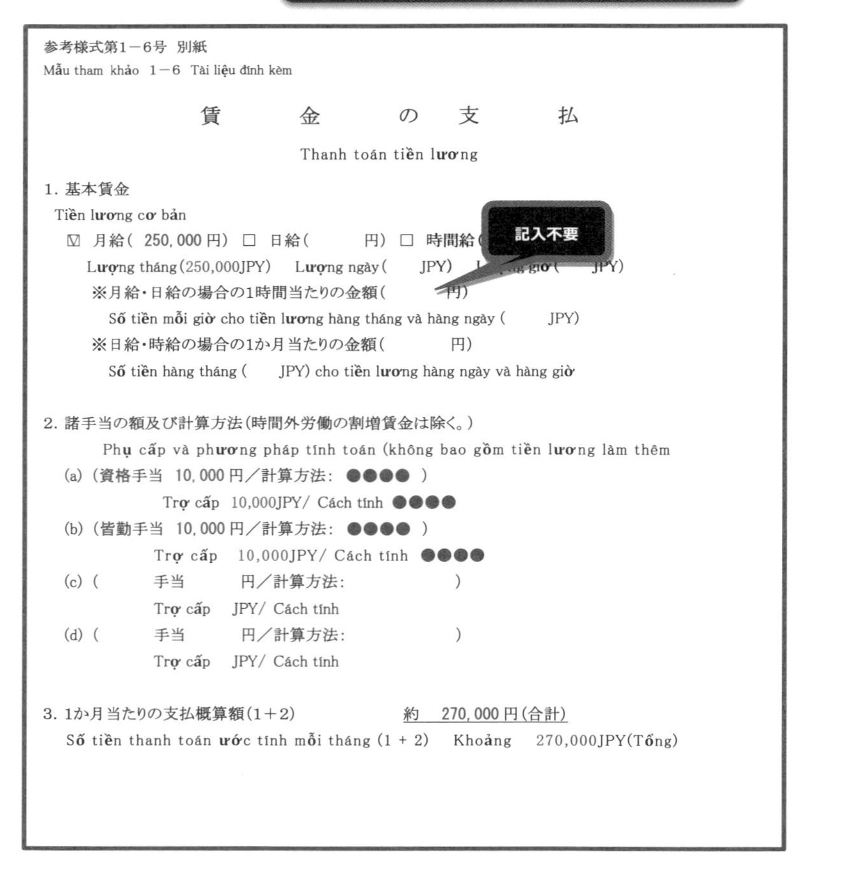
参考様式第1－6号 別紙
Mẫu tham khảo 1－6 Tài liệu đính kèm

賃　金　の　支　払
Thanh toán tiền lương

1. 基本賃金
Tiền lương cơ bản
☑ 月給（ 250,000 円） □ 日給（　　円） □ 時間給（　　円）
Lượng tháng(250,000JPY)　Lượng ngày(　　JPY)　Lượng giờ(　　JPY)
※月給・日給の場合の1時間当たりの金額(　　円)
Số tiền mỗi giờ cho tiền lương hàng tháng và hàng ngày (　　JPY)
※日給・時給の場合の1か月当たりの金額(　　円)
Số tiền hàng tháng (　　JPY) cho tiền lương hàng ngày và hàng giờ

2. 諸手当の額及び計算方法(時間外労働の割増賃金は除く。)
Phụ cấp và phương pháp tính toán (không bao gồm tiền lương làm thêm
(a)（資格手当 10,000 円／計算方法: ●●●● ）
Trợ cấp 10,000JPY/ Cách tính ●●●●
(b)（皆勤手当 10,000 円／計算方法: ●●●● ）
Trợ cấp 10,000JPY/ Cách tính ●●●●
(c)（　　手当　　円／計算方法:　　）
Trợ cấp　JPY/ Cách tính
(d)（　　手当　　円／計算方法:　　）
Trợ cấp　JPY/ Cách tính

3. 1か月当たりの支払概算額(1＋2)　　約 270,000 円(合計)
Số tiền thanh toán ước tính mỗi tháng (1 + 2)　Khoảng 270,000JPY(Tổng)

記入不要

の内容をご確認下さい。

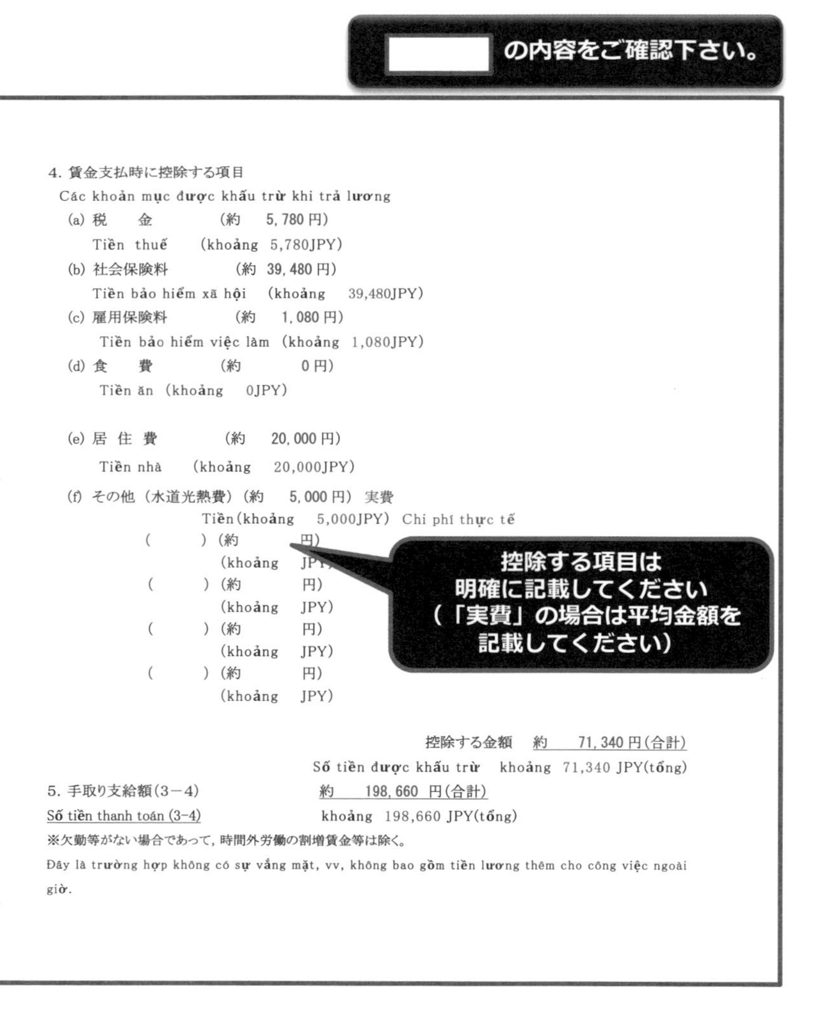
4. 賃金支払時に控除する項目
Các khoản mục được khấu trừ khi trả lương
(a) 税　金　(約 5,780 円)
Tiền thuế　(khoảng 5,780JPY)
(b) 社会保険料　(約 39,480 円)
Tiền bảo hiểm xã hội　(khoảng 39,480JPY)
(c) 雇用保険料　(約 1,080 円)
Tiền bảo hiểm việc làm (khoảng 1,080JPY)
(d) 食　費　(約 0 円)
Tiền ăn (khoảng 0JPY)

(e) 居 住 費　(約 20,000 円)
Tiền nhà　(khoảng 20,000JPY)
(f) その他 (水道光熱費) (約 5,000 円) 実費
Tiền(khoảng 5,000JPY) Chi phí thực tế
(　　) (約　　円)
(khoảng　JPY)
(　　) (約　　円)
(khoảng　JPY)
(　　) (約　　円)
(khoảng　JPY)
(　　) (約　　円)
(khoảng　JPY)

控除する金額　約 71,340 円(合計)
Số tiền được khấu trừ　khoảng 71,340 JPY(tổng)
5. 手取り支給額(3－4)　約 198,660 円(合計)
Số tiền thanh toán (3-4)　khoảng 198,660 JPY(tổng)
※欠勤等がない場合であって，時間外労働の割増賃金等は除く。
Đây là trường hợp không có sự vắng mặt, vv, không bao gồm tiền lương thêm cho công việc ngoài giờ.

控除する項目は
明確に記載してください
(「実費」の場合は平均金額を
記載してください)

書類No.１３ 変形労働時間に係る協定書、協定届、年間カレンダー（１／２）
（変形労働時間制採用の場合のみ提出）

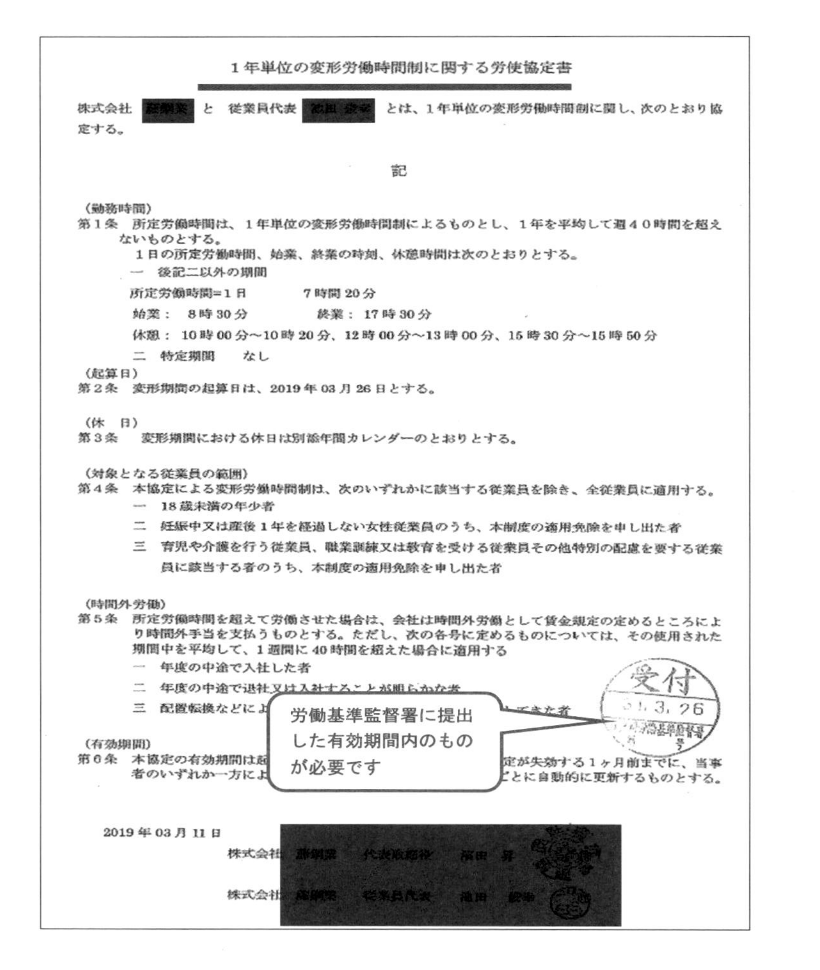

1年単位の変形労働時間制に関する労使協定書

株式会社　　と　従業員代表　　とは、1年単位の変形労働時間制に関し、次のとおり協定する。

記

（勤務時間）
第1条　所定労働時間は、1年単位の変形労働時間制によるものとし、1年を平均して週40時間を超えないものとする。
1日の所定労働時間、始業、終業の時刻、休憩時間は次のとおりとする。
一　後記二以外の期間
所定労働時間=1日　　7時間20分
始業：　8時30分　　終業：　17時30分
休憩：　10時00分～10時20分、12時00分～13時00分、15時30分～15時50分
二　特定期間　　なし

（起算日）
第2条　変形期間の起算日は、2019年03月26日とする。

（休　日）
第3条　変形期間における休日は別添年間カレンダーのとおりとする。

（対象となる従業員の範囲）
第4条　本協定による変形労働時間制は、次のいずれかに該当する従業員を除き、全従業員に適用する。
一　18歳未満の年少者
二　妊娠中又は産後1年を経過しない女性従業員のうち、本制度の適用免除を申し出た者
三　育児や介護を行う従業員、職業訓練又は教育を受ける従業員その他特別の配慮を要する従業員に該当する者のうち、本制度の適用免除を申し出た者

（時間外労働）
第5条　所定労働時間を超えて労働させた場合は、会社は時間外労働として賃金規定の定めるところにより時間外手当を支払うものとする。ただし、次の各号に定めるものについては、その使用された期間中を平均して、1週間に40時間を超えた場合に適用する
一　年度の中途で入社した者
二　年度の中途で退社又は入社することが明らかな者
三　配置転換などによ……てきた者

（有効期間）
第6条　本協定の有効期間は起……定が失効する1ヶ月前までに、当事者のいずれか一方によ……ごとに自動的に更新するものとする。

2019年03月11日
株式会社　　代表取締役
株式会社　　従業員代表

1年単位の変形労働時間制に関する協定届

様式第4号(第12条の4第6項関係)

事業の種類	事業の名称	事業の所在地（電話番号）		常時使用する労働者数
				人
該当労働者数（満18歳未満の者）	対象期間及び特定期間（起算日）	対象期間中の各日及び各週の労働時間並びに所定休日	対象期間中の1週間の平均労働時間数	協定の有効期間
48人	特定期間 なし（2019年03月26日）	(別紙)	39時間16分	自 2019年03月26日 至 2020年03月25日

労働時間が最も長い日の労働時間数（満18歳未満の者）	7時間20分（　時間　分）	労働時間が最も長い週の労働時間数（満18歳未満の者）	44時間00分（　時間　分）	対象期間中の総労働日数	280日
労働時間が48時間を超える週の最長連続週数		対象期間中の最も長い連続労働日数		6日間	
対象期間中の労働時間が48時間を超える週数		特定期間中の最も長い連続労働日数			

旧協定の対象期間	1年間	旧協定の労働時間が最も長い日の労働時間数	7時間20分
旧協定の労働時間が最も長い週の労働時間数	44時間00分	旧協定の対象期間中の総労働日数	280日

協定成立年月日　2019年03月11日

協定の当事者である労働組合又は労働者の過半数を代表する者の　職名
氏名

協定の当事者(労働者の過半数を代表する者の場合)の選出方法(　挙手

2019年03月26日
使用者名
職名氏名

労働基準監督署長　殿

受付
31.3.25

労働基準監督署に提出
した有効期間内のもの
が必要です

※変形労働時間制を使用する場合は、「書類No.１７　特定技能雇用契約書および雇用条件書」に上記の変形労働時間に係る協定届と同じ労働時間、労働日数を記載する。

書類No.13　変形労働時間に係る協定書、協定届、年間カレンダー（2／2）
（変形労働時間制採用の場合のみ提出）

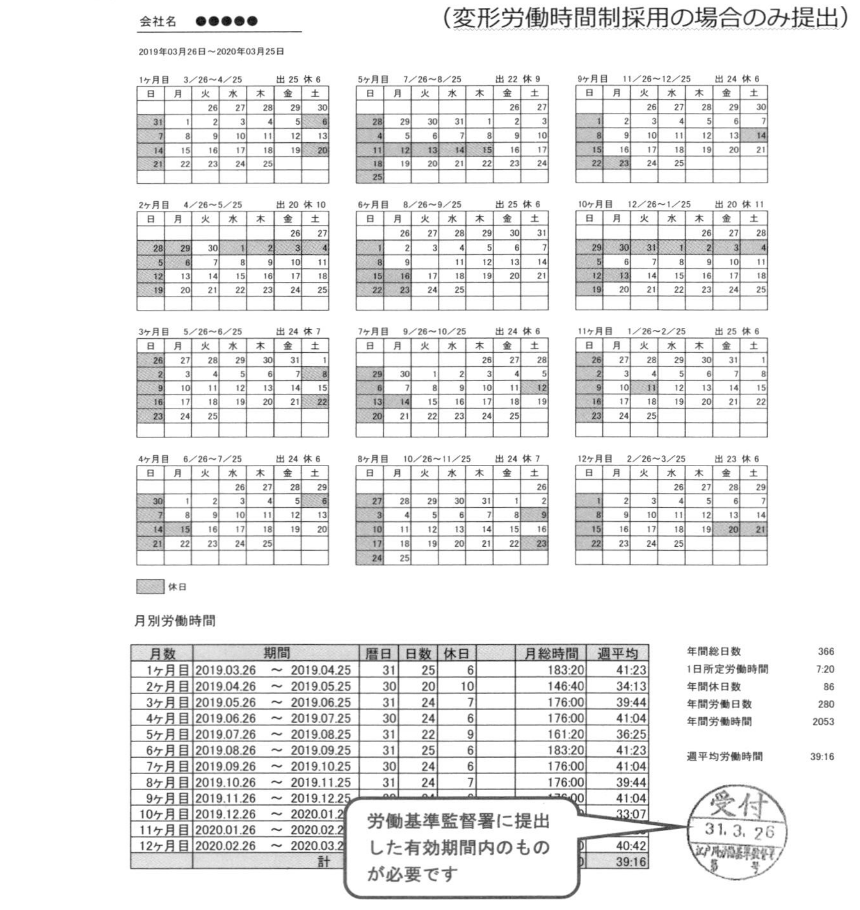

会社名　●●●●●

2019年03月26日～2020年03月25日

1ヶ月目　3／26～4／25　出 25 休 6

日	月	火	水	木	金	土
		26	27	28	29	30
31	1	2	3	4	5	6
7	8	9	10	11	12	13
14	15	16	17	18	19	20
21	22	23	24	25		

2ヶ月目　4／26～5／25　出 20 休 10

日	月	火	水	木	金	土
					26	27
28	29	30	1	2	3	4
5	6	7	8	9	10	11
12	13	14	15	16	17	18
19	20	21	22	23	24	25

3ヶ月目　5／26～6／25　出 24 休 7

日	月	火	水	木	金	土
26	27	28	29	30	31	1
2	3	4	5	6	7	8
9	10	11	12	13	14	15
16	17	18	19	20	21	22
23	24	25				

4ヶ月目　6／26～7／25　出 24 休 6

日	月	火	水	木	金	土
			26	27	28	29
30	1	2	3	4	5	6
7	8	9	10	11	12	13
14	15	16	17	18	19	20
21	22	23	24	25		

5ヶ月目　7／26～8／25　出 22 休 9

日	月	火	水	木	金	土
					26	27
28	29	30	31	1	2	3
4	5	6	7	8	9	10
11	12	13	14	15	16	17
18	19	20	21	22	23	24
25						

6ヶ月目　8／26～9／25　出 25 休 6

日	月	火	水	木	金	土
	26	27	28	29	30	31
1	2	3	4	5	6	7
8	9		11	12	13	14
15	16	17	18	19	20	21
22	23	24	25			

7ヶ月目　9／26～10／25　出 24 休 6

日	月	火	水	木	金	土
				26	27	28
29	30	1	2	3	4	5
6	7	8	9	10	11	12
13	14	15	16	17	18	19
20	21	22	23	24	25	

8ヶ月目　10／26～11／25　出 24 休 7

日	月	火	水	木	金	土
						26
27	28	29	30	31	1	2
3	4	5	6	7	8	9
10	11	12	13	14	15	16
17	18	19	20	21	22	23
24	25					

9ヶ月目　11／26～12／25　出 24 休 6

日	月	火	水	木	金	土
		26	27	28	29	30
1	2	3	4	5	6	7
8	9	10	11	12	13	14
15	16	17	18	19	20	21
22	23	24	25			

10ヶ月目　12／26～1／25　出 20 休 11

日	月	火	水	木	金	土
				26	27	28
29	30	31	1	2	3	4
5	6	7	8	9	10	11
12	13	14	15	16	17	18
19	20	21	22	23	24	25

11ヶ月目　1／26～2／25　出 25 休 6

日	月	火	水	木	金	土
26	27	28	29	30	31	1
2	3	4	5	6	7	8
9	10	11	12	13	14	15
16	17	18	19	20	21	22
23	24	25				

12ヶ月目　2／26～3／25　出 23 休 6

日	月	火	水	木	金	土
			26	27	28	29
1	2	3	4	5	6	7
8	9	10	11	12	13	14
15	16	17	18	19	20	21
22	23	24	25			

休日

月別労働時間

月数	期間	暦日	日数	休日		月総時間	週平均
1ヶ月目	2019.03.26　～　2019.04.25	31	25	6		183:20	41:23
2ヶ月目	2019.04.26　～　2019.05.25	30	20	10		146:40	34:13
3ヶ月目	2019.05.26　～　2019.06.25	31	24	7		176:00	39:44
4ヶ月目	2019.06.26　～　2019.07.25	30	24	6		176:00	41:04
5ヶ月目	2019.07.26　～　2019.08.25	31	22	9		161:20	36:25
6ヶ月目	2019.08.26　～　2019.09.25	31	25	6		183:20	41:23
7ヶ月目	2019.09.26　～　2019.10.25	30	24	6		176:00	41:04
8ヶ月目	2019.10.26　～　2019.11.25	31	24	7		176:00	39:44
9ヶ月目	2019.11.26　～　2019.12.25	[illegible]	[illegible]	[illegible]		[illegible]	41:04
10ヶ月目	2019.12.26　～　2020.01.2[illegible]	[illegible]	[illegible]	[illegible]		[illegible]	33:07
11ヶ月目	2020.01.26　～　2020.02.2[illegible]	[illegible]	[illegible]	[illegible]		[illegible]	[illegible]
12ヶ月目	2020.02.26　～　2020.03.2[illegible]	[illegible]	[illegible]	[illegible]		[illegible]	40:42
	計	[illegible]	[illegible]	[illegible]		[illegible]	39:16

年間総日数	366
1日所定労働時間	7:20
年間休日数	86
年間労働日数	280
年間労働時間	2053
週平均労働時間	39:16

オンライン申請に必要な添付書類について

国土交通省

書類No.１４　雇用契約に係る重要事項事前説明書

特定技能外国人が十分に理解することができる言語（母国語等）を必ず併記して、雇用契約前に書面で交付し、説明してから雇用契約を結ぶこと。

様式第２（第３条関係）

雇用契約に係る重要事項事前説明書

建設特定技能受入計画を申請予定である株式会社●●●●は、雇用契約に係る重要事項について、下記内容を事前に説明し、内容を理解させたうえで国土交通省へ申請する。

１．基本賃金

月額（２５０，０００円）

２．諸手当の額及び計算方法（時間外労働の割増賃金は除く。）

(a)（　資格　　手当　１０，０００円／計算方法：技能検定専門級（３級）または１号特定技能評価試験の合格者に支給）

(b)（　皆勤　　手当　１０，０００円／計算方法：無遅刻・無欠勤で就労した場合）

(c)（　　　　　手当　　　　円／計算方法：　　　　　　　　）

３．１か月当たりの支払概算額（１＋２）　　約　２７０，０００　円（合計）

４．賃金支払時に控除する項目

(a) 税　　金　（約　●●●　円）　(b) 社会保険料　（約　●●●　円）

(c) 労働保険料　（約　●●●　円）　(d) 食　　費　（約　●●●　円）

(e) 居　住　費　（約　●●●　円）　(f) その他　（水道光熱費）　（約　●●●　円）

(g)（　　　　）（約　　　　円）

実費のときは平均金額を記入のこと。

控除する金額　約　●●●　円（合計）

５．手取り支給額（３－４）　　約　●●●　円（合計）

※欠勤等がない場合であって、時間外労働の割増賃金等は除く。

６．業務内容（就労予定場所・従事させる業務内容）

（職種名等だけでなく、具体的にどのような現場でどのような業務に従事させるのか説明すること）

埼玉県、東京都、神奈川県、千葉県、群馬県、栃木県、及び茨城県の現場において、建設機械を用いて、掘削作業、埋戻し作業、盛土作業、整地作業に従事する。

７．技能習熟等に応じた昇給について

（昇給条件や昇給時期について説明すること）

勤務態度が良好な場合、経験年数に応じて毎年４月に昇給する。

さらに、建設キャリアアップシステムのレベル２の認定を受けた場合や、技能レベルが２級技能士相当、１級技能士相当に到達した場合は、加算昇給する。

８．安全衛生教育及び技能の習得について

（安全衛生教育の実施内容や、技能検定の受験時期や合格後の支給手当、昇給への反映等について説明すること）

赤字箇所は記載例です。本内容どおりの記載を求めるものではありません。

（１）安全衛生教育について

●●

（２）技能の向上を図るための方策

全員に対し、現場に必要な技能講習・特別教育を全て受講させ、建設キャリアアップシステムのレベル２に相当する技能教育を行う。また、建設キャリアアップシステムのレベル２の認定を受けた後は、レベル３に向けた技能教育を開始し、職長・安全衛生責任者教育を受講させ現場の班長として３年間経験を積ませる。そして特定技能１号の間に、２号特定技能評価試験合格を目標とするため、社内勉強会の開催等を毎月第１木曜日に行う。

（３）昇給への反映

資格手当として、技能検定専門級（３級）または１号特定技能評価試験の合格者には10,000円を毎月支給する。また、建設キャリアアップシステムのレベル２の認定を受けた場合は15,000円を、技能レベルが２級技能士相当となった場合は20,000円を、１級技能士相当となった場合は40,000円を毎月支給する。

様式第１の別紙に記載した４（１）安全衛生教育と（２）技能の向上を図るための方策の内容をわかりやすい表現で転載し、昇給への反映等についても記載すること。

９．個人情報の提供に係る同意について

（建設特定技能受入計画の適正な実施を確保するため、建設キャリアアップシステムを運営する一般財団法人建設業振興基金、適正就労監理機関及び特定技能外国人受入事業実施法人へ認定証に記載された内容（個人情報を含む。）を提供することに同意しているか）

☑ 同意している。　　□ 同意していない。

（西暦）●●●●年●月●日、前記１から９の内容について以下の者が十分に理解することができる言語（●●語）にて説明し、内容を理解していることを確認した。

（サイン）

＿＿＿＿＿＿＿＿＿＿＿＿殿

説明者

特定技能所属機関名　＿＿＿＿＿＿＿＿

所在地　＿＿＿＿＿＿＿＿

電話番号　＿＿＿＿＿＿＿＿

代表者　役職・氏名　＿＿＿＿＿＿＿＿　印

代表者と説明者が異なる場合、代表者欄には代表者の役職・氏名を記載し、押印したあと、その下に「説明者が所属する法人名」「その法人と特定技能所属機関との関係」「説明者の役職と氏名」も記載すること。

建設特定技能受入計画のオンライン申請について

2.申請開始（仮登録・本登録）

右記のアドレスから「外国人就労管理システム」にアクセスします。　https://gaikokujin-shuro.keg.jp/gjsk_1.0.0/portal

①仮登録

はじめて計画を申請する場合、「利用者仮登録」からログインIDとメールアドレスの仮登録を行ってください。

※既に計画の認定を受けている企業が変更申請や受入報告を行う場合には、国交省から通知されたID・パスワードにより「建設特定技能受入計画申請メニュー」からログインします。

②本登録

仮登録時に登録したメールアドレスに送付される仮パスワードを使って利用者本登録へ進み、パスワードの設定を行ってください。

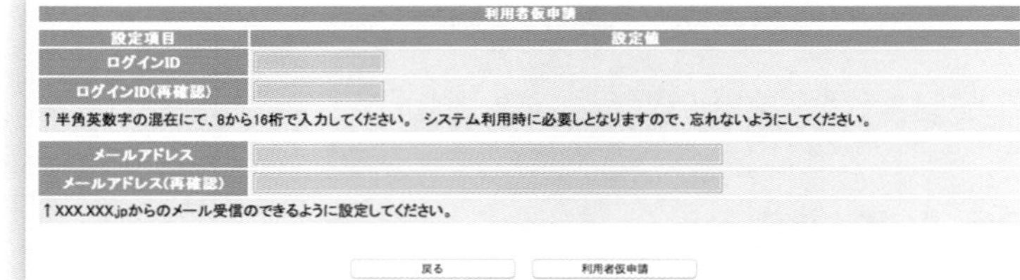

建設特定技能受入計画のオンライン申請について

国土交通省

3.建設特定技能受入計画の新規申請

本登録したIDとパスワードでログインしたら、メニュー画面から「新規申請」に進みます。

3.建設特定技能受入計画の新規申請（記入のポイント①）

必要な事項を入力し、添付書類をアップロード（「ファイルを選択」→「アップロード」）します。

外国人就労管理システム
Alien working management system

建設特定技能受入計画（新規申請）

ユーザー: 特定技能所属機関　mlit2020
MENUへ
ログアウト

建設特定技能受入計画 > 新規申請

ヘルプ

操作方法の
マニュアル閲覧へ

■特定技能所属機関になろうとする者に関する事項（＊:必須）　必須項目に入力・添付漏れのないように

商号又は名称 ＊	株式会社国土交通建設 ※略さずに登記簿のとおり、全角で記載してください。登記簿の表記にスペースがある場合を除き、スペースを入れないでください。 (例)株式会社国土交通建設
代表者又は個人の氏名 ＊	国土太郎 ※姓と名の間にスペースを入れないでください。 (例)国土太郎
代表者又は個人の氏名の添付書類	ファイルを選択　ファイル未選択　アップロード ※入力できない文字があれば、正しい氏名を書類(PDF、JPG、PNG、GIF)として添付してください。
主たる営業所所在地（郵便番号） ＊	3309724
主たる営業所の所在地 ＊	11 埼玉県　さいたま市中央区新都心2番地1
登記事項証明書、住民票（原本）等 ＊	ファイルを選択　ファイル未選択　アップロード
電話番号 ＊	0312341111　例:0312341111(半角数字)　※電話番号は日中必ず連絡が取れる番号を記入すること。
FAX番号	例:0312341111(半角数字)
メールアドレス ＊	000000@mlit.go.jp ※特定技能所属機関になろうとする者のメールアドレスに限ります。
建設特定技能に関する責任者役職 ＊	代表取締役
建設特定技能に関する責任者氏名 ＊	国土太郎
責任者氏名の添付書類	ファイルを選択　ファイル未選択　アップロード ※入力できない文字があれば、正しい氏名を書類(PDF、JPG、PNG、GIF)として添付してください。

氏名等に環境依存文字が含まれて入力できない場合、画像として登録してください

添付漏れが多いので注意！「ファイルを選択」した後、「アップロード」を押すのを忘れずに

入力途中でも一時保存可能

戻る　一時保存　申請

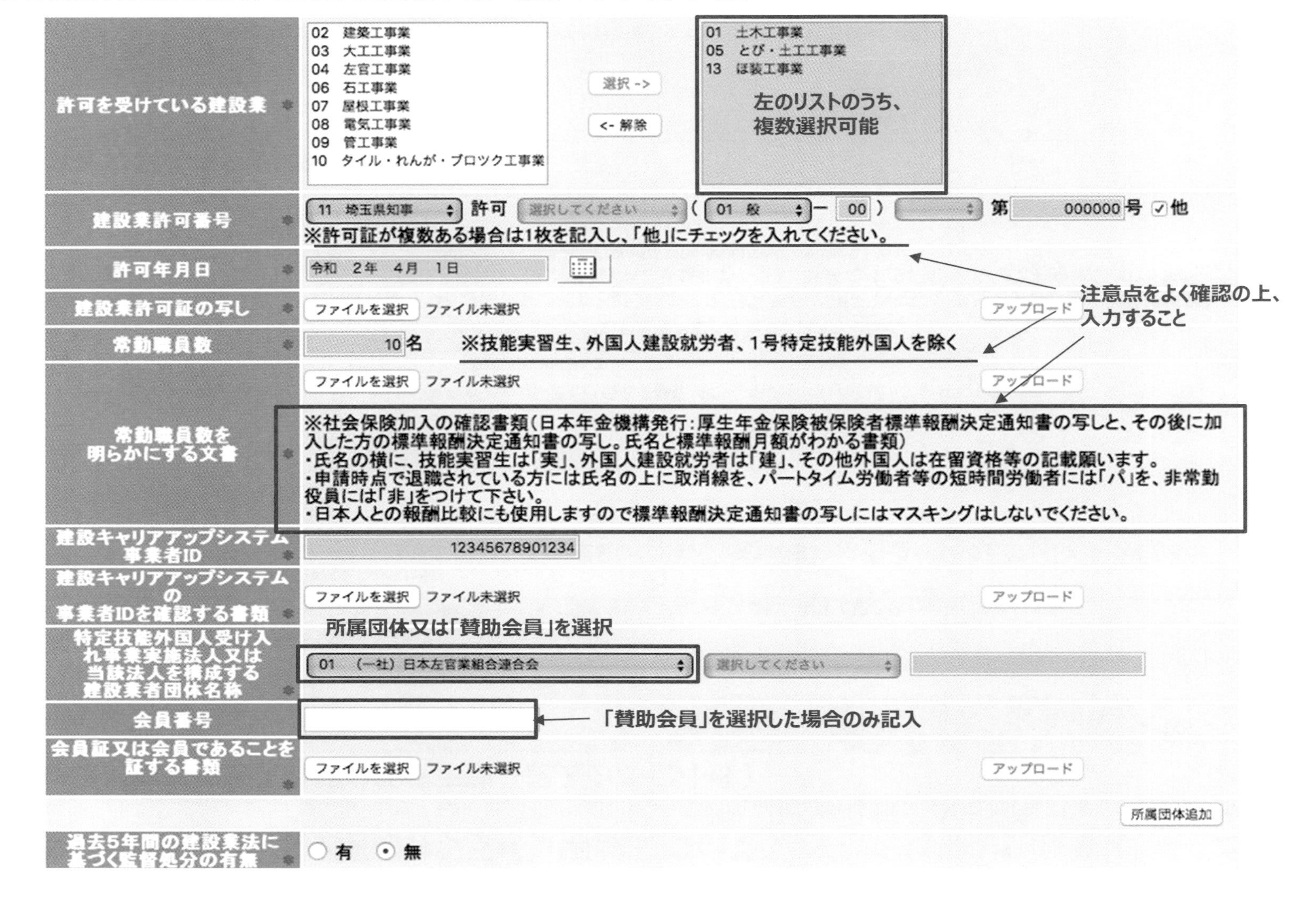
建設特定技能受入計画のオンライン申請について
国土交通省
3.建設特定技能受入計画の新規申請（記入のポイント②）
許可を受けている建設業
02 建築工事業
03 大工工事業
04 左官工事業
06 石工事業
07 屋根工事業
08 電気工事業
09 管工事業
10 タイル・れんが・ブロック工事業
選択 ->
<- 解除
01 土木工事業
05 とび・土工工事業
13 ほ装工事業
左のリストのうち、複数選択可能
建設業許可番号
11 埼玉県知事 許可 選択してください （ 01 般 ー 00 ） 第 000000 号 他
※許可証が複数ある場合は1枚を記入し、「他」にチェックを入れてください。
許可年月日
令和 2年 4月 1日
建設業許可証の写し
ファイルを選択 ファイル未選択 アップロード
注意点をよく確認の上、入力すること
常勤職員数
10 名
※技能実習生、外国人建設就労者、1号特定技能外国人を除く
常勤職員数を明らかにする文書
ファイルを選択 ファイル未選択 アップロード
※社会保険加入の確認書類（日本年金機構発行：厚生年金保険被保険者標準報酬決定通知書の写しと、その後に加入した方の標準報酬決定通知書の写し。氏名と標準報酬月額がわかる書類）
・氏名の横に、技能実習生は「実」、外国人建設就労者は「建」、その他外国人は在留資格等の記載願います。
・申請時点で退職されている方には氏名の上に取消線を、パートタイム労働者等の短時間労働者には「パ」を、非常勤役員には「非」をつけて下さい。
・日本人との報酬比較にも使用しますので標準報酬決定通知書の写しにはマスキングはしないでください。
建設キャリアアップシステム事業者ID
12345678901234
建設キャリアアップシステムの事業者IDを確認する書類
ファイルを選択 ファイル未選択 アップロード
所属団体又は「賛助会員」を選択
特定技能外国人受け入れ事業実施法人又は当該法人を構成する建設業者団体名称
01 （一社）日本左官業組合連合会
選択してください
会員番号
「賛助会員」を選択した場合のみ記入
会員証又は会員であることを証する書類
ファイルを選択 ファイル未選択 アップロード
所属団体追加
過去5年間の建設業法に基づく監督処分の有無
有 無

3.建設特定技能受入計画の新規申請（記入のポイント③）

外国人就労管理システム Alien working management system　建設特定技能受入計画（新規申請）

ユーザー：特定技能所属機関　mlit2020　MENUへ　ログアウト　ヘルプ

建設特定技能受入計画 ＞ 新規申請

■取次申請者に関する事項（取次申請を行う場合のみ）

※取次申請を行った者は、当該計画の認定までの間、国土交通省審査担当者からの申請書類に関する問い合わせ等にも対応すること。

商号又は名称	株式会社国交土地建設 ※略さずに登記簿のとおり、全角で記載してください。登記簿の表記にスペースがある場合を除き、スペースを入れないでください。 （例）株式会社国土交通建設
代表者又は個人の氏名	建設花子 ※姓と名の間にスペースを入れないでください。 （例）国土太郎
代表者又は個人の氏名の添付書類	ファイルを選択　ファイル未選択　アップロード ※入力できない文字があれば、正しい氏名を書類（PDF、JPG、PNG、GIF）として添付してください。
所在地	13　東京都　千代田区霞ヶ関2-1-3
電話番号	09012345678　※電話番号は日中必ず連絡が取れる番号を記入すること。
メールアドレス	ABCD@co.jp
入管法に基づく申請取次資格（弁護士、行政書士又は登録支援機関）を有することを証明する書類 *	ファイルを選択　ファイル未選択　アップロード

申請後、国交省から計画に関する書類不備の指摘や内容の確認をする場合、企業担当者へと合わせて取次者へメールが送信されます。計画の作成責任はあくまでも企業にありますので、取次者は企業とよく連携して取次を行ってください。

■国内人材確保の取組に関する事項（＊:必須）

国内人材確保の取組 *	

※国内人材をどのように確保しているか、具体的な取り組みをできるだけ記載します。
（建設業務の作業員（技能者）については有料職業紹介が禁止されていますので、有料職業紹介事業者を仲介とする求人は違法です。）

戻る　一時保存　申請

建設特定技能受入計画のオンライン申請について

国土交通省

3.建設特定技能受入計画の新規申請（記入のポイント④）

■適正な就労環境の確保に関する事項（＊:必須）

受入予定期間(計画期間) ＊	令和 2年 1月 1日 ～ 令和 7年 4月12日
受入予定人数 ＊	3名
外国人建設就労者人数 ＊	0名　※1号特定技能外国人と外国人建設就労者との合計数が、常勤職員の数を超えないこと。
基本給(月額) ＊	230,000 ※1号特定技能外国人の最も低い賃金を記載すること。基本給のみ記載すること。諸手当やみなし残業手当等を含めないでください。
賞与の有無 ＊	◉有　○無
賞与の金額又は支給月数 ＊	0.5~1か月分、会社の業績や本人の勤務成績　例：金額 または支給 月数 ●円 または ●ヵ月分
賞与の支給回数 ＊	2回 (6月・12月)　例：支給回数 ●回（●月・●月）
諸手当の有無 ＊	◉有　○無
手当名 ＊	皆勤手当
手当の支給額 ＊	10,000円
手当の支給条件 ＊	1ヶ月間無遅刻・無欠勤で就労した場合に支給
	手当追加
退職金の有無 ＊	◉有　○無
退職金の支給額 ＊	500000
退職金の種類 ＊	◉企業単独　○共済
退職金の支給条件 ＊	勤続年数3年以上 別添就業規則のとおり 等
技能習熟に応じた昇給時期 ＊	毎年 4月
技能習熟に応じた昇給額 ＊	基本賃金の 3%
技能習熟に応じた昇給条件 ＊	・勤務態度が良好な場合、経験年数に応じて昇給する。 ・加算条件として、建設キャリアアップシステムにおけるレベル2の認定を受けた場合 ・加算条件として、技能レベルが2級技能士相当に到達した場合 ※技能習熟に応じた昇給を確保すること。日本人と同等以上にすること。

特定技能外国人を複数受け入れる場合、就労開始が最も早い外国人の計画開始日から、就労終了が最も遅い外国人の計画終了日までを入力

手当が複数ある場合は「手当追加」

建設特定技能受入計画のオンライン申請について

国土交通省

3.建設特定技能受入計画の新規申請（記入のポイント⑤）

外国人就労管理システム
Alien working management system

建設特定技能受入計画（新規申請）

ユーザー： 特定技能所属機関　mlit2020

MENUへ
ログアウト
ヘルプ

建設特定技能受入計画 > 新規申請

添付書類はそれぞれアップロードするか、
複数をまとめてアップロード可能
（その場合には書類横の「一括登録」を
チェックし、「添付書類の一括登録」）

添付書類の一括登録	ファイルを選択　ファイル未選択		

下記書類の提出は一括登録は可能です。一括登録する書類をチェックしてください。

ハローワークで求人した際の求人票	ファイルを選択　ファイル未選択 ※計画申請日から1年以内のもの	アップロード	□一括登録
同等の技能を有する日本人と同等額以上の報酬であることの説明書	ファイルを選択　ファイル未選択 ※国土交通省ホームページからダウンロードした参考様式を用いてください。	アップロード	□一括登録
就業規則および賃金規程	ファイルを選択　ファイル未選択 ※常時10以上の労働者を使用しない企業の提出は任意	アップロード	□一括登録
同等の技能を有する日本人の賃金台帳	ファイルを選択　ファイル未選択 ※直近1年分、賞与を含む	アップロード	□一括登録
同等の技能を有する日本人の実務経験年数を証明する書類	ファイルを選択　ファイル未選択 ※経歴書等	アップロード	□一括登録
特定技能雇用契約書および雇用条件書	ファイルを選択　ファイル未選択 ※報酬の支払形態が月給制であるものに限る	アップロード	□一括登録
時間外労働・休日労働に関する協定届、変形労働時間に係る協定書、協定届、年間カレンダー	ファイルを選択　ファイル未選択 ※有効期限内のものに限る。変形労働時間制をとっていない場合は時間外労働・休日労働に関する協定届のみ。	アップロード	□一括登録
雇用契約に係る重要事項事前説明書の写し	ファイルを選択　ファイル未選択 ※母国語併記が必要、雇用契約前に本人に提示して直筆のサインが必要。	アップロード	□一括登録

添付書類は記載例も参照

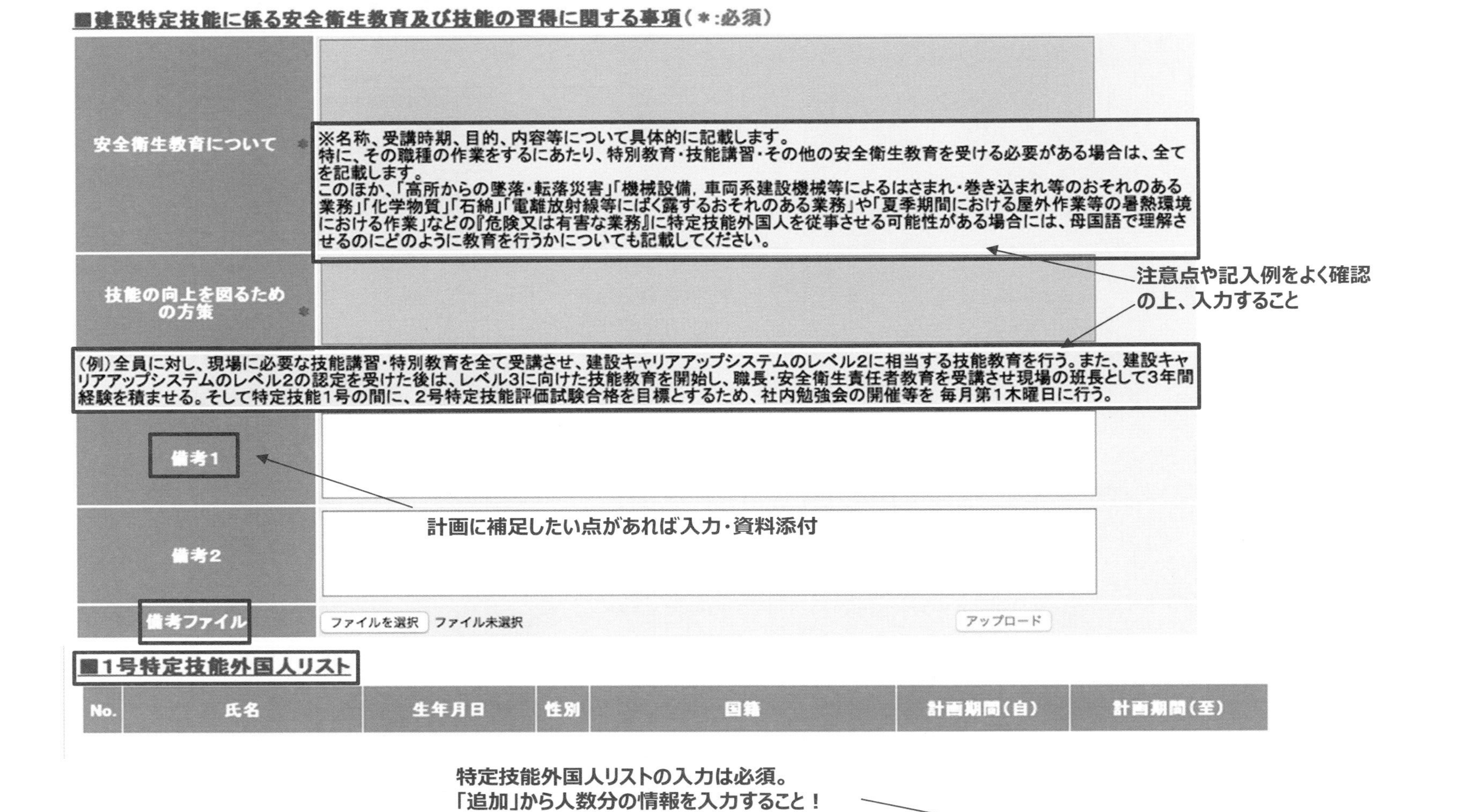
建設特定技能受入計画のオンライン申請について
国土交通省
3.建設特定技能受入計画の新規申請（記入のポイント⑥）
■建設特定技能に係る安全衛生教育及び技能の習得に関する事項（＊:必須）
安全衛生教育について ＊
※名称、受講時期、目的、内容等について具体的に記載します。
特に、その職種の作業をするにあたり、特別教育・技能講習・その他の安全衛生教育を受ける必要がある場合は、全てを記載します。
このほか、「高所からの墜落・転落災害」「機械設備，車両系建設機械等によるはさまれ・巻き込まれ等のおそれのある業務」「化学物質」「石綿」「電離放射線等にばく露するおそれのある業務」や「夏季期間における屋外作業等の暑熱環境における作業」などの『危険又は有害な業務』に特定技能外国人を従事させる可能性がある場合には、母国語で理解させるのにどのように教育を行うかについても記載してください。
注意点や記入例をよく確認の上、入力すること
技能の向上を図るための方策 ＊
（例）全員に対し、現場に必要な技能講習・特別教育を全て受講させ、建設キャリアアップシステムのレベル2に相当する技能教育を行う。また、建設キャリアアップシステムのレベル2の認定を受けた後は、レベル3に向けた技能教育を開始し、職長・安全衛生責任者教育を受講させ現場の班長として3年間経験を積ませる。そして特定技能1号の間に、2号特定技能評価試験合格を目標とするため、社内勉強会の開催等を 毎月第1木曜日に行う。
備考1
計画に補足したい点があれば入力・資料添付
備考2
備考ファイル
ファイルを選択 ファイル未選択
アップロード
■1号特定技能外国人リスト
No.
氏名
生年月日
性別
国籍
計画期間(自)
計画期間(至)
特定技能外国人リストの入力は必須。
「追加」から人数分の情報を入力すること！
追加
削除

3.建設特定技能受入計画の新規申請（記入のポイント⑦）

■特定技能外国人に関する事項（＊:必須）

在留カード番号	
建設キャリアアップシステム技能者ID	
建設キャリアアップシステムカードの写し ＊	ファイルを選択 ファイル未選択
就労者氏名 ＊	KOKKO KEMSETSU ※在留カードの記載のとおり、半角アルファベットで入力して下さい。
就労者氏名（フリガナ）	※全角で入力してください。
生年月日 ＊	平成 元年 5月 5日
性別 ＊	⦿男 ○女
国籍 ＊	112 インドネシア
従事させる業務 ＊	11 内装仕上げ
就労させる場所 ＊	06 山形県 07 福島県 09 栃木県 11 埼玉県 13 東京都 14 神奈川県 15 新潟県 16 富山県 / 選択 -> / <- 解除 / 08 茨城県 10 群馬県 12 千葉県
計画期間 ＊	令和 2年 7月 1日 ～ 令和 7年 6月30日
基本給（月額） ＊	230,000 ※基本給のみ記載すること。諸手当やみなし残業手当等を含めないでください。
修了した建設分野技能実習	110 内装仕上げ施工 / 1103 ボード仕上げ工事作業
技能実習時の報酬（月額基本給）	180,000 円／月 ※ 直近の金額を記入すること。
修了した建設特定活動の職種及び作業	110 内装仕上げ施工 / 1103 ボード仕上げ工事作業
建設特定活動時の報酬（月額基本給）	220,000 円／月 ※ 直近の金額を記入すること。
母国での実務経験（職種及び年数を記入）	内装仕上げ経験 2年
試験合格/試験免除区分 ＊	○試験合格 ○試験免除(技能実習2号修了) ○試験免除(技能実習3号修了) ⦿試験免除(外国人建設就労者からの移行)
合格した技能試験名	選択してください
合格証番号	
合格日付	

日本で既に就労している外国人による在留資格の切替の場合、入力・添付を行う。

海外から入国する者については、受入れ後、原則として１か月以内に受入後報告とともに登録！

複数選択可能

特定技能評価試験又は技能検定３級

建設特定技能受入計画のオンライン申請について

国土交通省

3.建設特定技能受入計画の新規申請（記入のポイント⑧）

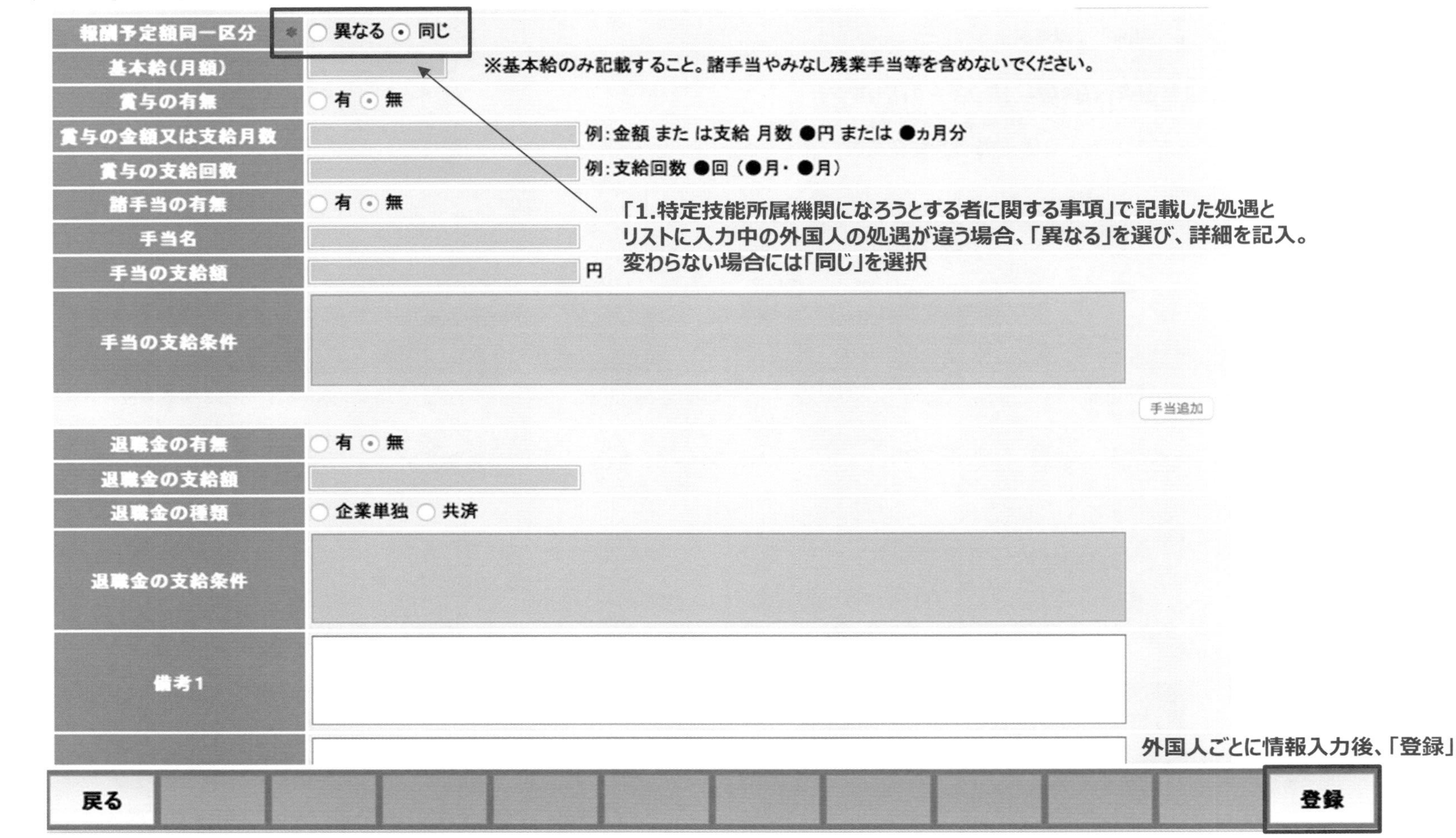

3.建設特定技能受入計画の新規申請（申請）

すべての入力が完了したら計画を申請します。

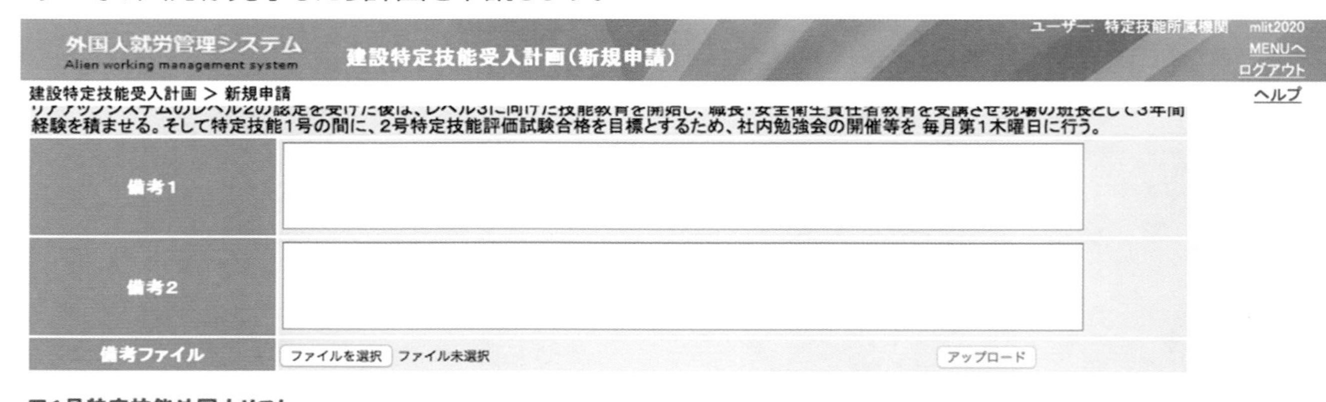

計画の必要情報が全て（外国人リスト含む）
入力・添付でき次第、「申請」。
「申請」するまでは「一時保存」が何度でも可能。

戻る　一時保存　申請

申請完了後、計画確認画面に移るので、問題がなければ「確定」を押して進んでください。

建設特定技能受入計画のオンライン申請について

国土交通省

3.建設特定技能受入計画の新規申請（宣誓）

申請の最後に、受入企業は「適正な就労管理及び労働環境の確保に関する事項」について宣誓が必要です。
画面に順番に表示される①から⑦の内容について、よく確認の上、「宣誓」を押してください。

適正な就労管理及び労働環境の確保

■適正な就労管理及び労働環境の確保に関する事項

当特定技能所属機関は、以下の①から⑦について事実と相違ないことを宣誓する。

①1号特定技能外国人に対し、同等の技能を有する日本人が従事する場合と同等額以上の報酬を安定的に支払い、技能習熟に応じて昇給を行うこと。

②1号特定技能外国人に対し、特定技能雇用契約を締結するまでの間に、当該契約に係る重要事項について、当該外国人が十分に理解することができる言語で書面を交付して説明すること。

③1号特定技能外国人に従事させる業務について、事前に業務内容を説明し、1号特定技能外国人が当該業務に従事することを理解・納得したうえで従事させること。
「平成31年3月28日付け基発0328第28号・厚生労働省労働基準局長通知」記2に記載された事項に係る，高所からの墜落・転落災害，機械設備，車両系建設機械等によるはさまれ・巻き込まれ等のおそれのある業務，化学物質，石綿，電離放射線等にばく露するおそれのある業務や夏季期間における屋外作業等の暑熱環境における作業などの危険又は有害な業務に特定技能外国人を従事させる可能性がある場合、「業務内容」欄に明記のうえ，健康上のリスクとその予防方策について具体的かつ丁寧に説明を行い，当該外国人から理解・納得を得ていること。

④1号特定技能外国人の受入れを開始し、若しくは終了したとき又は当該外国人が特定技能雇用契約に基づく活動を継続することが困難となったときは、国土交通大臣に報告を行うこと。

⑤1号特定技能外国人を建設キャリアアップシステムに登録すること。

⑥1号特定技能外国人が従事する建設工事において、当特定技能所属機関が下請負人である場合には、元請業者の指導に従うこと。

⑦1号特定技能外国人に対し、受け入れた後において、国土交通大臣の指定する講習又は研修を受講させること。

同意宣誓

「同意宣誓」を押すと、計画の申請は完了です。国土交通省の審査担当者からの連絡をお待ちください。
なお、申請後はポータルサイトから、申請した計画の確認ができるほか、認定前であれば、計画の取下げが可能です。

Ⅰ．建設分野における外国人材の受入れ概要

国土交通省作成資料

外国人受入の仕組みについての制度比較一覧

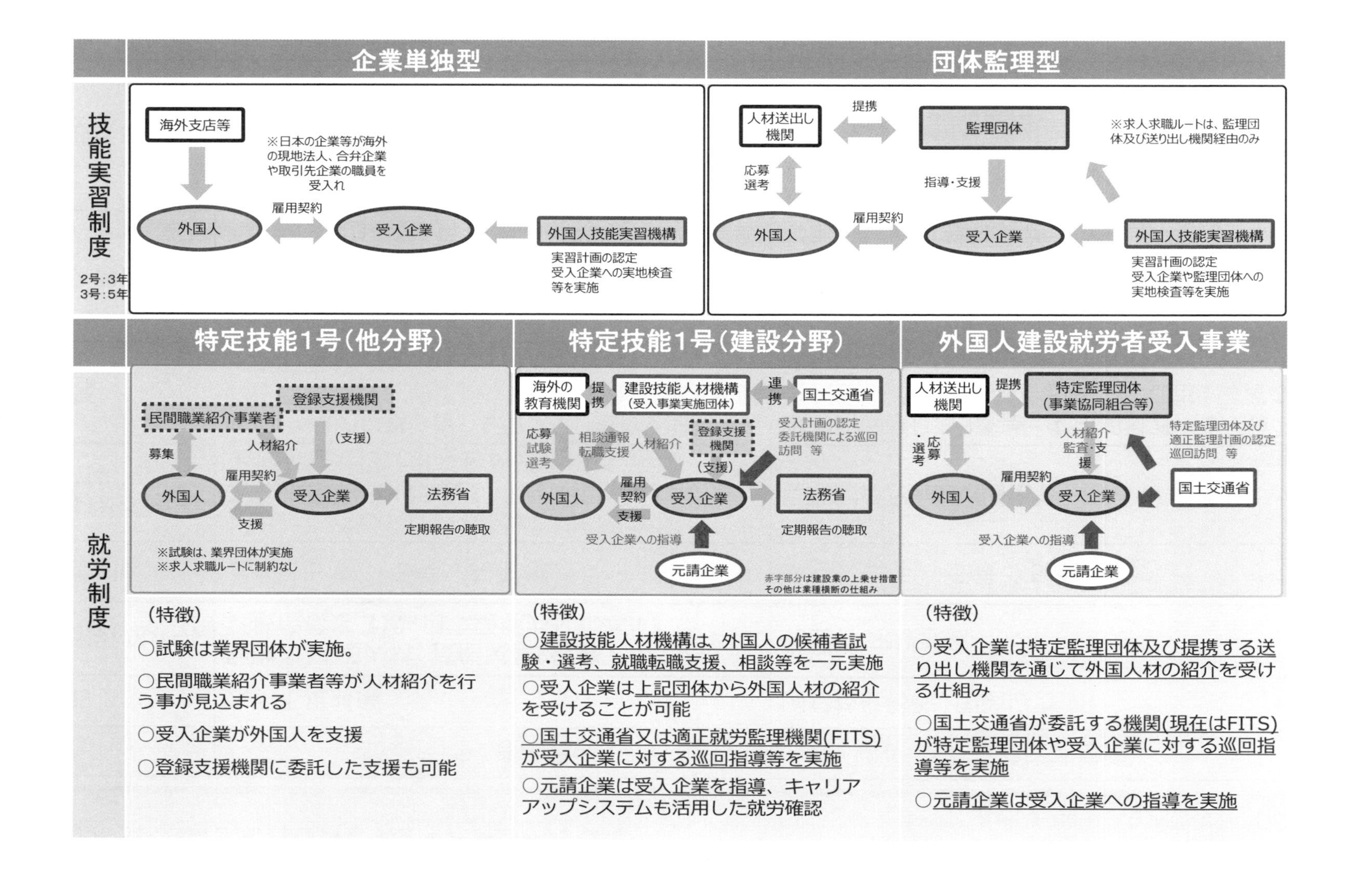

国土交通省

特定技能と技能実習の比較表

国土交通省

	特定技能（建設分野）	技能実習
目的	人手不足対策	国際技能移転、国際協力
対象者のレベル	即戦力となる人材、技能実習2号終了レベル （技能検定３級・日本語能力N4レベル）	見習い・未経験者
在留期間	１号：５年　２号：制限なし	２号：３年　３号：５年
人材紹介を行う主体	（一社）建設技能人材機構（以下「機構」）による人材紹介を受けることが可能（義務ではない） ※有料職業紹介事業者からの紹介は不可	監理団体からの人材紹介
教育	政府間協力に基づき、入国前に、機構と提携する建設職業訓練校等による技能教育、N4レベルの日本語教育を実施（6～8ヶ月（想定））	原則入国後に、日本語、生活知識等（2ヶ月） ※入国前講習を実施する場合、入国後講習の期間短縮あり
受入費用	機構に対する受入負担金の納入 訓練・試験コース：月2万円@人 試験コース：月1万5千円@人 試験免除コース：月1万2500円@人	監理団体への監理費の納入 相場は月3～6万円@人 （訓練・教育に別途経費がかかる場合あり）
行政手続	・国土交通大臣による受入計画認定 ・法務大臣による在留資格審査 ・支援計画策定、地方入管局への就労状況・支援状況の届出	― ・法務大臣による在留資格審査 ・外国人技能実習機構の技能実習計画の認可届出、実習実施状況の届出
監理	適正就労監理機関による巡回指導受入れ	監理団体による訪問指導
転職	自発的な意思に基づく転職は可能	転職には、雇用先、監理団体の同意を得て、実習計画の変更等が必要であり、事実上困難

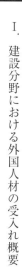

建設分野における外国人材の受入れ状況

国土交通省

○ 建設分野で活躍する外国人の数は、2011年から7倍以上に増加（1.3万人→9.3万人）
○ 在留資格別では技能実習生が最も多く(2019年：6.5万人)、近年増加傾向にある。
○ 2015年から、オリンピック・パラリンピック東京大会の関連施設整備等による一時的な建設需要の増大に対応するため、技能実習修了者を対象とした「外国人建設就労者受入事業」を開始したところ。

➢**建設分野に携わる外国人数**

（単位：人）

	2011	2012	2013	2014	2015	2016	2017	2018	2019	2011→2019 増加率
全産業	686,246	682,450	717,504	787,627	907,896	1,083,769	1,278,670	1,460,463	1,658,804	141.7%
建設業	12,830	13,102	15,647	20,560	29,157	41,104	55,168	68,604	93,214	**626.5%**
技能実習生	6,791	7,054	8,577	12,049	18,883	27,541	36,589	45,990	64,924	**856.0%**
外国人建設就労者（特定活動）	—	—	—	—	401	1,480	2,983	4,796	5,327	—
特定技能外国人	—	—	—	—	—	—	—	—	267	—

※外国人建設就労者及び特定技能外国人は、年度末時点、その他は10月末時点の人数
出典：外国人建設就労者は国交省調べ、特定技能外国人は入管庁調べ、その他は外国人雇用届出状況（厚生労働省）

外国人建設就労者（特定活動）の受入状況（2020年3月末時点）

外国人建設就労者の入国月

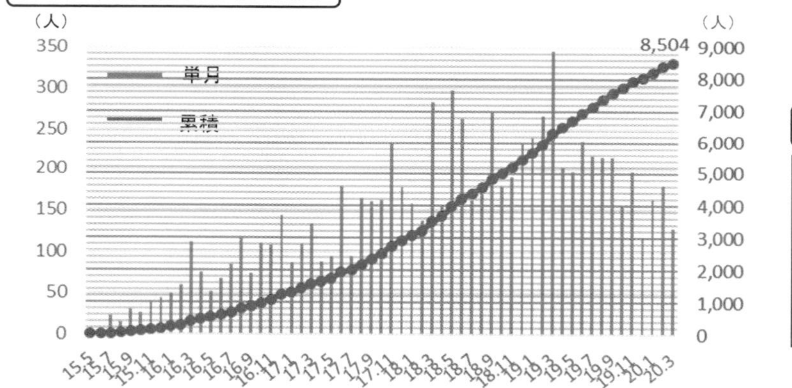

国籍別の状況

単位：人

国名	ベトナム	中国	フィリピン	インドネシア	ミャンマー	カンボジア	モンゴル	タイ	ネパール	ラオス	スリランカ	キルギス
人数	3,084	983	588	452	73	51	46	21	20	4	3	2

職種別の状況

単位：人

職種	とび	鉄筋施工	型枠施工	溶接	建設機械施工	左官	建築大工	内装仕上げ施工	鉄工	塗装	配管	防水施工
人数	1,184	961	716	489	373	301	289	224	153	134	109	104
コンクリート圧送施工	建築板金	タイル張り	熱絶縁施工	サッシ施工	さく井	かわらぶき	表装	石材施工	ウェルポイント施工	冷凍空気調和機器施工	建具製作	築炉
84	40	40	30	21	21	17	14	8	7	6	2	0

技能実習制度の仕組み

○技能実習制度は，国際貢献のため，開発途上国等の外国人を日本で一定期間（最長5年間）に限り受け入れ，ＯＪＴを通じて技能を移転する制度。（平成５年に制度創設）
○技能実習生は，入国直後の講習期間以外は，雇用関係の下，労働関係法令等が適用されており，現在全国に約２５万人在留している。

※平成29年6月末時点
※新制度の内容は赤字

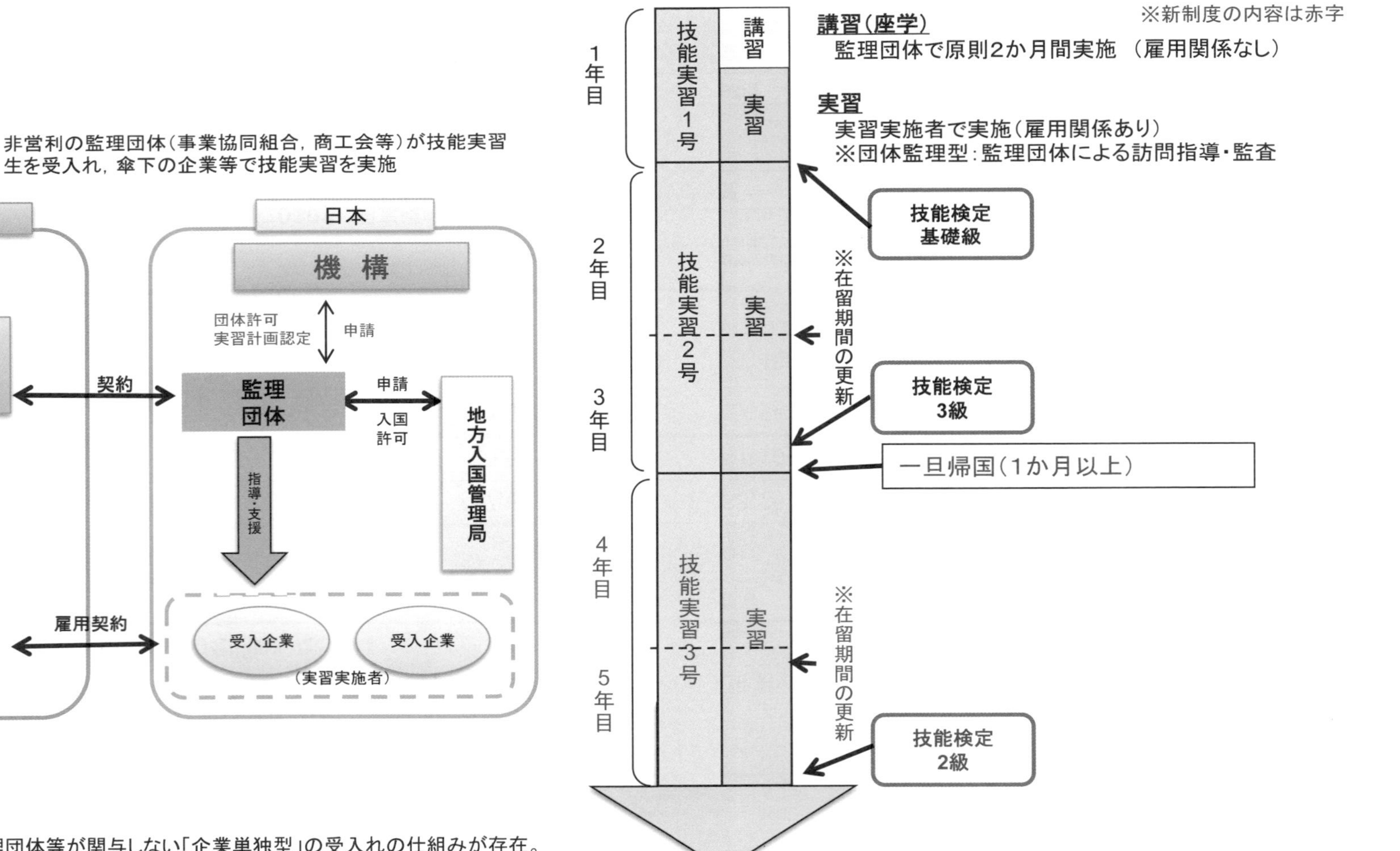

※上記のほか、監理団体等が関与しない「企業単独型」の受入れの仕組みが存在。

技能実習制度の現状

1　平成29年末の技能実習生の数は，274，233人
※技能実習2号への移行者数は，86，583人

研修生・技能実習生の在留状況及び「技能実習2号」への移行状況

※ 平成22年7月に制度改正が行われ，在留資格「研修」が「技能実習1号」に，在留資格「特定活動（技能実習）」が「技能実習2号」となった。

（人数）

年	技能実習生	研修生	技能実習2号への移行者数
平成19年	89,033	88,086	53,999
平成20年	104,990	86,826	62,520
平成21年	109,793	65,209	62,207
平成22年	150,088	9,343	49,166
平成23年	143,308	3,388	45,013
平成24年	151,477	1,804	48,752
平成25年	155,206	1,501	48,792
平成26年	167,626	1,427	49,536
平成27年	192,655	1,521	61,809
平成28年	228,588	1,379	75,089
平成29年	274,233	1,460	86,583

（法務省データ）

2　受入人数の多い国は，①ベトナム　②中国　③フィリピン

平成29年末　在留資格「技能実習」総在留外国人国籍別構成比（%）

ベトナム，45.1%
中国，28.3%
フィリピン，10.1%
インドネシア，8.0%
タイ，3.1%
その他，5.5%

（法務省データ）

3　全体で80職種あり，「技能実習2号」への移行者が多い職種は，
①食品製造関係　②機械・金属関係　③建設関係

職種別「技能実習2号」への移行者数

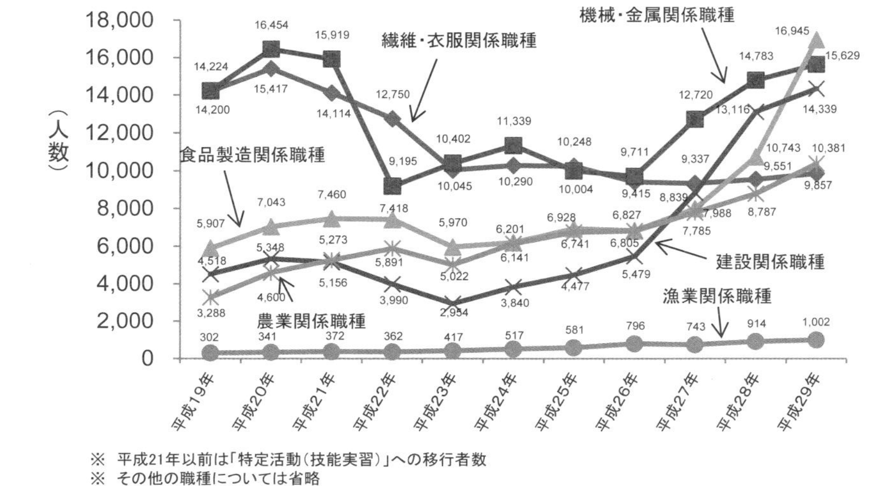

※ 平成21年以前は「特定活動（技能実習）」への移行者数
※ その他の職種については省略

（法務省データ）

4　団体監理型の受入れが96．6%
実習実施機関の半数以上が，従業員数19人以下の零細企業

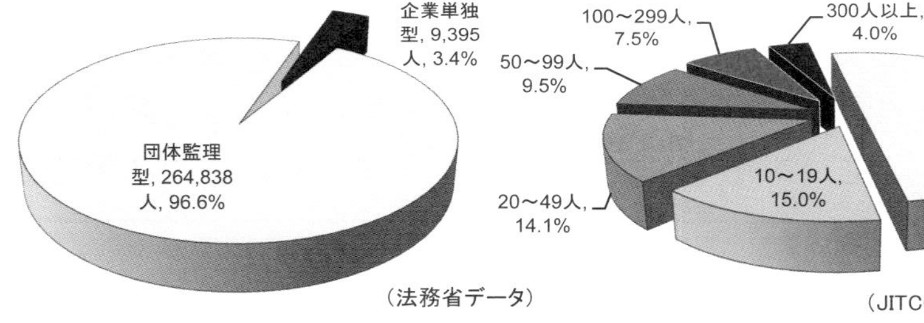

（法務省データ）　（JITCOデータ）

年齢階層別の建設技能者数

国土交通省

○60歳以上の技能者は全体の約４分の１を占めており、10年後にはその大半が引退することが見込まれる。
○これからの建設業を支える29歳以下の割合は全体の約10%程度。若年入職者の確保・育成が喫緊の課題。

⇨ **担い手の処遇改善、働き方改革、生産性向上**を一体として進めることが必要

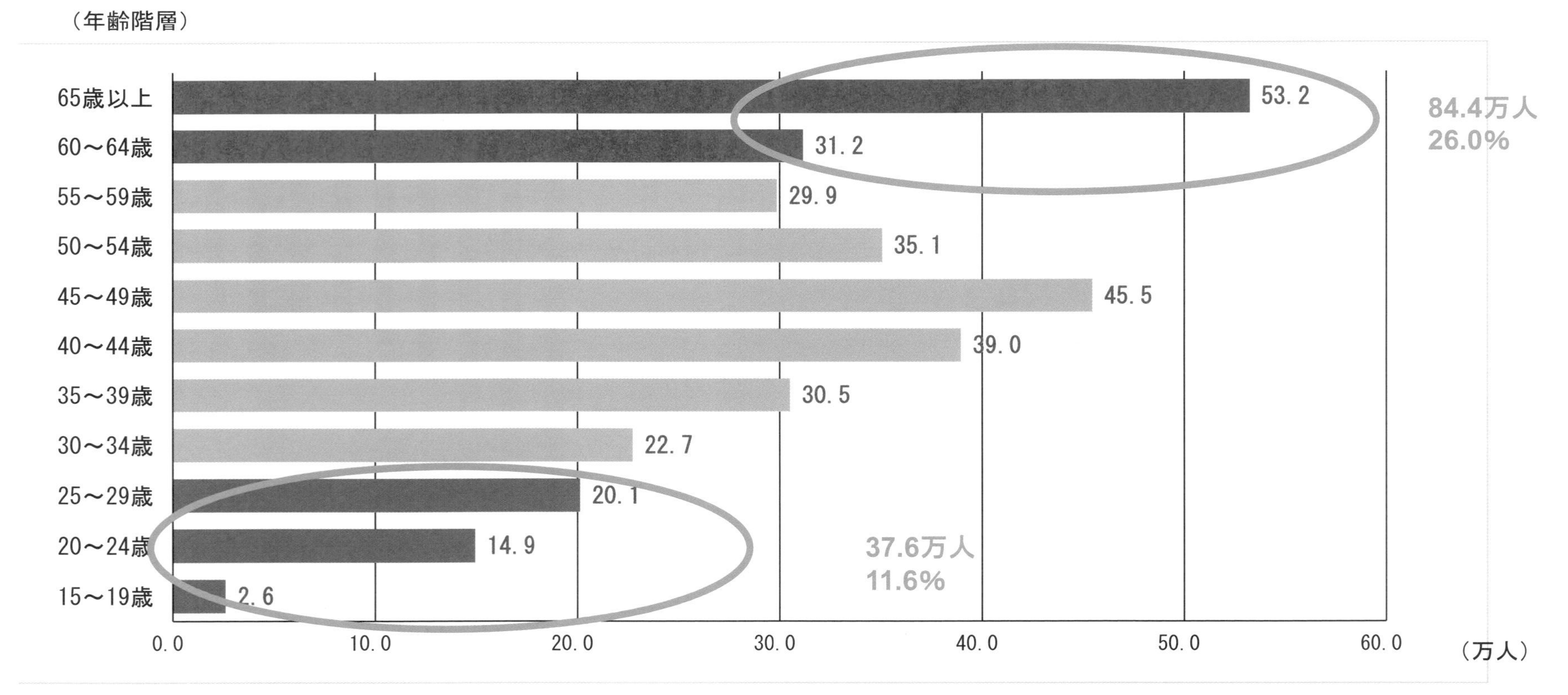

出所：総務省「労働力調査」（H31年平均）をもとに国土交通省で推計

建設技能労働者の有効求人倍率（H31. 3月分）

国土交通省

建設技能労働者の有効求人倍率

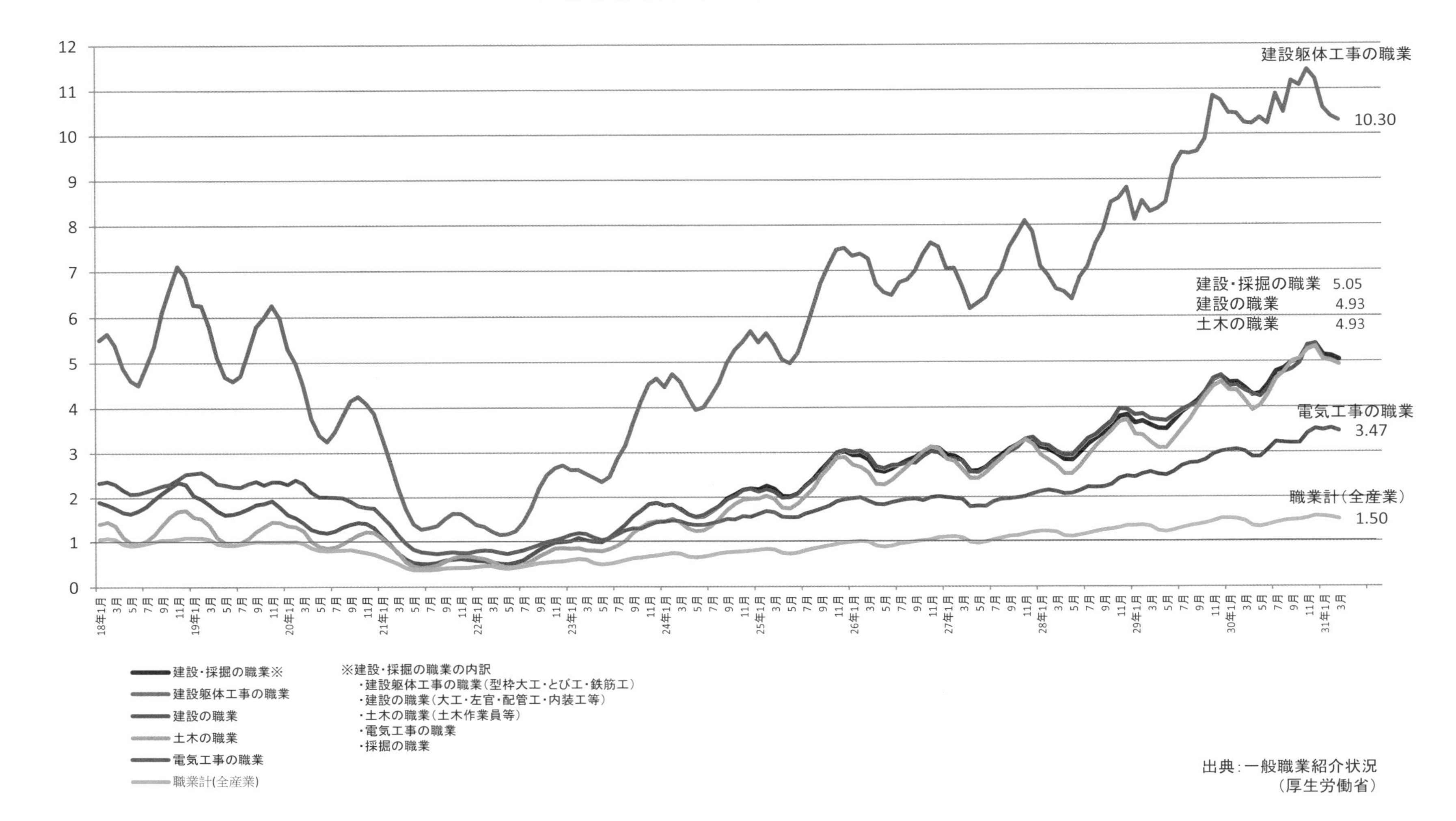

出典：一般職業紹介状況
（厚生労働省）

建設業の有効求人・求職・倍率の推移

国土交通省

近年の建設業の有効求人倍率の高まりは、建設業者側の常用雇用者への求人需要が高まる一方で、建設業関係で求職する労働者数が大幅に減少していることに起因する

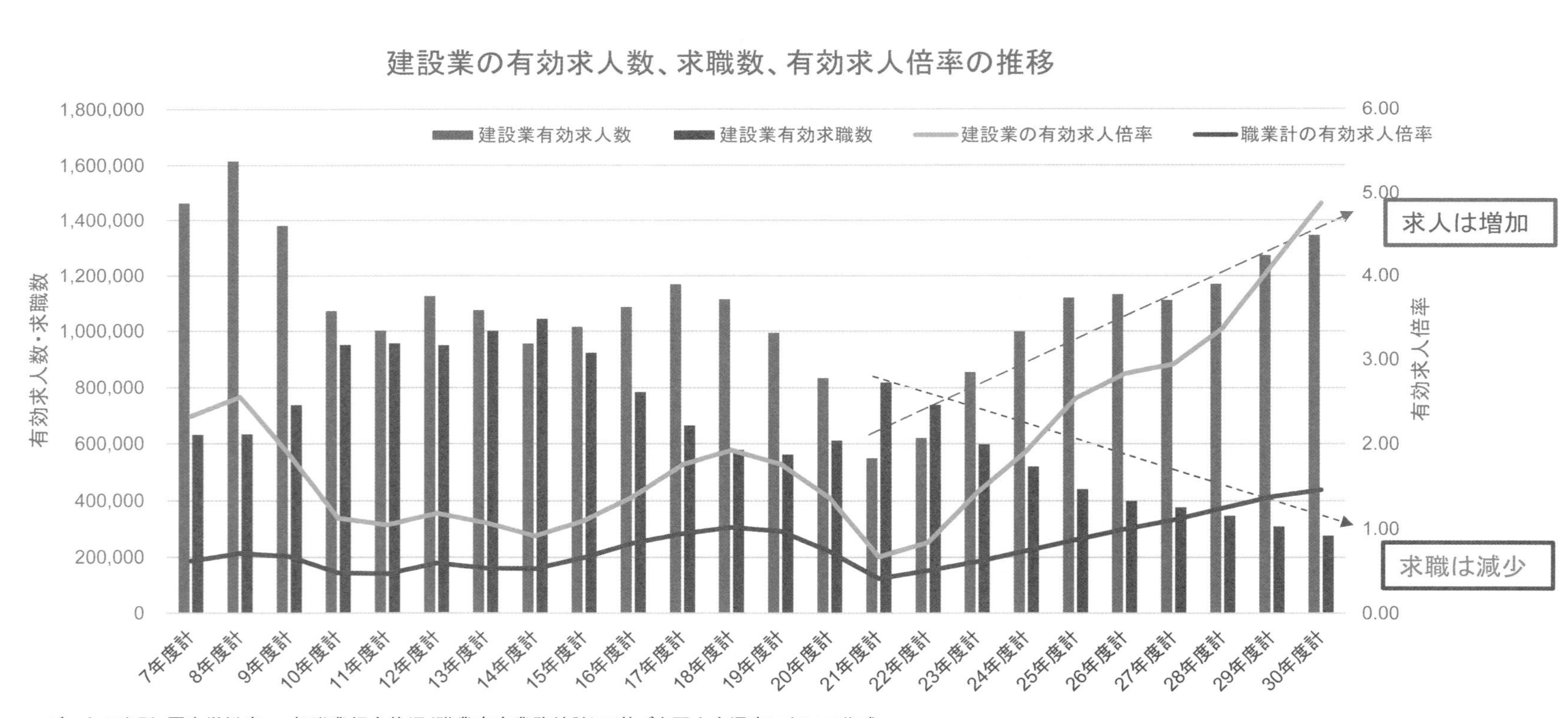

データの出所：厚生労働省・一般職業紹介状況（職業安定業務統計）に基づき国土交通省において作成
注）建設業「建設・採掘の職業（H24年度以降）」、「電気作業、採掘、建設躯体、建設、土木の職業（H12～H23年度）」、「電気作業、建設、土木・舗装・鉄道線路工事の職業（H7～H11年度）」の年度別の数字を経年でみたもの

国土交通省

建設技能者の人手不足と受入れ数の見通し

○ 現在の就労者の年齢構成等を踏まえると、2018 年度は約329 万人、5年目は約326 万人となると見込まれる。他方、建設業における働き方改革の進展を踏まえて必要となる労働力は、2018 年度は約331万人、5年目は約347 万人と見込まれる。その結果、2023年時点では21万人程度人材が不足する見通し。

○ 2025 年までに建設現場の生産性を20%向上させるという目標（未来投資会議（2016.9））等を踏まえ、年1%程度の労働効率化を目指し、5年間で16 万人程度の生産性向上を図りつつ、働き方改革や処遇改善により1万人～2万人程度（就労人口の純増）の国内人材確保を目指す。

○ こうした取組を行ってもなお不足する3～4万人程度の人材については、特定技能外国人材を受け入れる。

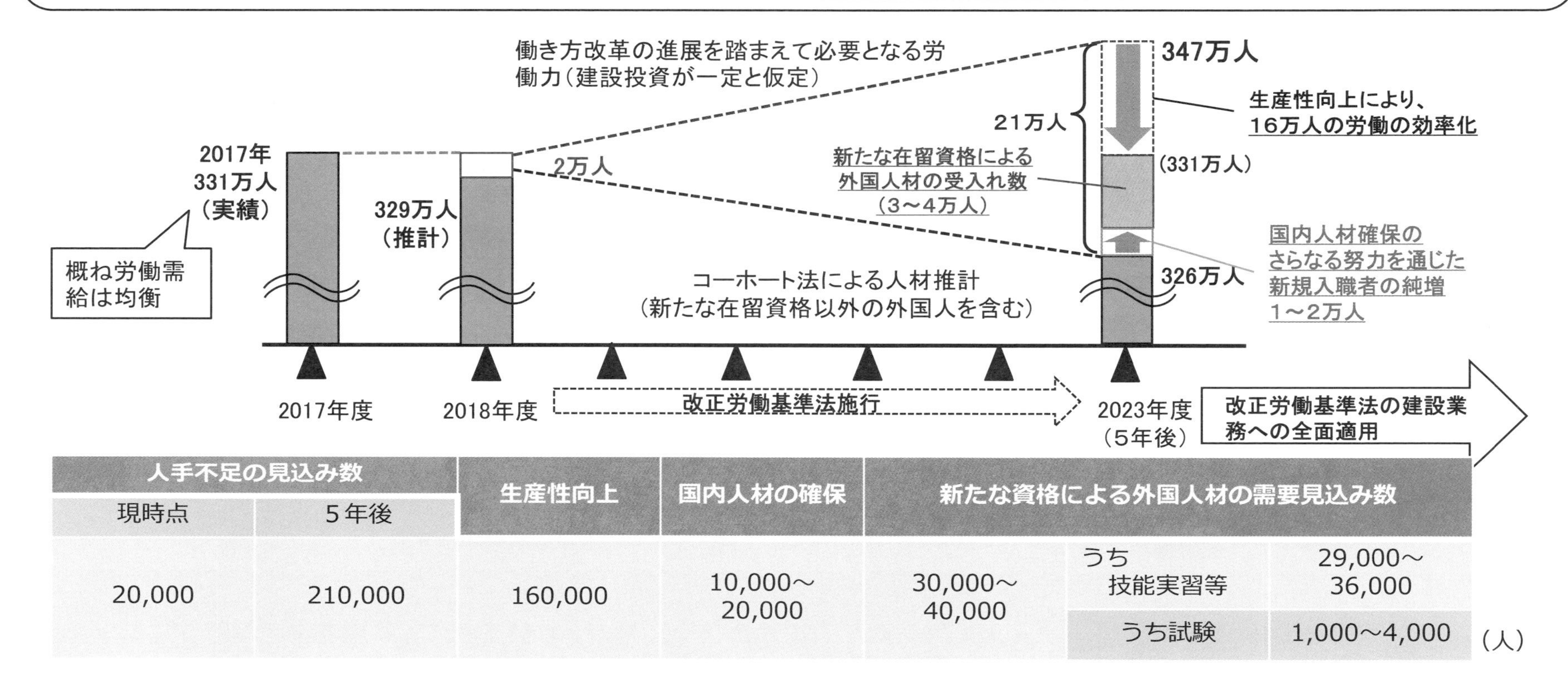

人手不足の見込み数		生産性向上	国内人材の確保	新たな資格による外国人材の需要見込み数		
現時点	5年後					
20,000	210,000	160,000	10,000～20,000	30,000～40,000	うち技能実習等	29,000～36,000
					うち試験	1,000～4,000

（人）

特定技能外国人に係る法令、方針の文書の一覧表

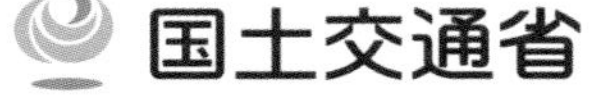
国土交通省

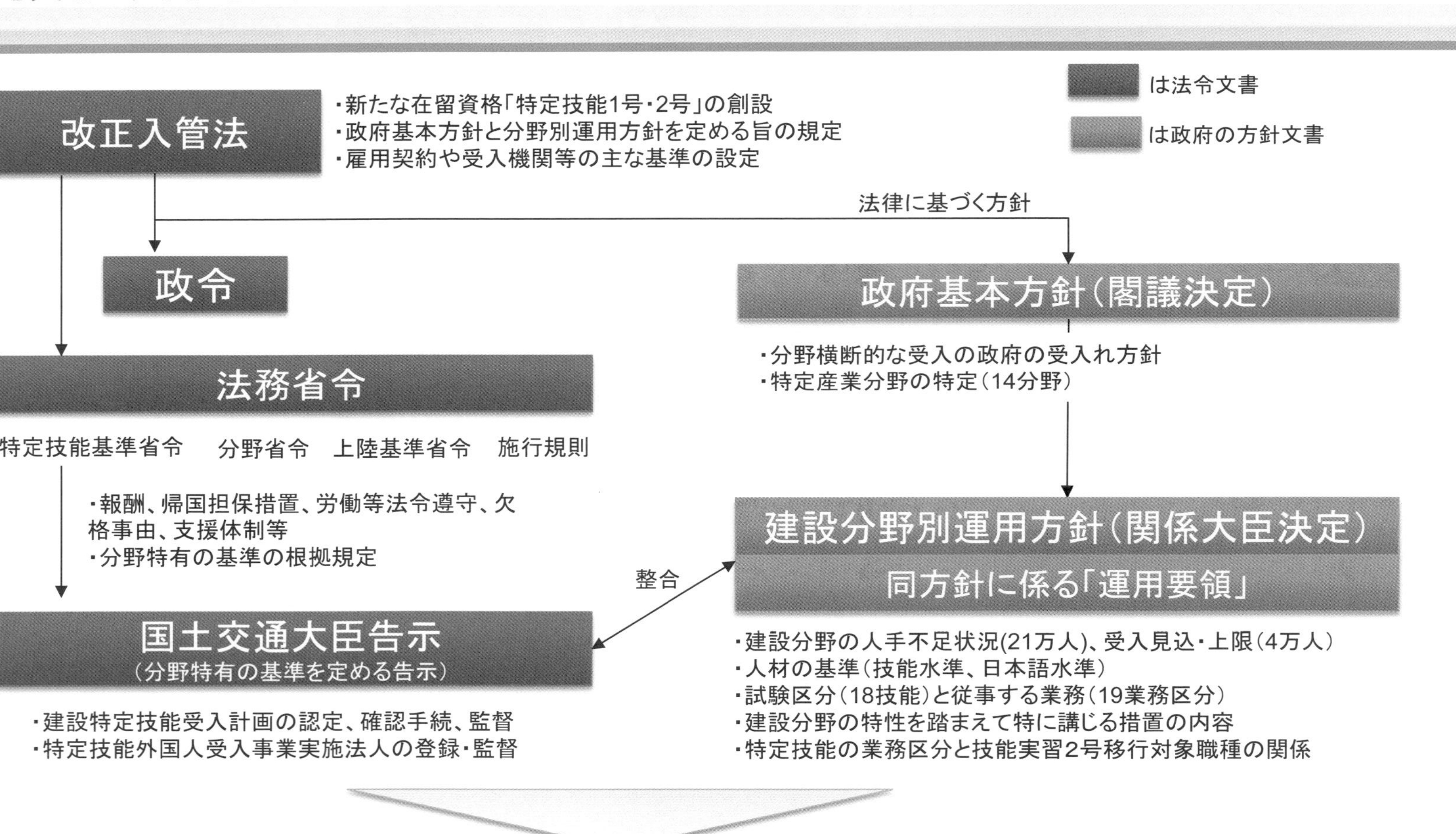
は法令文書
は政府の方針文書
改正入管法
・新たな在留資格「特定技能1号・2号」の創設
・政府基本方針と分野別運用方針を定める旨の規定
・雇用契約や受入機関等の主な基準の設定
法律に基づく方針
政令
政府基本方針(閣議決定)
・分野横断的な受入の政府の受入れ方針
・特定産業分野の特定(14分野)
法務省令
特定技能基準省令
分野省令
上陸基準省令
施行規則
・報酬、帰国担保措置、労働等法令遵守、欠格事由、支援体制等
・分野特有の基準の根拠規定
整合
建設分野別運用方針(関係大臣決定)
同方針に係る「運用要領」
国土交通大臣告示
(分野特有の基準を定める告示)
・建設特定技能受入計画の認定、確認手続、監督
・特定技能外国人受入事業実施法人の登録・監督
・建設分野の人手不足状況(21万人)、受入見込・上限(4万人)
・人材の基準(技能水準、日本語水準)
・試験区分(18技能)と従事する業務(19業務区分)
・建設分野の特性を踏まえて特に講じる措置の内容
・特定技能の業務区分と技能実習2号移行対象職種の関係
特定の分野に係る特定技能外国人受入れに関する運用要領 −建設分野の基準について−
上記法令や方針に基づく制度運用の考え方や手続の詳細を定めるガイドライン

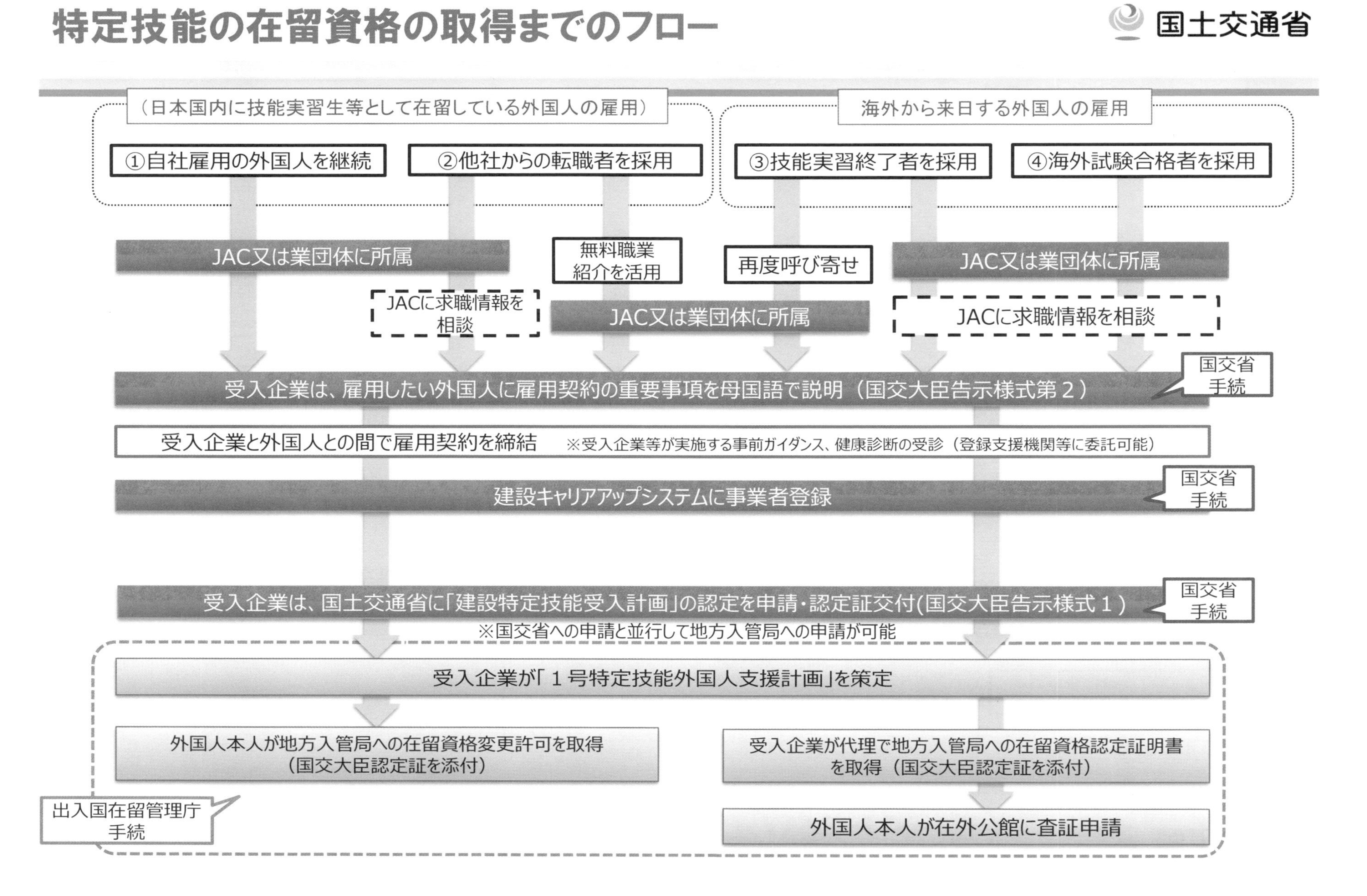
特定技能の在留資格の取得までのフロー
国土交通省
（日本国内に技能実習生等として在留している外国人の雇用）
海外から来日する外国人の雇用
①自社雇用の外国人を継続
②他社からの転職者を採用
③技能実習終了者を採用
④海外試験合格者を採用
JAC又は業団体に所属
無料職業紹介を活用
再度呼び寄せ
JAC又は業団体に所属
JACに求職情報を相談
JAC又は業団体に所属
JACに求職情報を相談
受入企業は、雇用したい外国人に雇用契約の重要事項を母国語で説明（国交大臣告示様式第２）
国交省手続
受入企業と外国人との間で雇用契約を締結
※受入企業等が実施する事前ガイダンス、健康診断の受診（登録支援機関等に委託可能）
建設キャリアアップシステムに事業者登録
国交省手続
受入企業は、国土交通省に「建設特定技能受入計画」の認定を申請・認定証交付(国交大臣告示様式１)
国交省手続
※国交省への申請と並行して地方入管局への申請が可能
受入企業が「１号特定技能外国人支援計画」を策定
外国人本人が地方入管局への在留資格変更許可を取得（国交大臣認定証を添付）
受入企業が代理で地方入管局への在留資格認定証明書を取得（国交大臣認定証を添付）
外国人本人が在外公館に査証申請
出入国在留管理庁手続

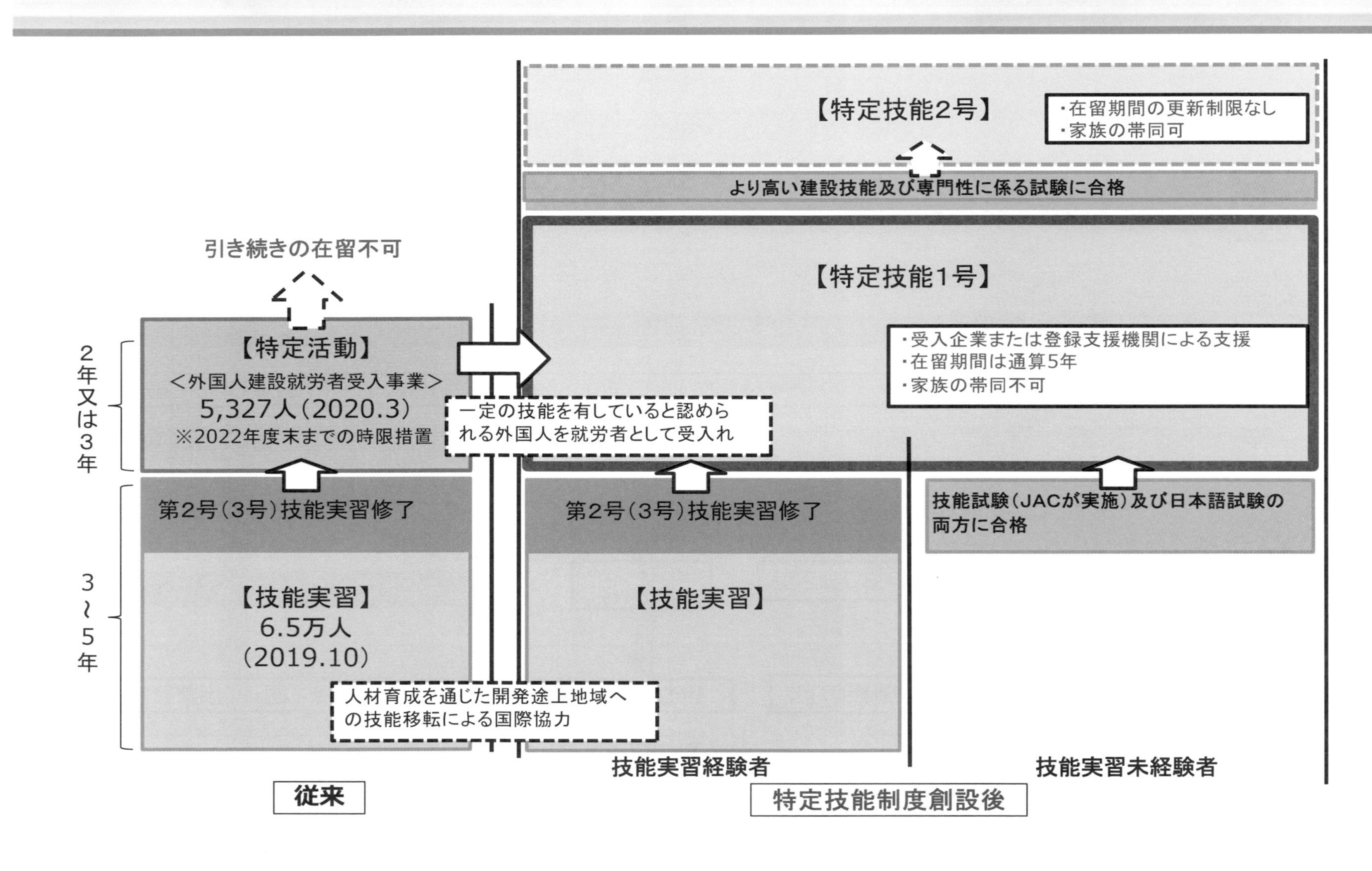
特定技能制度創設による外国人材キャリアパス(イメージ)
国土交通省
【特定技能2号】
・在留期間の更新制限なし
・家族の帯同可
より高い建設技能及び専門性に係る試験に合格
引き続きの在留不可
【特定技能1号】
・受入企業または登録支援機関による支援
・在留期間は通算5年
・家族の帯同不可
【特定活動】
<外国人建設就労者受入事業>
5,327人(2020.3)
※2022年度末までの時限措置
一定の技能を有していると認められる外国人を就労者として受入れ
2年又は3年
第2号(3号)技能実習修了
第2号(3号)技能実習修了
技能試験(JACが実施)及び日本語試験の両方に合格
3～5年
【技能実習】
6.5万人
(2019.10)
【技能実習】
人材育成を通じた開発途上地域への技能移転による国際協力
技能実習経験者
技能実習未経験者
従来
特定技能制度創設後

技能実習等から「特定技能１号」への在留資格変更について

国土交通省

- 「特定技能１号」への移行にあたっては国土交通大臣からの計画認定を取得するために必要な準備や、法務省及び国土交通省の審査にかかる期間を見込み、余裕を持って在留資格変更のための準備・申請を行うことが必要
- 2020年４月現在、新型コロナウィルスの感染拡大等の影響を受け、技能実習制度又は外国人建設就労者受入事業により就労する外国人が在留資格「特定技能１号」への移行に時間を要する場合、「特定活動（４ヶ月・就労可）」への在留資格変更が可能

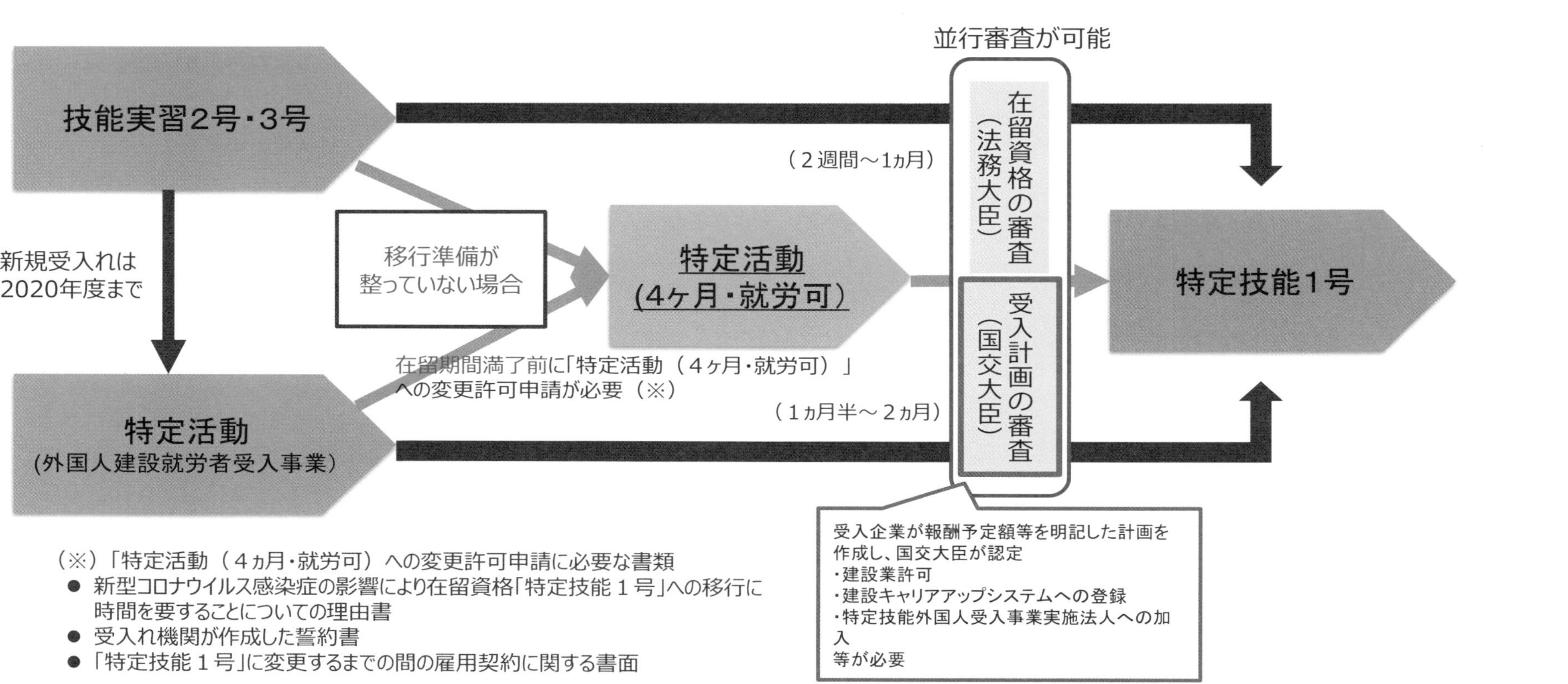

特定技能の在留資格に係る制度の建設分野の運用方針（概要）

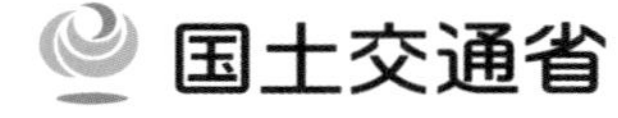
国土交通省

H30.12.25 閣議決定

1　人材を確保することが困難な状況にあるため外国人により不足する人材の確保を図るべき産業上の分野（特定産業分野）

建設分野

2　特定産業分野における人材の不足の状況に関する事項

- 生産性向上や国内人材確保のための取組
  施工時期の平準化、i-Constructionの推進、建設リカレント教育・多能工化、建設技能者の処遇改善（公共工事設計労務単価の引き上げ、社会保険加入の徹底）、建設キャリアアップシステムの構築　等
- 受入れの必要性（人手不足の状況）：平成35年度末時点で約21万人
- 受入れ見込み数：平成35年度末時点で約４万人

3　特定産業分野において求められる人材の基準に関する事項

- 特定技能１号（技能水準）　「建設分野特定技能１号評価試験」（新設、2019年度中実施）、「技能検定３級」
  （日本語能力）「国際交流基金日本語基礎テスト」、「日本語能力試験（Ｎ４以上）」
- 特定技能２号（技能水準）　「建設分野特定技能２号評価試験」（新設、2021年目途実施）、「技能検定１級」
  ※試験合格に加えて、班長としての実務経験を１～３年以上有することを要件とする

4　在留資格認定証明書の交付の停止の措置又は交付の再開の措置に関する事項

5　その他特定技能の在留資格に係る制度の運用に関する重要事項

- 特定技能外国人が従事する業務：型枠施工、左官、コンクリート圧送、トンネル推進工、建設機械施工、土工、屋根ふき、電気通信、鉄筋施工、鉄筋接手、内装仕上げ
- 特定技能所属機関等に対して特に課す条件
  （建設業者団体）特定技能外国人の適正・円滑な受入れを実現するための事業を行う法人（特定技能外国人受入事業実施法人）の共同設立
  （受入企業）　外国人の報酬予定額等を明記した受入計画の作成、国交大臣の審査・認定・巡回訪問による計画実施状況の確認
  受入企業及び特定技能外国人の建設キャリアアップシステムへの登録
  特定技能外国人受入事業実施法人への所属
  １号特定技能外国人の数と外国人建設就労者（特定活動）の数の合計が、常勤職員の数を超えないこと　等
- 特定技能外国人の雇用形態：直接雇用（派遣及び就業機会確保事業の適用は不可）

技能検定　実技試験の概要（例：鉄筋施工）

基礎級	3級（特定技能1号）	2級	1級（特定技能2号）
（試験の程度） 基本的な業務を遂行するために必要な基礎的な技能	（試験の程度） 初級の技能労働者が通常有すべき技能	（試験の程度） 中級の技能労働者が通常有すべき技能	（試験の程度） 上級の技能労働者が通常有すべき技能
（対象者） 技能実習１号修了者	（対象者） 技能実習２号修了者、 工業高校在学者　等	（対象者） 技能実習３号修了者、 実務経験２年以上の者　等	（対象者） 実務経験７年以上の者 ２級合格後実務経験２年以上、 ３級合格後実務経験４年以上の者　等
（技能水準） 平面的な配筋ができること	（技能水準） 一般的（立体的な）配筋ができること ※上級の試験ほど使用する鉄筋量が増え、構造が複雑になる		
	例：柱１本に対し、梁を１本を組立てる	例：柱１本に対し、梁を２本組立てる	例：柱１本に対し、梁を２本、段差を付けて組立てる

※学科・実技試験受験手数料（標準）：21,000円

建設分野特定技能の受入対象業務

国土交通省

職種	受入開始年
型枠施工、**左官**、**コンクリート圧送**、トンネル推進工、**建設機械施工**、土工、**屋根ふき**、電気通信、**鉄筋施工**、鉄筋継手、**内装仕上げ／表装** ＜１１職種＞	2019年
とび、**建築大工**、**建築板金**、**配管**、**保温保冷**、ウレタン断熱、海洋土木工 ＜７職種＞	2020年

※　太字の職種は、関連の職種での技能実習の受入れ実績があるもの。

特定技能在留資格の建設分野における職種の追加について（分野別運用方針の改正：令和2年2月28日閣議決定）

国土交通省

1. 背景

特定技能在留資格を創設するための改正入管法が、平成30年12月に成立、同法に基づく政府基本方針、分野別運用方針が同年末に閣議決定され、平成31年4月に施行。国土交通省関係では、建設、造船・舶用工業、自動車整備、航空、宿泊の5分野において、新たな在留資格制度を活用した外国人材の受入れを行っているところ。

今般、受入れ開始約1年が経過し、建設分野の受入れ職種の追加等の所要の改正を行う。

2. 分野別運用方針の概要

受入れ職種等については、各特定産業分野における特定技能の在留資格に係る制度の運用に関する方針である分野別運用方針において定めている。

※受入れ職種の考え方
- 特定の職種で特定技能外国人を受け入れることについて業界の合意が形成されていること
- 海外における技能評価試験実施に向けた業界団体の準備体制が整っていること

3. 追加する職種について

建設分野について、現在の11職種に7職種を追加し、18職種に変更

追加する職種：とび、建築大工、配管、建築板金、保温保冷、吹付ウレタン断熱、海洋土木工

技能実習等の受入対象職種との対応関係

国土交通省

技能実習及び外国人建設就労者の受入対象分野（25職種38作業）

※職種別「技能実習2号」への移行者数（H29）

職種名	作業名	※
さく井	パーカッション式さく井工事作業	37
	ロータリー式さく井工事作業	
建築板金	ダクト板金作業	172
	内外装板金作業	
冷凍空気調和機器施工	冷凍空気調和機器施工作業	128
建具製作	木製建具手加工作業	73
建築大工	大工工事作業	1,089
型枠施工	型枠工事作業	2,018
鉄筋施工	鉄筋組立て作業	2,066
とび	とび作業	3,935
石材施工	石材加工作業	121
	石張り作業	
タイル張り	タイル張り作業	195
かわらぶき	かわらぶき作業	112
左官	左官作業	474
配管	建築配管作業	527
	プラント配管作業	
熱絶縁施工	保温保冷工事作業	142
内装仕上げ施工	プラスチック系床仕上げ工事作業	976
	カーペット系床仕上げ工事作業	
	鋼製下地工事作業	
	ボード仕上げ工事作業	
	カーテン工事作業	
表装	壁装作業	117
サッシ施工	ビル用サッシ施工作業	89
防水施工	シーリング防水工事作業	519
コンクリート圧送施工	コンクリート圧送工事作業	158
ウェルポイント施工	ウェルポイント工事作業	5
建設機械施工	押土・整地作業	1,386
	積込み作業	
	掘削作業	
	締固め作業	
築炉	築炉作業	0
鉄工（※）	構造物鉄工作業	(1,033)
塗装（※）	建築塗装作業	(2,879)
	鋼橋塗装作業	
溶接（※）	手溶接	(6,749)
	半自動溶接	

※建設業者が実習実施機関である場合に限る。移行者数は建設業者以外も含む。

特定技能の受入対象分野「建設分野」（19業務区分）

技能実習から特定技能に移行可能な業務区分
建築板金（※2020年から追加）
建築大工（※2020年から追加）
型枠施工
鉄筋施工
とび（※2020年から追加）
屋根ふき
左官
配管（※2020年から追加）
保温保冷（※2020年から追加）
内装仕上げ／表装
コンクリート圧送
建設機械施工

特定技能において新たに設ける業務区分（技能実習がない業務区分）
トンネル推進工
土工
電気通信
鉄筋継手
吹付ウレタン断熱（※2020年から追加）
海洋土木工（※2020年から追加）

技能実習及び外国人建設就労者の受入対象分野25職種38作業のうち、13職種22作業が特定技能の受入対象となった

⇒「建設関係」の技能実習対象職種に従事する者のうち、約92%をカバー（H29実績ベース）

特定技能における受入対象業務・試験区分の追加

Ⅰ.業界団体内における調整

業界団体で以下を確認
①特定技能外国人の受入れ意向
②特定技能外国人の受入れに係る業務・試験区分
③海外において実施する試験の作成見込み
④②の業務・試験区分に関連する業界団体が他にある場合は、当該団体に①～③について協議

Ⅱ.国交省との協議

①Ⅰ．①～④について確認がとれた業界団体は、国交省に対して、受入対象業務・試験区分の追加を協議（※）
②他に同区分に係る関連団体がある場合は、①の業界団体又は国交省から意向等を確認
③業界団体及び国交省との間で、業務・試験区分を決定し、試験制度の整備・実施時期を確認

Ⅲ.関係行政機関との協議

①Ⅰ及びⅡの過程を経て、業界団体と国交省との間で決定した、追加の業務・試験区分について、国交省より法務省に申入れ（法務省を含む制度関係省庁で検討）
②国交省は，分野別運用方針改正案等を策定し制度関係省庁と協議
③業務・試験区分の追加について関係省庁間で合意

関係閣僚会議の開催

→

受入対象業務・試験区分の追加に係る分野別運用方針の改正（閣議決定）等

※　協議の主体：建設業法第27条の37に基づく国土交通大臣への届出団体
　　協議先：国土交通省土地・建設産業局建設市場整備課労働資材対策室

国土交通省

国土交通省への受入計画の認定関係（建設分野）

○１号特定技能外国人の受入れ要件に、「建設分野の特性を踏まえて国土交通大臣が定める基準への適合」を設定

１）業種横断の基準に加え、建設分野の特性を踏まえて国土交通大臣が定める特定技能所属機関（受入企業）の基準を設定

２）当該基準において、建設分野の受入企業は、１号特定技能外国人の在留資格の審査と並行し、受入計画を作成し、国土交通大臣による審査・認定を受けることを求める（具体的な基準は入管法省令に基づく国土交通省告示に規定）

３）受入計画の認定基準
①受入企業は建設業法第３条の許可を受けていること
②受入企業及び１号特定技能外国人の建設キャリアアップシステムへの登録
③特定技能外国人受入事業実施法人（ＪＡＣ）への加入及び当該法人が策定する行動規範の遵守
④特定技能外国人の報酬額が同等の技能を有する日本人と同等額以上、安定的な賃金支払い、技能習熟に応じた昇給
⑤賃金等の契約上の重要事項の書面での事前説明（外国人が十分に理解できる言語）
⑥１号特定技能外国人に対し、受入れ後、国土交通大臣が指定する講習または研修を受講させること
⑦国又は適正就労監理機関による受入計画の適正な履行に係る巡回指導の受入れ　等

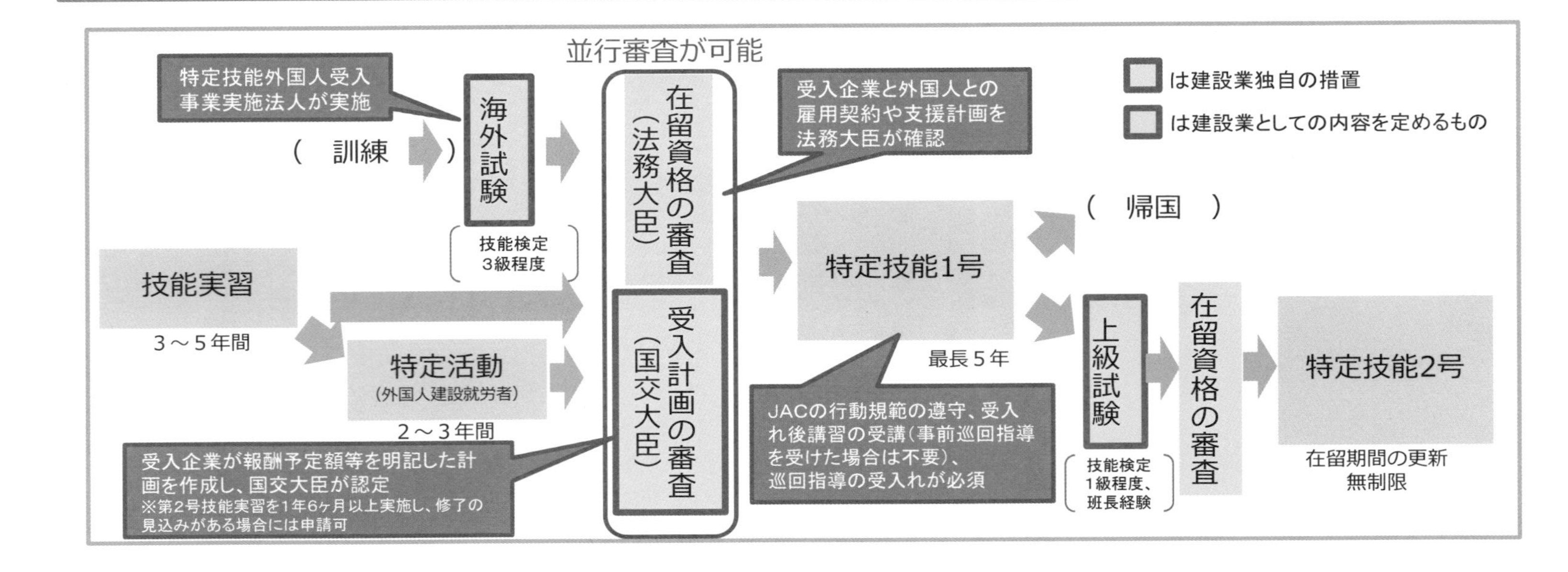

国土交通省

建設業における特定技能1号・2号の業務内容について

○特定技能1号
（例）土木・建築工事の建設現場における建設機械の操縦、鉄筋の組立て、内装仕上げ等

→図面を読み取り、指導者の指示・監督を受けながら、適切かつ安全に作業を行う技能や安全に対する理解力等が要求される。当該業務に必要な技能の水準は、技能検定3級程度。

○特定技能2号

→建設現場において複数の技能者を指導しながら作業に従事し、工程を管理することが要求される。当該業務に必要な技能の水準は、技能検定1級程度。

【想定される特定技能2号での受入れパターン：例】

特定技能1号（5年）
特定技能2号
特定技能1号受入れ（技能検定3級程度）
3級取得
実務経験 4年以上
実務経験 2年以上
2級取得
実務経験 2年以上
技能検定1級取得
班長経験等（数年）
特定技能2号受入れ

国土交通省

（一財）国際建設技能振興機構（FITS）

FITSの役割

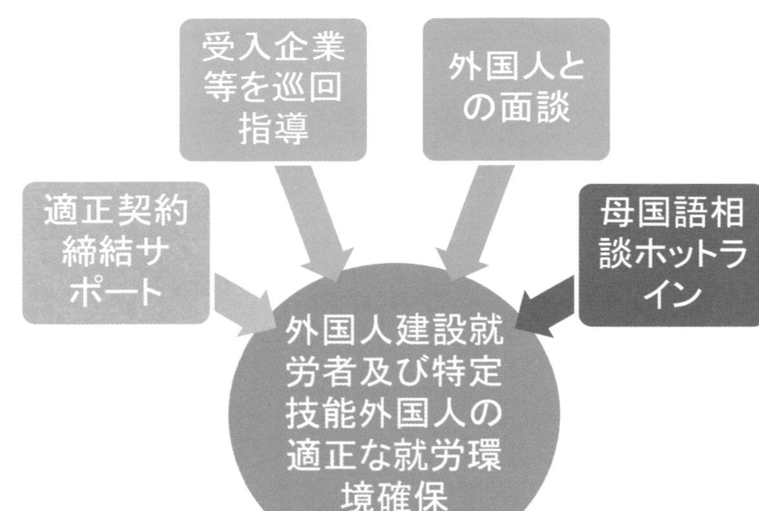

2015年以降、外国人建設就労者の受入企業等に対して3000回以上の巡回指導を実施

○設立年月日
平成27年1月15日
○所在地
〒101-0044 東京都千代田区鍛冶町1－4－3 竹内ビル6F
電話：03-6206-8877 FAX：03-6206-8889

適正就労監理業務の流れについて

国土交通省

雇用契約締結時 → 在留資格変更・取得 → 就労開始 →

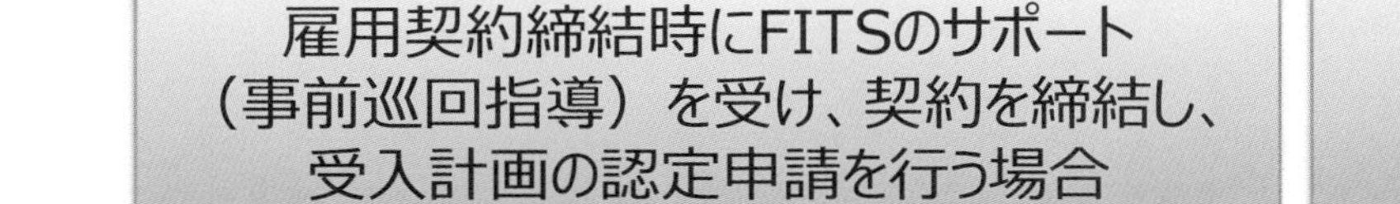

雇用契約締結時にFITSのサポート（事前巡回指導）を受け、契約を締結し、受入計画の認定申請を行う場合

適正契約締結サポート
（事前巡回指導） ※無償

- FITSが企業と外国人との間の契約締結手続に立ち合い、雇用条件の事前説明・合意を支援
- FITSがアドバイスし、行政手続を迅速化
- 求めに応じて、義務的支援である「事前ガイダンス」も適正価格で支援 （オプション）

↓

受入計画認定（義務）

- FITSサポートにより手戻りが少なく、国土交通省の審査が迅速化

↓

在留資格取得

↓

受入後講習は免除

↓

通報・巡回指導・監査

FITSのサポートを受けず、当事者で雇用契約を締結し、受入計画の認定申請を行う場合

雇用契約締結は、企業と外国人双方の間で実施

↓

受入計画認定（義務）

↓

在留資格取得

↓

受入れ後講習（義務） ※有償

- 在留資格取得後、特定外国人に対して、保護の仕組み（母国語相談・監査・転職支援等）を情報提供
- 二重契約、虚偽申請がないか、本人に確認し、不正が見つかれば、認定取り消し等厳正対処
- 求めに応じて、義務的支援である「生活オリエンテーション」も適正価格で実施 （オプション）

↓

通報・巡回指導・監査

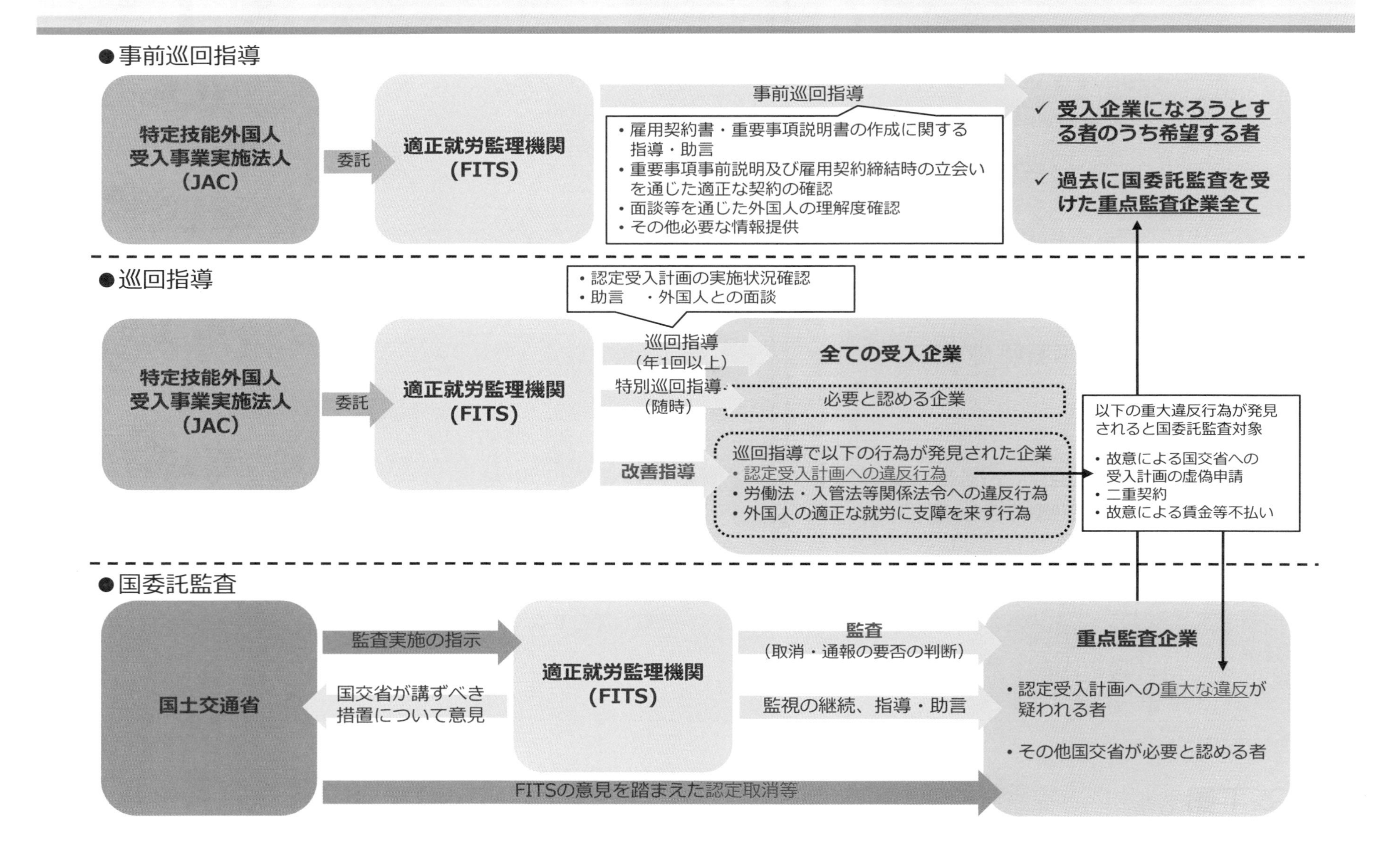
適正就労監理機関の巡回指導等の類型
国土交通省
●事前巡回指導
特定技能外国人
受入事業実施法人
（JAC）
委託
適正就労監理機関
（FITS）
事前巡回指導
・雇用契約書・重要事項説明書の作成に関する指導・助言
・重要事項事前説明及び雇用契約締結時の立会いを通じた適正な契約の確認
・面談等を通じた外国人の理解度確認
・その他必要な情報提供
✓ 受入企業になろうとする者のうち希望する者
✓ 過去に国委託監査を受けた重点監査企業全て
●巡回指導
・認定受入計画の実施状況確認
・助言　・外国人との面談
特定技能外国人
受入事業実施法人
（JAC）
委託
適正就労監理機関
（FITS）
巡回指導
（年1回以上）
特別巡回指導
（随時）
改善指導
全ての受入企業
必要と認める企業
巡回指導で以下の行為が発見された企業
・認定受入計画への違反行為
・労働法・入管法等関係法令への違反行為
・外国人の適正な就労に支障を来す行為
以下の重大違反行為が発見されると国委託監査対象
・故意による国交省への受入計画の虚偽申請
・二重契約
・故意による賃金等不払い
●国委託監査
国土交通省
監査実施の指示
国交省が講ずべき措置について意見
適正就労監理機関
（FITS）
監査
（取消・通報の要否の判断）
監視の継続、指導・助言
重点監査企業
・認定受入計画への重大な違反が疑われる者
・その他国交省が必要と認める者
FITSの意見を踏まえた認定取消等

特定技能制度及び外国人建設就労者受入事業に関する下請指導ガイドラインの改正について

国土交通省

- 令和元年（平成31年）度からの特定技能制度の開始を受け、「外国人建設就労者受入事業に関する下請指導ガイドライ（平成27年4月1日施行）を「特定技能制度及び外国人建設就労者受入事業に関する下請指導ガイドライン」と改正し、外国人建設就労者受入事業及び特定技能制度の両制度について、元請企業及び下請企業がそれぞれ負うべき役割と責任を明確化し、両制度の適正かつ円滑な実施を図るため、所要の改正を行った。

※赤字は主な改正箇所

下請企業（受入企業）の役割

➢ 施工体制台帳及び再下請通知書を活用し、元請企業に対して外国人建設就労者等（外国人建設就労者又は一号特定技能外国人）の従事の有無を通知（※）。
➢ 外国人建設就労者等を雇用し、現場に新規入場させる場合には、建設特定技能受入計画及び適正監理計画の内容に基づいて現場ごとに外国人建設就労者等建設現場入場届出書を作成し、元請企業に提出。

※平成31年3月に建設業法施行規則が改正（平成31年国土交通省令第18号）され、施工体制台帳の記載事項及び再下請通知を行うべき事項として、外国人建設就労者の従事の有無及び外国人技能実習生に加え、一号特定技能外国人の従事の有無が追加された

元請企業の役割

➢ 施工体制台帳及び再下請負通知書を活用して下請企業の外国人建設就労者等の従事状況を確認。
➢ 下請企業から外国人建設就労者等建設現場入場届出書による報告があった場合、その記載内容と各添付書類の情報の整合性に加え、以下の①から③の事項について確認
①就労させる場所、②従事させる業務の内容、③従事させる期間
➢ 届出書の記載内容と各添付書類の情報の整合性が確認できない場合、建設特定技能受入計画及び適正監理計画に基づいた受入れが行われるよう、受入企業を指導。
➢ 報告があった後、その記載内容と実際の受入状況に関して明らかな齟齬が確認された場合は、変更の届出を行うよう受入企業を指導。
➢ 受入企業が上記報告の求めに応じない場合や指導に従わないような場合には、所属する元請企業団体（特定技能外国人については（一社）建設技能人材機構を含む。）を通じて建設分野特定技能協議会又は適正監理推進協議会へ報告（団体に所属していない場合は直接各協議会へ報告）。

特定技能制度及び外国人建設就労者受入事業に関する下請指導ガイドラインについて

国土交通省

外国人建設就労者等現場入場届出書（作成例）

外国人建設就労者等建設現場入場届出書

工事事務所長　殿

令和　　年　　月　　日
（一次下請企業の名称）
（責任者の職・氏名）
（受入企業の名称）
（責任者の職・氏名）

外国人建設就労者等の建設現場への入場について下記のとおり届出ます。

記

1　建設工事に関する事項

建設工事の名称	
施工場所	

2　建設現場への入場を届け出る外国人建設就労者等に関する事項

※　4名以上の入場を申請する場合、必要に応じて欄の追加や別紙とする等対応すること。

	外国人建設就労者等 1	外国人建設就労者等 2	外国人建設就労者等 3
氏名			
生年月日			
性別			
国籍			
従事させる業務			
現場入場の期間			
在留資格 ※いずれかをチェック	□ 外国人建設就労者 □ 建設特定技能	□ 外国人建設就労者 □ 建設特定技能	□ 外国人建設就労者 □ 建設特定技能
在留期間満了日			
CCUS 登録情報が最新であることの確認 ※登録義務のある者のみ	□ 確認済 （確認日：　　　）	□ 確認済 （確認日：　　　）	□ 確認済 （確認日：　　　）

3　受入企業・建設特定技能受入計画及び適正監理計画に関する事項

就労場所	
従事させる業務の内容	
従事させる期間(計画期間)	
責任者（連絡窓口）	役職　　氏名　　連絡先

現場入場届出書の添付書類

- 建設特定技能受入計画認定証又は適正監理計画認定証（複数ある場合にはすべて。建設特定技能受入計画認定証については別紙（建設特定技能受入計画に関する事項）も含む。）
- パスポート（国籍、氏名等と在留許可のある部分）
- 在留カード
- 受入企業と外国人建設就労者等との間の雇用条件書
- 建設キャリアアップシステムカードの写し（登録義務のある者のみ）

JAC（特定技能外国人受入事業実施法人）の役割

国土交通省

建設分野における外国人の受入れに当たっては、建設技能者全体の**処遇改善**、低賃金・保険未加入・劣悪な労働環境等のルールを守らない**アウトサイダーやブラック企業の排除**、他産業・他国と比して**有為な外国人材の確保**、**失踪・不法就労の防止**等の課題に対応する必要

建設業者団体等が共同して設立した法人において、**業界を挙げてこれらの課題に的確に対応することにより、建設分野における外国人の適正かつ円滑な受入れを実施**

特定技能外国人受入事業実施法人

- 特定技能外国人の適正かつ円滑な受入実現に向けた行動規範の策定・適正な運用
- 建設分野特定技能評価試験の実施
- 特定技能外国人に対する講習・訓練又は研修の実施、就職のあっせんその他の雇用機会確保の取組
- 認定受入計画に従った適正な受入れを確保するための取組

アウトサイダー・フリーライダーの防止（全員加入・公平負担の原則）

多数職種の**共同実施**による**スケールメリットの発揮**

公正競争・適正就労の**ルール遵守・ルールを守らない企業の排除**

民間職業紹介事業者の役割を代替

（一社）建設技能人材機構の設立

国土交通省

○特定技能外国人の受入れに関する専門工事業団体及び元請建設業者団体において、本年４月１日に、（一社）建設技能人材機構が設立された

○当該機構は、特定技能外国人受入事業を行うこととしており、国土交通大臣により特定技能外国人受入事業実施法人の登録がなされている

<参考>一般社団法人建設技能人材機構　定款

第２章　目的及び事業

第３条　本機構は、総合建設業を営む企業を構成員とする建設業者団体、専門工事業を営む企業を構成員とする建設業者団体等が協力して、建設分野における特定技能外国人（以下「建設分野特定技能外国人」という。）その他の外国人材の適正かつ円滑な受入れ等に関する事業を行うとともに、建設技能者の技能評価その他の建設技能者の確保等に関する事業を行うことにより、建設分野における人材の確保を図り、もって我が国の建設業の健全な発展に資することを目的とする。

第４条　本機構は、前条の目的を達成するため、次の事業を行う。
一　建設分野における外国人材の適正かつ円滑な受入れの実現に向けた行動規範の策定及び当該規範の適正な運用
二　建設分野における外国人材が有する能力を有効に発揮できる環境の整備に関する事業
三　建設分野特定技能外国人の受入れに関する事業
四　建設分野特定技能外国人に対する職業紹介事業
五　建設技能者の技能評価その他の建設技能者の確保等に関する事業
六　建設技能者の確保等に関する調査研究
七　その他本機構の目的を達成するために必要な事業
2　前項の事業は、本邦及び海外において行う。
3　本機構は、第１項の事業について、この定款、毎事業年度の事業計画、調査研究計画等に基づいて、適切に執行する。

（一社）建設技能人材機構（JAC）について

国土交通省

○所在地　　東京都港区虎ノ門三丁目５番１号
○設立　　平成３１年４月１日
○理事長　　才賀　清二郎　（一社）建設産業専門団体連合会 会長

○目的
　本機構は、総合建設業を営む企業を構成員とする建設業者団体、専門工事業を営む企業を構成員とする建設業者団体等が協力して、建設分野における特定技能外国人その他の外国人材の適正かつ円滑な受入れ等に関する事業を行うとともに、建設技能者の技能評価その他の建設技能者の確保等に関する事業を行うことにより、建設分野における人材の確保を図り、もって我が国の建設業の健全な発展に資することを目的とする。

○事業内容
・建設分野における外国人材の適正かつ円滑な受入の実現に向けた行動規範の策定及び当該規範の適正な運用
・建設分野における外国人材が有する能力を有効に発揮できる環境の整備に関する事業
・建設分野特定技能外国人の受入れに関する事業
・建設分野特定技能外国人に対する職業紹介事業
・建設技能者の技能評価その他の建設技能者の確保等に関する事業
・建設技能者の確保等に関する調査研究
・その他本機構の目的を達成するために必要な事業

○国土交通大臣登録
・「特定技能外国人受入事業実施法人」（告示（第357号）第十条に基づく登録）

○ホームページ　　https://jac-skill.or.jp/

建設技能人材機構の会員である団体について

国土交通省

＜正会員＞　39団体

2020年6月4日現在

職種	団体名
型枠施工	（一社）日本型枠工事業協会
左官	（一社）日本左官業組合連合会
コンクリート圧送	（一社）全国コンクリート圧送事業団体連合会
トンネル推進工	（公社）日本推進技術協会
建設機械施工	（一社）日本機械土工協会 日本発破工事協会 （一社）全国基礎工事業団体連合会 （一社）日本建設機械レンタル協会 （一社）日本基礎建設協会
土工	（一社）日本機械土工協会（再掲） （一社）全国中小建設業協会 （一社）プレストレスト・コンクリート工事業協会 （一社）全日本漁港建設協会
屋根ふき	（一社）全日本瓦工事業連盟
電気通信	（一社）情報通信エンジニアリング協会
鉄筋施工	（公社）全国鉄筋工事業協会
鉄筋継手	全国圧接業協同組合連合会

職種	団体名
内装仕上げ	（一社）全国建設室内工事業協会 日本室内装飾事業協同組合連合会 日本建設インテリア事業協同組合連合会
とび	（一社）日本鳶工業連合会 （一社）日本建設躯体工事業団体連合会
建築大工	全国建設労働組合総連合 （一社）ツーバイフォー建築協会 （一社）日本在来工法住宅協会 （一社）全国住宅産業地域活性化協議会
配管	全国管工事業協同組合連合会
建築板金	（一社）日本金属屋根協会 （一社）日本建築板金協会
保温保冷	（一社）日本保温保冷工業協会
吹付ウレタン断熱	（一社）日本ウレタン断熱協会
海洋土木工	日本港湾空港建設協会連合会
元請ゼネコン他	（一社）日本建設業連合会 （一社）全国建設業協会 （一社）日本道路建設業協会 （一社）全国中小建設業協会（再掲） （一社）プレストレスト・コンクリート建設業協会 （一社）電設工業協会 （一社）日本空調衛生工事業協会 （一社）全国防水工事業協会 （一社）マンション計画修繕施工協会

＜賛助会員＞

賛助会員（団体）	賛助会員（企業）
（一社）日本建設機械施工協会	建設企業227社

※　建設企業は、正会員団体のいずれかに加入又は（一社）建設技能人材機構に賛助会員として加入していれば、特定技能外国人の受入れはいずれの職種でも可能。

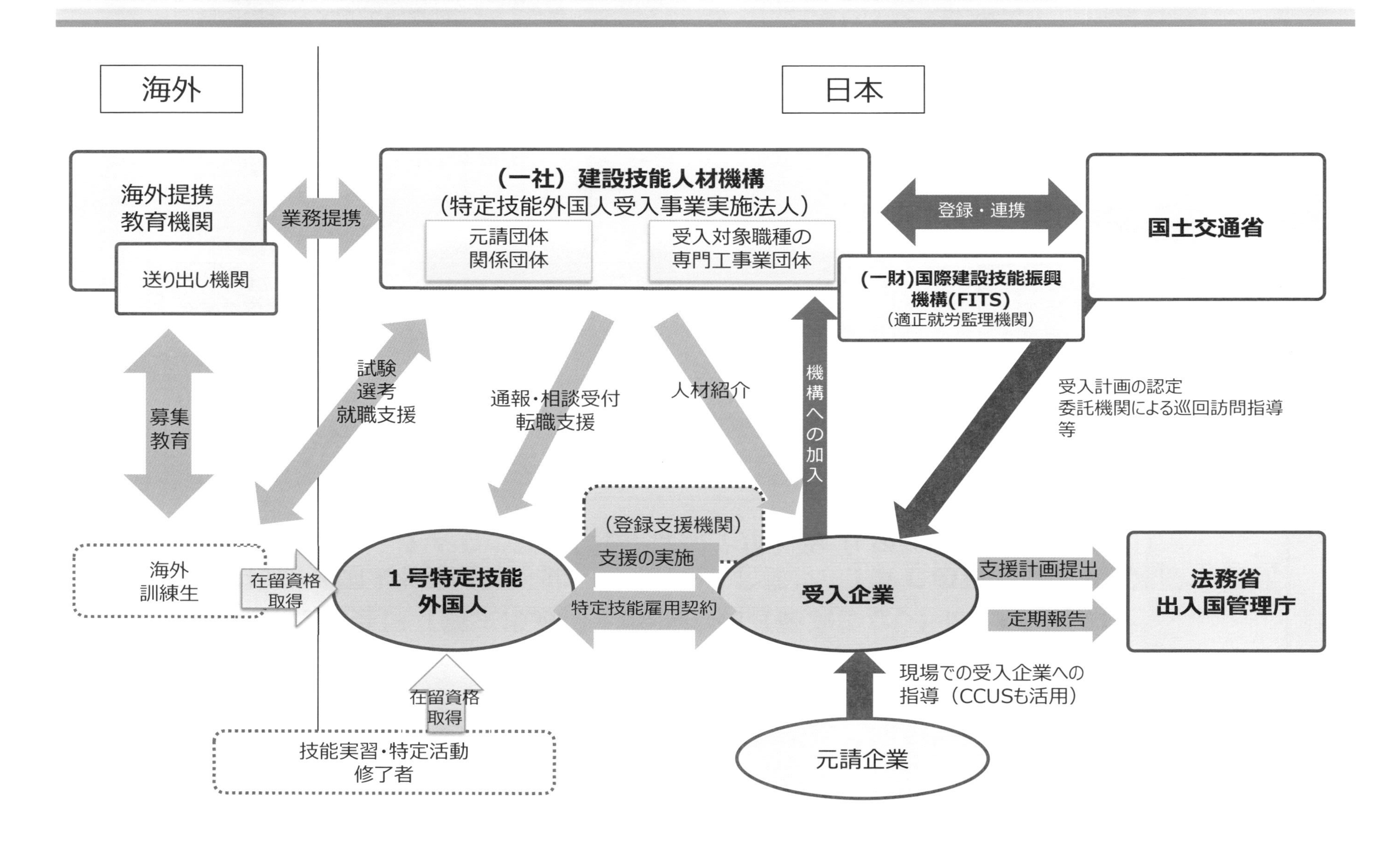
機構と関係機関との業務連関イメージ(建設分野)
国土交通省
海外
日本
海外提携
教育機関
送り出し機関
業務提携
(一社) 建設技能人材機構
(特定技能外国人受入事業実施法人)
元請団体
関係団体
受入対象職種の
専門工事業団体
登録・連携
国土交通省
(一財)国際建設技能振興
機構(FITS)
(適正就労監理機関)
募集
教育
試験
選考
就職支援
通報・相談受付
転職支援
人材紹介
機構への加入
受入計画の認定
委託機関による巡回訪問指導
等
(登録支援機関)
支援の実施
海外
訓練生
在留資格
取得
1号特定技能
外国人
特定技能雇用契約
受入企業
支援計画提出
定期報告
法務省
出入国管理庁
現場での受入企業への
指導（CCUSも活用）
在留資格
取得
技能実習・特定活動
修了者
元請企業

JACへの加入イメージ

国土交通省

○　ＪＡＣは、**正会員（議決権あり）**と**賛助会員（議決権なし）**により構成

○　特定技能外国人を受け入れるに当たり、受入企業は、**ＪＡＣの正会員である建設業者団体の会員**となるか、**ＪＡＣの賛助会員**となることが必要（いずれになるかは**選択可**）

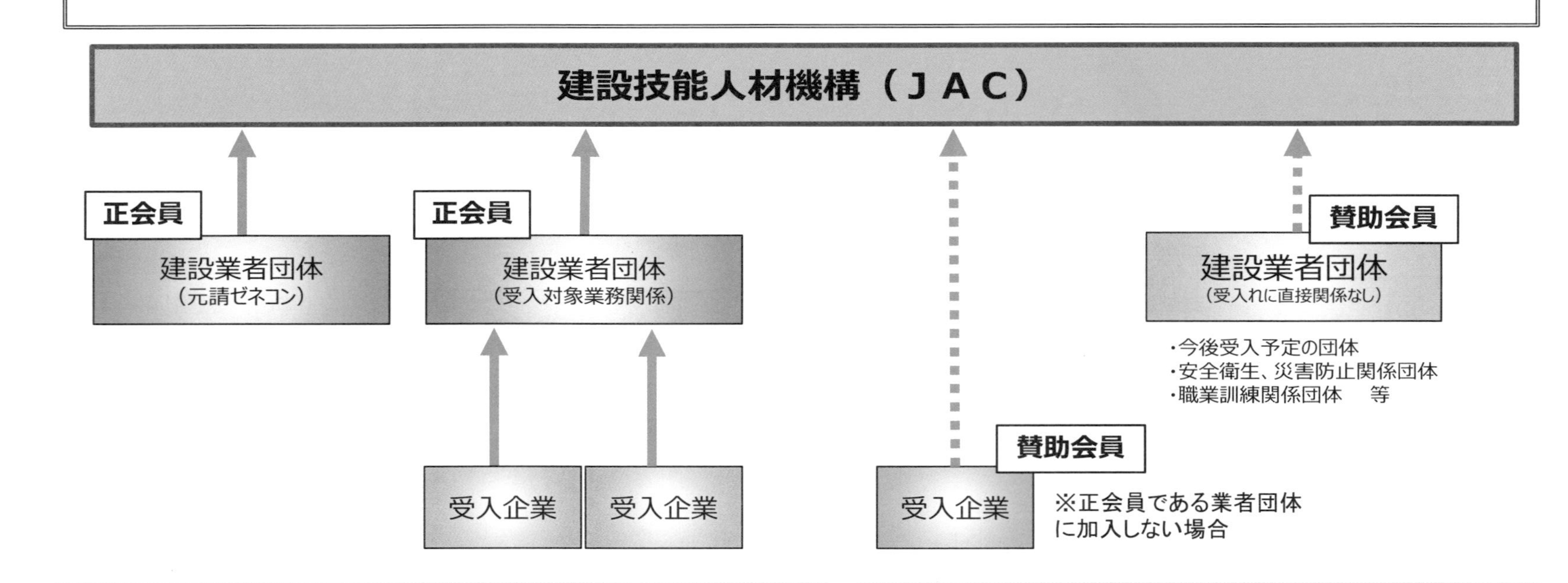

建設業者団体は、以下のいずれかの形でＪＡＣに加入
・特定技能外国人の受入れに直接関係あり　→　**正会員**
・特定技能外国人の受入れに直接関係なし　→　**賛助会員**

受入企業は、以下のいずれか形でＪＡＣに加入（**選択可**）
・正会員である建設業者団体の会員
・ＪＡＣの賛助会員

国土交通省

機構の会費・賛助会費について

○ 機構の正会員は、**36万円／年の会費**を支払い
○ 機構の賛助会員は、**24万円／年の賛助会費**
場合、その規模に応じて、**6万円／年又は3万円／**

会員・賛助会員の分類			会員・賛助会費の額
正会員	傘下の受入企業からの受入負担金の収納代行業務を実施し、かつ、受入関係業務に協力する正会員		**免除**
	傘下に特定技能外国人の受入企業を有さない正会員		**免除**
	上記以外の正会員		**36万円／年**
賛助会員	建設業関連団体又は受入企業		**24万円／年**
	登録支援機関	支援企業が20社以上	**24万円／年**
		支援企業が10社以上20社未満	**12万円／年**
		支援企業が5社以上10社未満	**6万円／年**
		支援企業が5社未満	**3万円／年**

国土交通省

機構への受入負担金の支払いについて

○ 特定技能外国人の受入企業は、**機構（建設業者団体等が機構にまとめて支払う場合は当該団体）に対して、受入人数に応じた受入負担金を支払う**必要

注）制度所管省庁において各国と協定締結協議中であり、訓練費用負担の帰属先等によって受入負担金が大きく変更することがあり得ることに留意

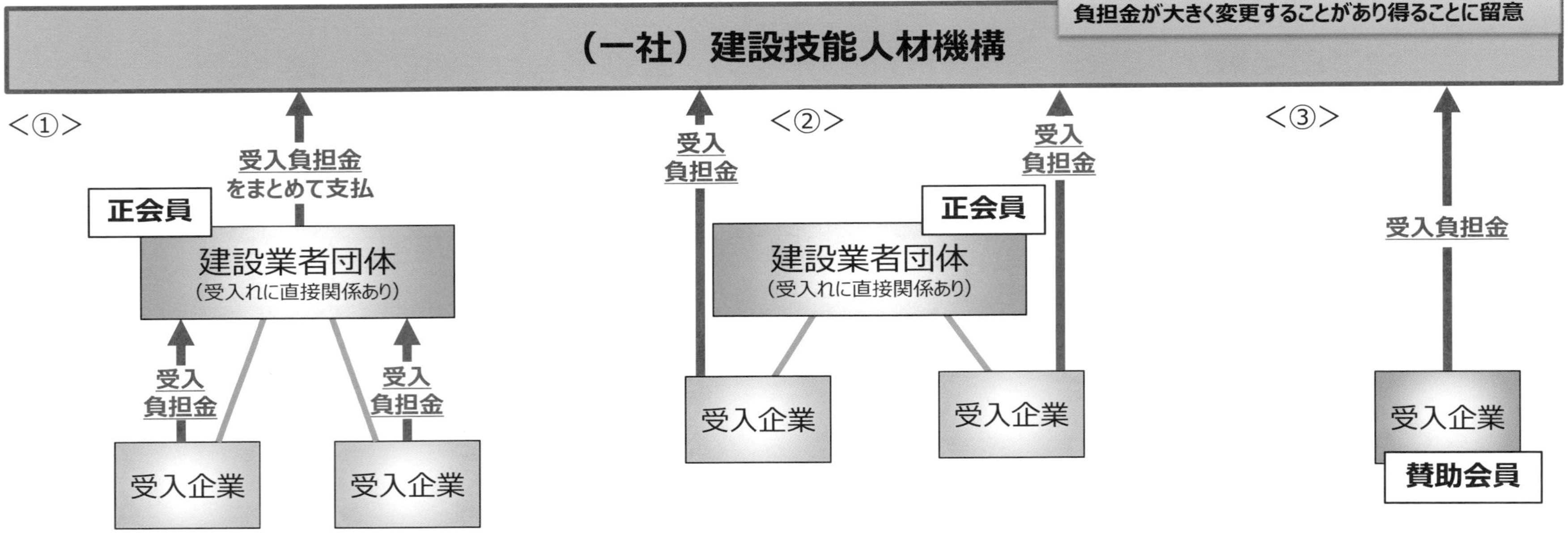

○ 所属団体が機構にまとめて支払いを行う場合には、企業は**所属団体に受入負担金を支払い**<①>
※所属団体は**受入負担金の5%の配分**を受けることが可

○ 所属団体がまとめて支払いを行わない場合<②>又は企業が団体に所属していない場合<③>には、**機構に直接受入負担金を支払い**

受入対象	受入負担金の額(P)
ケース１）機構が業務提携する海外現地機関において教育訓練を受けた試験合格者を受け入れる場合	**24 万円／人・年**
ケース２）受入企業が独自に教育訓練を行った試験合格者を受け入れる場合	**18 万円／人・年**
ケース３）技能実習・外国人建設就労からの試験免除で受け入れる場合	**15 万円／人・年**

会費・受入負担金について

国土交通省

◆ 会費

会員種別	会費の年額
正会員 (建設業団体)	36万円 ＊1
賛助会員 (企業/建設関連団体)	24万円
賛助会員 (登録支援機関)	24万円 ＊2

＊1:ただし、①試験問題作成等の事業協力と受入負担金の収納代行業務を行う正会員、及び②傘下に特定技能外国人受入企業を有さない正会員は、会費を免除する。

＊2:ただし、支援委託契約を締結する相手方企業(建設分野特定技能外国人受入企業)の数が少ない登録支援機関は、その規模に応じて賛助会費を減額する。
cf.) 20社未満:12万円、10社未満:6万円、5社未満:3万円

◆ 受入負担金

対象となる特定技能外国人の別	1人あたり受入負担金の月額	使途
試験免除者 (技能実習2号修了者等)	1万2千5百円 (参考:年額15万円)	・企業への巡回指導 ・母国語相談ホットライン ・国内の受入企業との調整
試験合格者 (JACが行う海外教育訓練を受ける場合)	2万円 (参考:年額24万円)	上記に加え ・建設分野特定技能評価試験の実施 ・特定技能外国人に対する訓練の実施 ・海外の提携機関との調整

特定技能外国人受入企業が支払う経費について

国土交通省

受入企業	ＪＡＣに支払う経費	登録支援機関に支払う経費
過去２年間に ✓ 技能実習・建設就労者受入事業での外国人**受入れ実績あり** かつ ✓ 外国人受入れに関連する**法令違反なし**	1.25万円／月 ※技能実習からの移行（試験免除）の場合	以下を選択可 ✓ **全て**の支援を**自社**で実施（委託費なし） または ✓ **一部**の支援を**他者**に委託 ※ 「事前ガイダンス」「生活オリエンテーション」はFITSに委託可（適正費用） ※ 「相談・苦情への対応」「転職支援」はJACに委託可（無償）
過去２年間に ✓ 技能実習・建設就労者受入事業での外国人**受入れ実績なし** または ✓ 外国人受入れに関連する**法令違反あり**	1.25万円／月 ※技能実習からの移行（試験免除）の場合	支援の全部委託が必要 2～3.5万円／月（監理団体系） 1～1.5万円／月（行政書士系）

建設技能人材機構等による支援の無償実施等

国土交通省

自社で支援体制が構築できる受入企業であれば、JACまたはFITSへの支援の一部委託により、支援費用を低減させることが可能

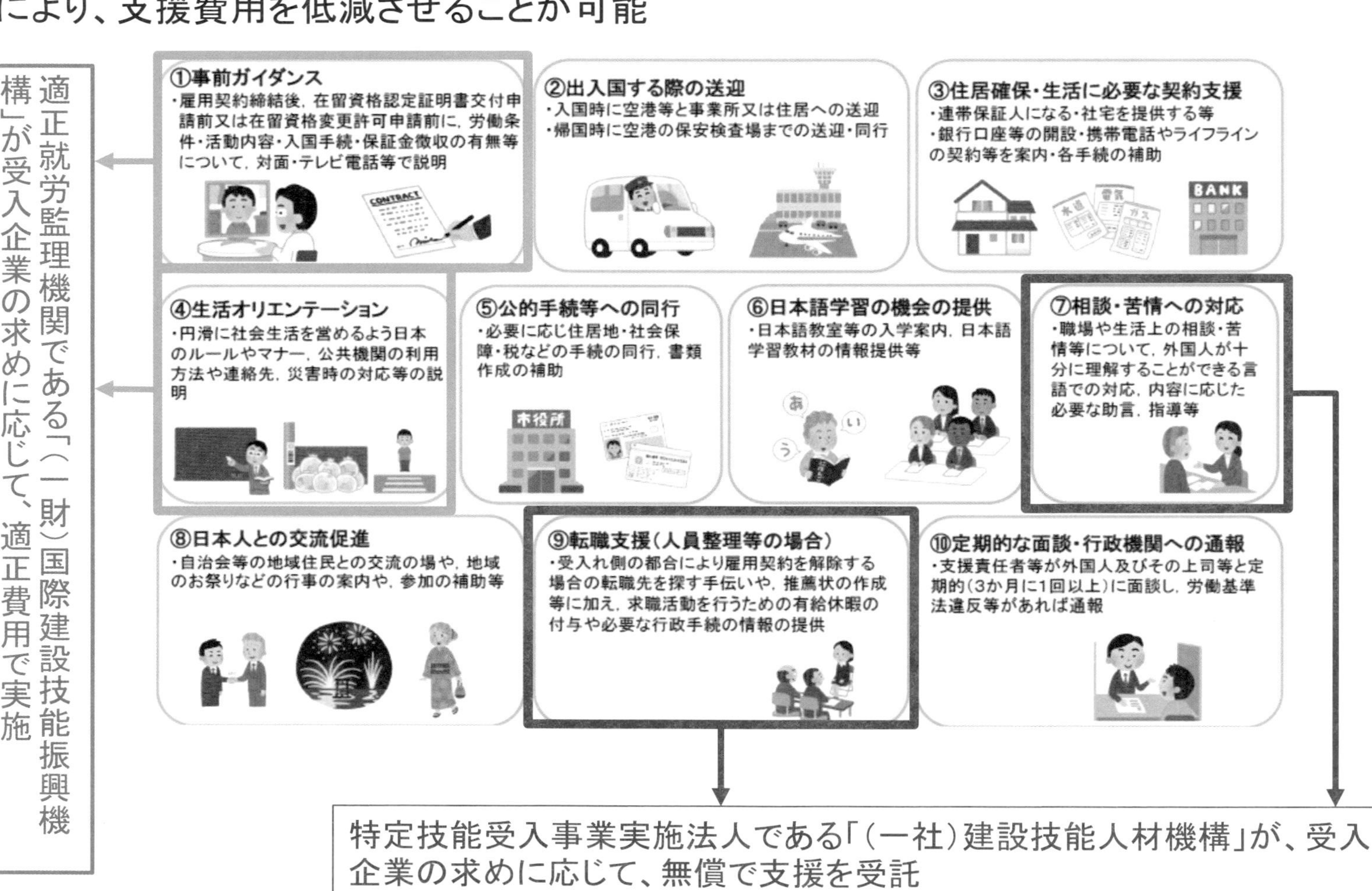

①事前ガイダンス
・雇用契約締結後，在留資格認定証明書交付申請前又は在留資格変更許可申請前に，労働条件・活動内容・入国手続・保証金徴収の有無等について，対面・テレビ電話等で説明
CONTRACT
②出入国する際の送迎
・入国時に空港等と事業所又は住居への送迎
・帰国時に空港の保安検査場までの送迎・同行
③住居確保・生活に必要な契約支援
・連帯保証人になる・社宅を提供する等
・銀行口座等の開設・携帯電話やライフラインの契約等を案内・各手続の補助
BANK
④生活オリエンテーション
・円滑に社会生活を営めるよう日本のルールやマナー，公共機関の利用方法や連絡先，災害時の対応等の説明
⑤公的手続等への同行
・必要に応じ住居地・社会保障・税などの手続の同行，書類作成の補助
市役所
⑥日本語学習の機会の提供
・日本語教室等の入学案内，日本語学習教材の情報提供等
⑦相談・苦情への対応
・職場や生活上の相談・苦情等について，外国人が十分に理解することができる言語での対応，内容に応じた必要な助言，指導等
⑧日本人との交流促進
・自治会等の地域住民との交流の場や，地域のお祭りなどの行事の案内や，参加の補助等
⑨転職支援（人員整理等の場合）
・受入れ側の都合により雇用契約を解除する場合の転職先を探す手伝いや，推薦状の作成等に加え，求職活動を行うための有給休暇の付与や必要な行政手続の情報の提供
⑩定期的な面談・行政機関への通報
・支援責任者等が外国人及びその上司等と定期的（3か月に1回以上）に面談し，労働基準法違反等があれば通報
適正就労監理機関である「（一財）国際建設技能振興機構」が受入企業の求めに応じて、適正費用で実施
特定技能受入事業実施法人である「（一社）建設技能人材機構」が、受入企業の求めに応じて、無償で支援を受託

機構と登録支援機関との支援内容比較

国土交通省

○　特定技能外国人の受入企業は、**特定技能外国人受入事業実施法人に加入する必要**があるほか、**任意で登録支援機関に委託**して各種支援を受けることが可能

	建設技能人材機構 **<建設分野独自>**	**登録支援機関** **<全分野共通>**
加入要否	・機構に直接又は間接的に加入する必要（加入義務）	・受入企業が個別に登録支援機関と委託契約（任意委託）
特定技能外国人に対する支援	・入国後研修の実施 ・求職求人マッチングによる就職・転職支援 ・母国語相談窓口による相談対応、助言指導	・入国前の生活ガイダンスの提供 ・入国時の空港等への出迎え ・住宅確保に向けた支援 ・在留中の生活オリエンテーションの実施（預貯金口座開設、携帯電話契約に係る支援等） ・生活のための日本語習得の支援 ・各種行政手続についての支援 ・外国人と日本人の交流促進支援 ・帰国時の空港等への見送り
受入企業に対する支援	・企業求人情報の現地機関への情報提供（特定技能外国人のあっせん） ・巡回訪問、指導・助言の実施	
費用負担	・機構が定める費用の支払いが必要	・登録支援機関が定める委託料の支払いが必要

特定技能(建設分野)と技能実習との受入の仕組みの比較

国土交通省

特定技能(建設)の受入れの仕組み

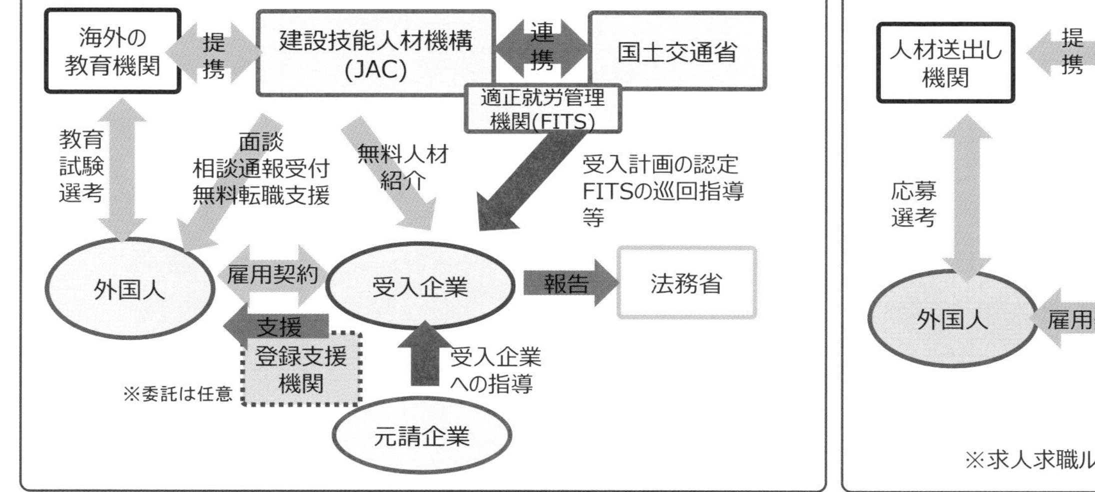

受入企業が支払う経費		金額
受入負担金	技能実習からの移行(試験免除)の場合	1万2500円/月・人 巡回指導、母国語相談ホットライン、国内受入企業との調整等
	事前教育・試験合格者の場合	2万円/月・人 教育訓練、試験実施、海外機関との調整等
支援費用	自社で支援体制を構築する場合	なし (JACが相談・苦情対応、転職支援を無償で支援)
	登録支援機関へ全部委託する場合	2~3.5万円(監理団体系) 1~1.5万円(行政書士系)

上記のほか、建設業団体への年会費(数万円程度)や実費(渡航費等)が必要
(団体加入しない場合、JACの賛助会費(24万円/年・社)が必要)

技能実習の受入れの仕組み

人材送出し
機関
提
携
監理団体
応募
選考
人材紹介
実習・生活指導
外国人技能実習
機構
実習計画の認定
受入企業や監理団体への実地検査等
を実施
外国人
雇用契約
受入企業

※求人求職ルートは、監理団体及び送り出し機関経由のみ

受入企業が支払う経費	金額
監理費	3~6万円/月・人 (通常4~5万円が一般的) 人材紹介費、監査指導費、送出機関へ管理費等 (例) 受入経費をHP公表しているE組合の場合 監理費 4万円(税込みで4.4万円)

上記のほか、監理団体への組合費(数万円~10万円)や実費(渡航費等)が必要

特定技能の建設分野と他分野の受入の仕組みの比較

国土交通省

特定技能（建設）の受入れの仕組み

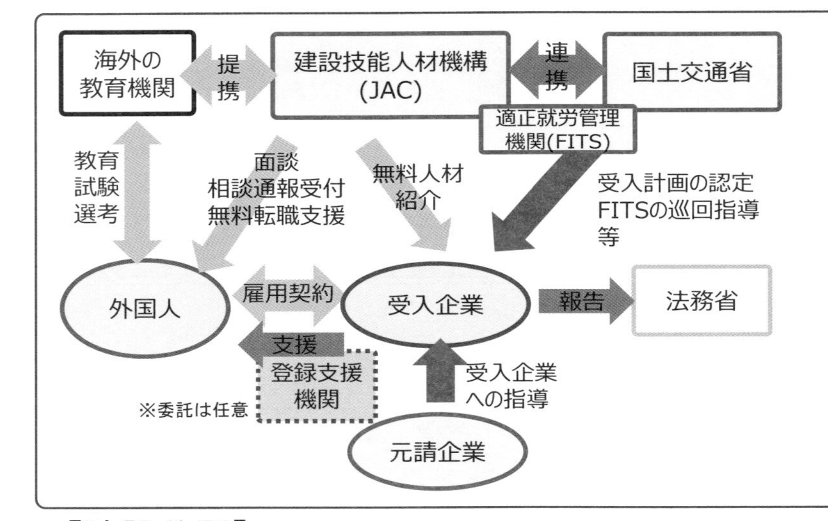

【建設分野】

①JACが無料職業紹介事業により人材紹介や転職支援を無償で行う

②一律の受入負担金を徴収し、独立機関が巡回指導や母国語相談等を行うことで、第三者性と中立性を確保。

⇒技能実習からの移行の場合、年15万円

⇒訓練・試験を経て初入国の場合、年24万円

③支援の一部をJACに無償委託可能

他分野の受入れの仕組み

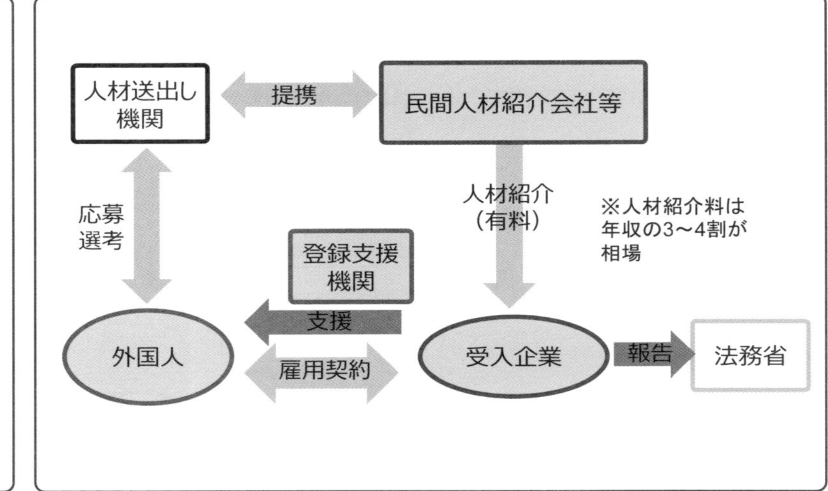

【他分野】

①有料職業紹介事業者が受入企業に対して有償で人材紹介することが一般的

⇒手数料（相場）は、年収の3割強
およそ70～80万円（月給20万円の場合）

②無料職業紹介の場合には、登録支援機関による支援（有償）をセットとすることが一般的

⇒支援委託費の相場はおよそ年40万円前後

特定技能外国人の在留資格取得までの主な流れ（イメージ）

国土交通省

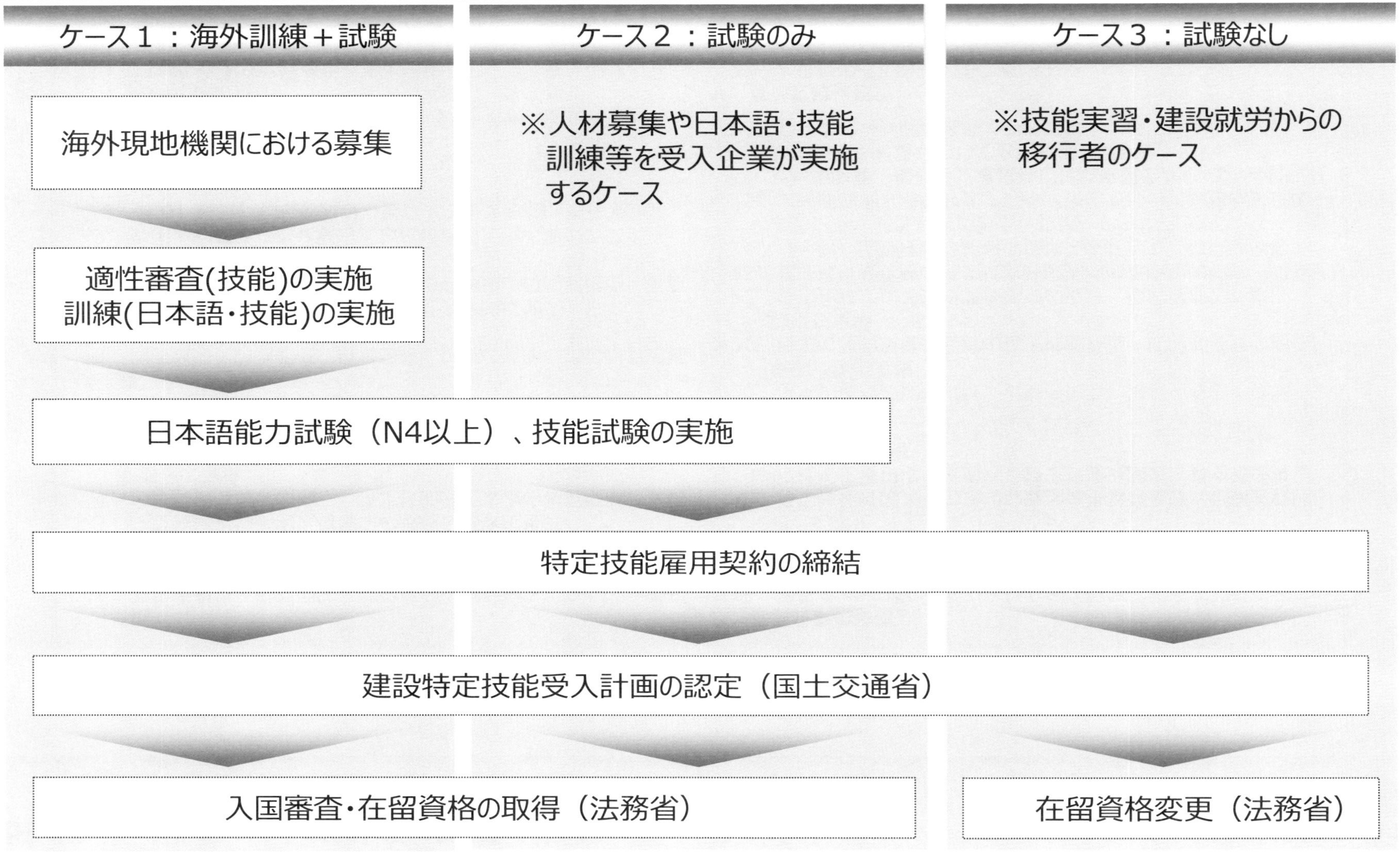

ケース１：海外訓練＋試験

海外現地機関における募集
↓
適性審査(技能)の実施
訓練(日本語・技能)の実施
↓
日本語能力試験（N4以上）、技能試験の実施
↓
特定技能雇用契約の締結
↓
建設特定技能受入計画の認定（国土交通省）
↓
入国審査・在留資格の取得（法務省）

ケース２：試験のみ

※人材募集や日本語・技能訓練等を受入企業が実施するケース

日本語能力試験（N4以上）、技能試験の実施
↓
特定技能雇用契約の締結
↓
建設特定技能受入計画の認定（国土交通省）
↓
入国審査・在留資格の取得（法務省）

ケース３：試験なし

※技能実習・建設就労からの移行者のケース

特定技能雇用契約の締結
↓
建設特定技能受入計画の認定（国土交通省）
↓
在留資格変更（法務省）

外国人受入れに係る行動規範

国土交通省

○ 特定技能外国人の適切かつ円滑な受入れの実現に向けた建設業界共通行動規範

【策定：一般社団法人 建設技能人材機構】

Ⅰ．総則

1．建設業界は一般社団法人建設技能人材機構を設立し、行動規範の遵守に一致協力
2．低賃金雇用により競争環境を不当に歪める者等との関係遮断
3．生産性向上や国内人材確保の取組を最大限推進
4．労働関係法令等の遵守、特定技能外国人との相互理解、文化や慣習の尊重

Ⅱ．受入企業（雇用者）の義務

5．特定技能外国人が在留資格を適切に有していることを常時確認
6．同等技能・同等報酬、月給制等、技能の習熟に応じた昇給等の適切な処遇
7．外国人を含め被雇用者を必要な社会保険に加入
8．契約締結時に雇用関係に関する重要事項の母国語説明、書面での契約締結
9．外国人であることを理由とした待遇の差別的取扱の禁止
10．暴力、暴言、いじめ及びハラスメントの根絶、職業選択上の自由の尊重
11．建設キャリアアップシステムへの加入、技能習得・資格取得の促進
12．安全確保に必要な技能・知識等の向上支援、元請企業が行う安全指導の遵守
13．日常生活上及び社会生活上の支援
14．直接的、間接的な手段を問わず悪質な引抜行為を禁止
15．機構の行う共同事業の費用を負担

Ⅲ．元請企業の役割

16．建設キャリアアップシステムの活用等による在留資格等の確認の徹底、不法就労者・失踪者等の現場入場禁止
17．正当な理由なく、特定技能外国人を工事現場から排除することを禁止
18．特定技能外国人への適切な安全衛生教育及び安全衛生管理
19．自社の工事現場で就労する特定技能外国人に対する労災保険の適用を徹底

Ⅳ．共同事業の実施

20．事前訓練及び技能試験、試験合格者や試験免除者の就職・転職支援の実施
21．日本の建設現場未経験の特定技能外国人に対する安全衛生教育を実施
22．受入企業による労働関係法令の遵守、理解促進等を推進
23．受注環境変化時の特定技能外国人への転職先の紹介、斡旋
24．（一財）国際建設技能振興機構に委託して、巡回訪問等による指導・助言業務、苦情・相談への対応を実施
25．地方部の求人情報発掘、都市部と地方部の待遇格差是正のための助言・指導等、建設特定技能協議会からの地域偏在対策に関する要請に応じて必要な措置を実施
26．会費徴収や共同事業等の事業運営を実施

Ⅴ．実効性確保措置

27．本規範の違反者に対する除名等
28．必要に応じた国土交通省、法務省その他関係機関と連携

Ⅵ．外国人技能実習生及び外国人建設就労者の取り扱い

29．特定技能外国人の取り扱いに準じた外国人技能実習生及び外国人建設就労者の適正な就労環境の確保

機構の事業概要について(1) 特定技能外国人受入関係業務①

国土交通省

○ 機構は、建設分野における特定技能外国人受入れに関する**共通行動規範の策定・運用**に加え、**海外現地機関と連携した教育訓練**、**技能評価試験**等を実施。

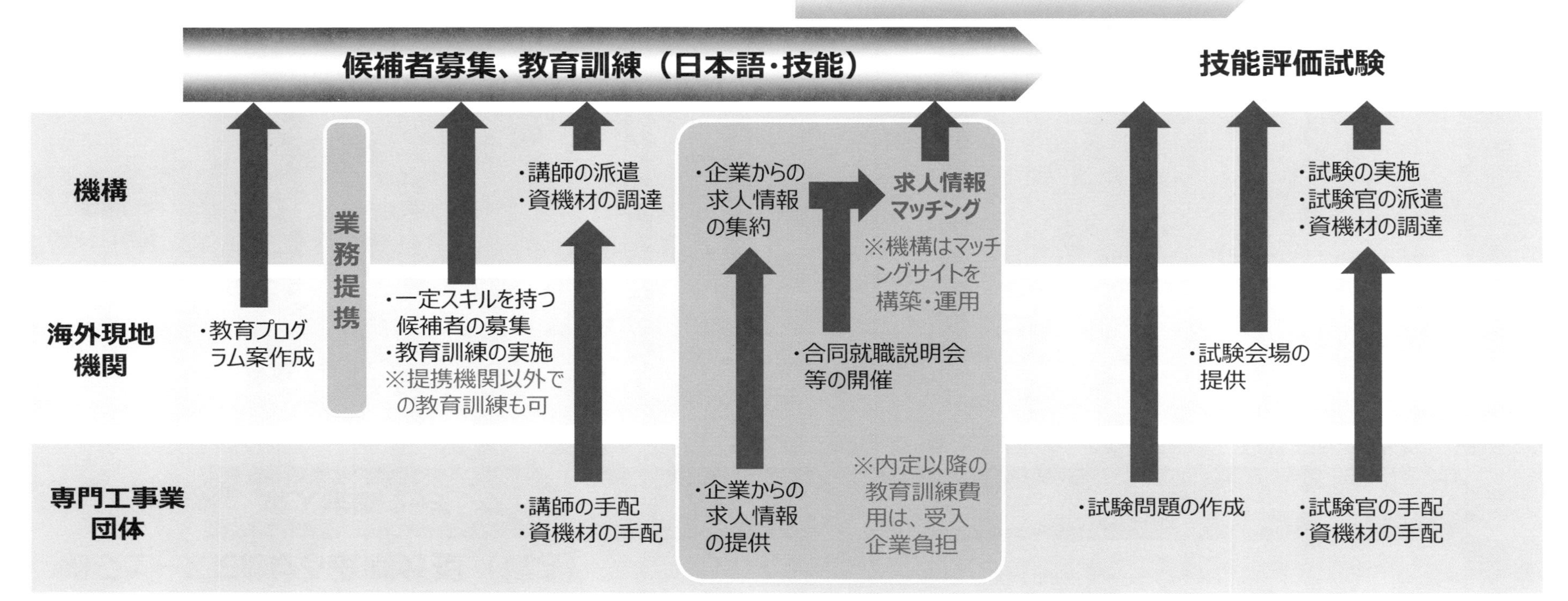

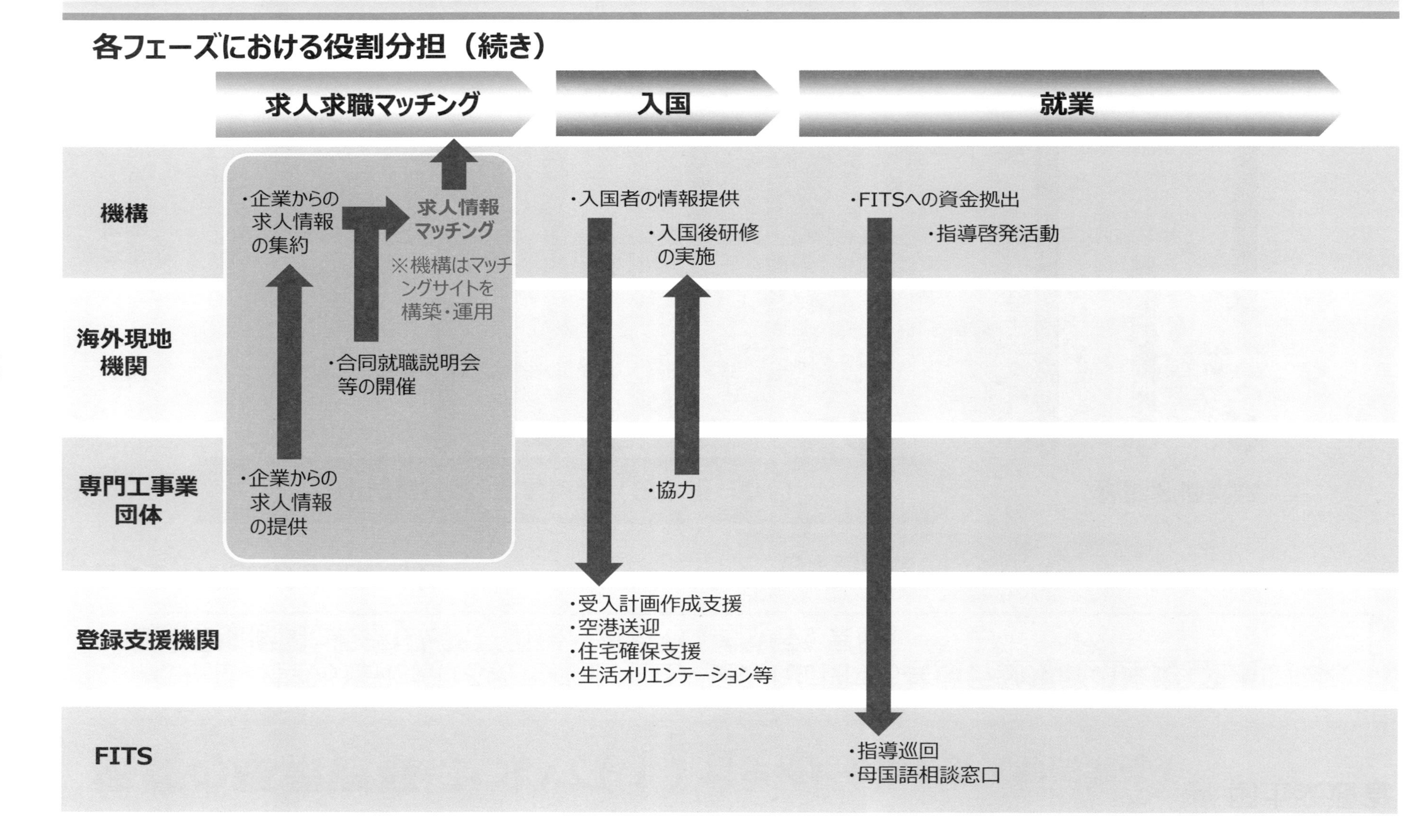
国土交通省
事業概要について（２）特定技能外国人受入関係業務②
各フェーズにおける役割分担（続き）
求人求職マッチング
入国
就業
機構
海外現地機関
専門工事業団体
登録支援機関
FITS
・企業からの求人情報の集約
求人情報マッチング
※機構はマッチングサイトを構築・運用
・合同就職説明会等の開催
・企業からの求人情報の提供
・入国者の情報提供
・入国後研修の実施
・協力
・受入計画作成支援
・空港送迎
・住宅確保支援
・生活オリエンテーション等
・FITSへの資金拠出
・指導啓発活動
・指導巡回
・母国語相談窓口

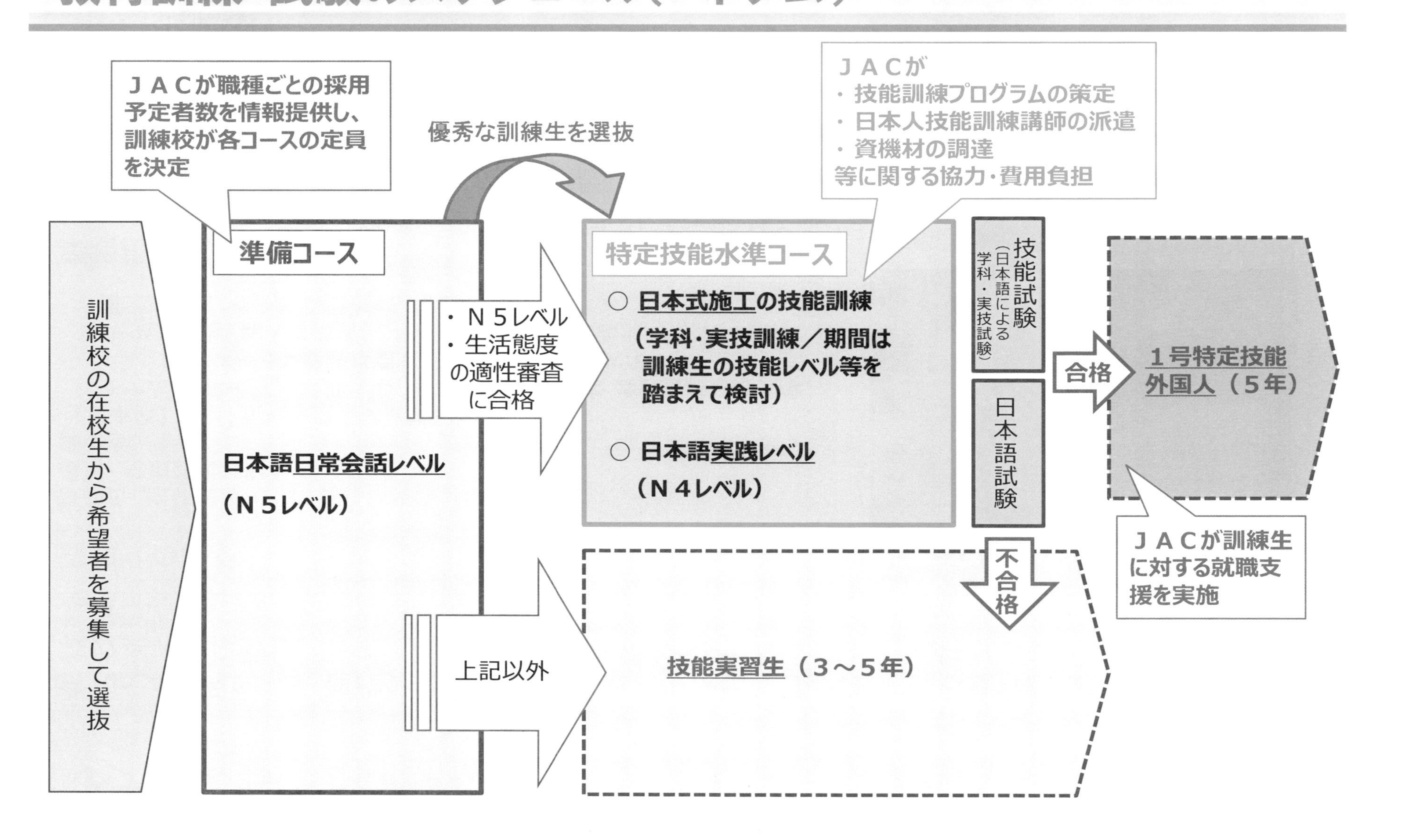
教育訓練・試験のスケジュール（ベトナム）
国土交通省
ＪＡＣが職種ごとの採用予定者数を情報提供し、訓練校が各コースの定員を決定
優秀な訓練生を選抜
ＪＡＣが
・技能訓練プログラムの策定
・日本人技能訓練講師の派遣
・資機材の調達
等に関する協力・費用負担
訓練校の在校生から希望者を募集して選抜
準備コース
日本語日常会話レベル
（Ｎ５レベル）
・Ｎ５レベル
・生活態度の適性審査に合格
特定技能水準コース
○ 日本式施工の技能訓練
（学科・実技訓練／期間は訓練生の技能レベル等を踏まえて検討）
○ 日本語実践レベル
（Ｎ４レベル）
技能試験（日本語による学科・実技試験）
日本語試験
合格
１号特定技能外国人（５年）
不合格
ＪＡＣが訓練生に対する就職支援を実施
上記以外
技能実習生（３～５年）

ベトナムにおける訓練校との業務提携覚書締結について

国土交通省

令和元年9月30日、建設分野特定技能外国人の送出し・受入れに係る教育訓練及び技能評価試験の実施等に関し、（一社）建設技能人材機構とベトナムにおける訓練校（5校）との間で、業務提携覚書を調印。

調印式の概要

調印日：令和元年9月30日
場所：都市建設短期大学
調印者：
【日本側】（一社）建設技能人材機構（JAC）
【ベトナム側】第一建設短期大学、都市建設短期大学、建設機械短期大学、ホーチミン建設短期大学、ミエンタイ建設大学
※（一社）建設技能人材機構と5校との間でそれぞれ個別に覚書を締結。
※国土交通省、ベトナム建設省も同席。

業務提携覚書の概要

・覚書は、特定技能外国人の適正かつ円滑な送出し・受入れの確保を図るとともに、国それぞれの法令等に則り、必要な業務を実施することを目的とする。
・各訓練校の責任において「準備コース」及び「特定技能水準コース」を開設し、訓練生に対して日本語教育、技能教育を実施する。
・JACの責任において技能評価試験を実施する。
・各訓練校が「準備コース」の訓練生募集を行う。
・日本の建設企業の採用予定数について、「準備コース」の募集前にJACが各訓練校に情報提供する。
・「特定技能水準コース」における日本式施工のための技能教育について、JACは教育プログラムの策定や講師派遣、資機材の用意等の協力を行う。

ベトナムにおける教育訓練・技能評価試験の実施に係る業務提携予定訓練校

国土交通省

○ 都市建設短期大学（College of Urban Works Construction）（ハノイ）

教育職種：左官、コンクリート圧送

（概況）
- 学生数は約1，000人
- Wi-Fi・インターネット利用可能
- 日本語教育は日本人講師により実施

○第一建設短期大学（Construction Technical College No1）（ハノイ）

教育職種：型枠施工、鉄筋施工

（概況）
- 学生数は約2，500人
- 教室40室、実習場1500㎡
- Wi-Fi・インターネット利用可能
- 必要であれば日本語教育は連携校において実施

ベトナムにおける教育訓練・技能評価試験の実施に係る業務提携訓練校

国土交通省

○ 建設機械短期大学（College of Mechanized Construction）（ハノイ）

教育職種： 建設機械施工、土工、鉄筋継手

（概況）

- 学生数は約2，000人
- 教室12室（今後8教室追加予定）、建設機械の実習場2カ所
- Wi-Fi ・インターネット利用可能
- 日本語教育は連携校において実施、必要なら日本語講師を採用予定

○ ホーチミン建設短期大学（Ho Chi Minh City College of Construction）（ホーチミン）

教育可能職種： トンネル推進工、内装仕上げ

（概況）

- 学生数は約4，500人
- 教室40室、実習場1.5ha（そのうち屋根有 400㎡）
- Wi-Fi ・インターネット利用可能
- 必要なら日本語講師を採用予定

ベトナムにおける教育訓練・技能評価試験の実施に係る業務提携訓練校

国土交通省

○ミエンタイ建設大学（Mien Tay Construction University）（ホーチミン）

教育可能職種：屋根ふき

（概況）

- 学生数は約4，500人
- 教室66室、実習場2カ所（計17ha）
- Wi-Fi・インターネット利用可能
- 日本語教育は近隣の日本語学校と連携

建設キャリアアップシステムの構築

国土交通省

○「建設キャリアアップシステム」は、技能者の資格、社会保険加入状況、現場の就業履歴等を業界横断的に登録・蓄積する仕組み

○若い世代にキャリアパスと処遇の見通しを示し、技能と経験に応じ給与を引き上げ、将来にわたって建設業の担い手を確保し、ひいては、建設産業全体の価格交渉力を向上させるもの

○また、労務単価の引き上げや社会保険加入の徹底といった、これまでの技能者の処遇改善の取組をさらに加速させるもの

○平成３１年４月より「本運用」を開始。初年度で１００万人、５年で全ての技能者の登録を目標

<建設キャリアアップシステムの概要>

※システム運営主体
（一財）建設業振興基金

技能者情報等の登録

【事業者情報】
・商号
・所在地
・建設業許可情報　等

【現場情報】
・現場名
・工事の内容
・施工体制　　等

【技能者情報】
・本人情報
・保有資格
・社会保険加入状況等

カードの交付・現場での読取

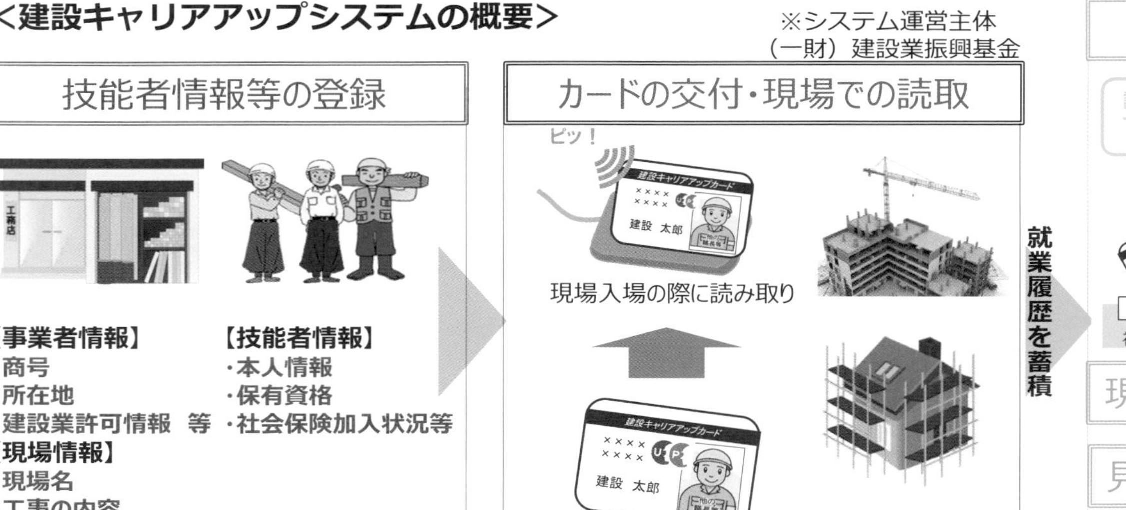

就業履歴を蓄積

技能者の経験の見える化・能力評価

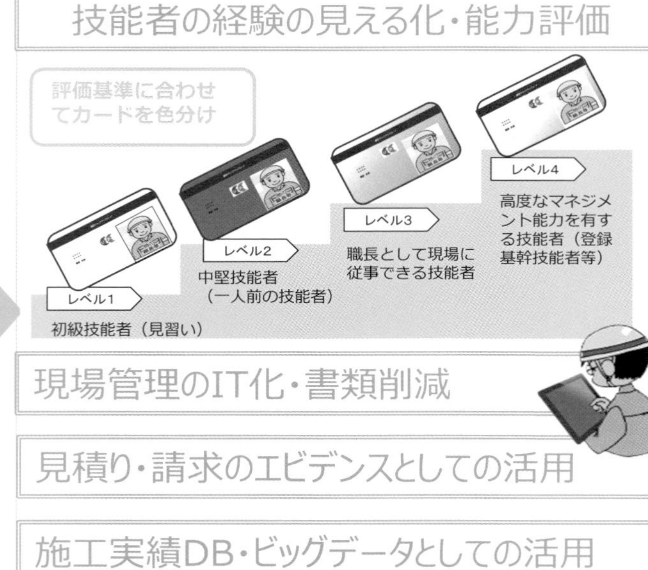

現場管理のIT化・書類削減

見積り・請求のエビデンスとしての活用

施工実績DB・ビッグデータとしての活用

特定技能制度に係る問い合わせ先

国土交通省

○建設特定技能受入計画の申請について

※令和元年４月１日より原則としてオンライン申請になりました
「外国人就労監理システム」
https://gaikokujin-shuro.keg.jp/gjsk_1.0.0/portal

※申請に係るお問合せは受入企業の主たる営業所の所在地を管轄する下記地方整備局等にご連絡ください

北海道開発局　事業振興部　建設産業課	電話番号　０１１－７０９－２３１１ （内線：５８９５）
東北地方整備局　建政部　建設産業課	電話番号　０２２－２６３－６１３１
関東地方整備局　建政部　建設産業第一課	電話番号　０４８－６０１－３１５１ （内線：６６４３）
北陸地方整備局　建政部　計画・建設産業課	電話番号　０２５－３７０－６５７１
中部地方整備局　建政部　建設産業課	電話番号　０５２－９５３－８５７２
近畿地方整備局　建政部　建設産業第一課	電話番号　０６－６９４２－１０７１
中国地方整備局　建政部　計画・建設産業課	電話番号　０８２－２２１－９２３１
四国地方整備局　建政部　計画・建設産業課	電話番号　０８７－８１１－８３１４
九州地方整備局　建政部　建設産業課	電話番号　０９２－４７１－６３３１ （内線：６１４７，６１４２）
沖縄総合事務局　開発建設部　建設産業・地方整備課	電話番号　０９８－８６６－１９１０

○その他制度全般について

国土交通省ホームページ
http://www.mlit.go.jp/totikensangyo/const/totikensangyo_const_tk2_000118.html

建設キャリアアップシステムの利用手順

国土交通省

Step.1
情報の登録・登録料の支払
（技能者の方）

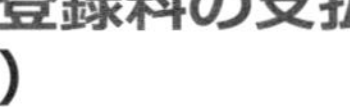

技能者

○必須情報
・本人情報
（住所、氏名、生年月日、性別、国籍 等）
・所属事業者名、職種
・社会保険加入状況、建退共加入状況　等
○推奨情報
・保有資格、研修受講履歴、表彰
・健康診断受診歴　等

技能者と所属事業者の関連付け

☆下請事業者の方
Step.1
情報の登録・登録料の支払

事業者
下請

・商号、所在地
・建設業許可情報
・資本金、業種等
・社会保険加入状況　等

☆元請事業者の方
Step.1
情報の登録・登録料の支払

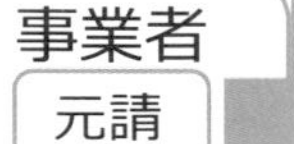

事業者
元請

・商号、所在地
・建設業許可情報
・資本金、業種等
・社会保険加入状況　等

Step.2
カードの取得

Step.3
現場の登録

元請事業者として現場を開設する事業者の方は、現場を開設する際に現場・契約情報を登録

・現場名
・工事内容 等

Step.4
施工体制の登録

事業者の方は、現場・契約情報に対して、それぞれの施工体制を登録し、自社に所属する技能者の情報（氏名、職種、立場（職長等）を登録

・請負次数
・所属技能者の情報 等

Step.5
就業履歴の蓄積

元請事業者の方は現場にカードリーダーを設置

Step.6
経験の見える化

いつ、どの現場で、どの職種で、どの立場（職長など）で働いたのか、日々の就業実績として電子的に記録・蓄積されます

【重要】
利用するために必要なモノ
①事業者ID、技能者ID（カード）
②現場運用マニュアル
③建レコ
④カードリーダー
⑤パソコンまたはiPad、iPhone

建設キャリアアップシステムのメリット

国土交通省

1. 技能者のメリット

①CCUS情報を活用した能力評価と、レベルごとの年収目安の明確化による、**賃金水準の相場感の形成**、引き上げ/ダンピング防止

②現場や勤務先が変わっても、**自らの能力を客観的に証明可能に**

③**カードリーダータッチ**で日々310円の**建退共掛金を積み立て（元請が一括して掛金支払い）**

2. 下請業者側から見たメリット

①自社が雇用する技能者の数や保有資格、社会保険加入状況等が明らかになり、**取引先からの信頼が得やすくなる（＝企業の実力の見える化）**

②技能者の能力評価と連動した専門工事企業の**施工能力等の見える化（4段階評価）**も令和3年度から開始

③**出面管理**のIT化、**賃金や代金支払いの根拠**が明確に

3. 元請や上位下請から見たメリット

①初めて仕事する下請業者の実力や技能者の資格等(＊)**の確認**ができ、**施工の安心感**につながる
＊**社会保険加入状況**や**安全衛生資格保有の有無**、一人親方の**労災特別加入状況**

②PCで作業の進捗状況の確認や下請への支払いの適正化などの**現場管理の効率化**

③施工体制台帳、作業員名簿の作成、建退共の証紙受払・貼付等の**作業の簡素化、ペーパーレス化**

④増える**外国人労働者の資格等の確認が容易**に

建設業界全体としては、
CCUSが普及することで・・・・

○若い世代への建設業のイメージアップ

○施主に対する価格交渉力アップ（エビデンスに基づく請求が可能）

○真に実力がある企業が選ばれる透明性の高い建設市場への変革

建設技能者の能力評価制度（概要）

国土交通省

○建設キャリアアップシステムに蓄積される就業履歴や保有資格を活用した技能者の能力評価基準を策定。
○基準に基づき、技能者の技能について、４段階の客観的なレベル分けを行う。レベル４として登録基幹技能者、レベル３として職長クラスの技能者を位置づけ。
○技能レベル（評価結果）を活用して、技能者一人ひとりの技能水準を対外的にＰＲし、技能に見合った評価や処遇の実現等を図る。

※第６回専門工事企業の施工能力の見える化等に関する検討会（平成31年3月6日）において了承、建設技能者の能力評価制度に関する告示及びガイドラインを平成31年4月1日に施行

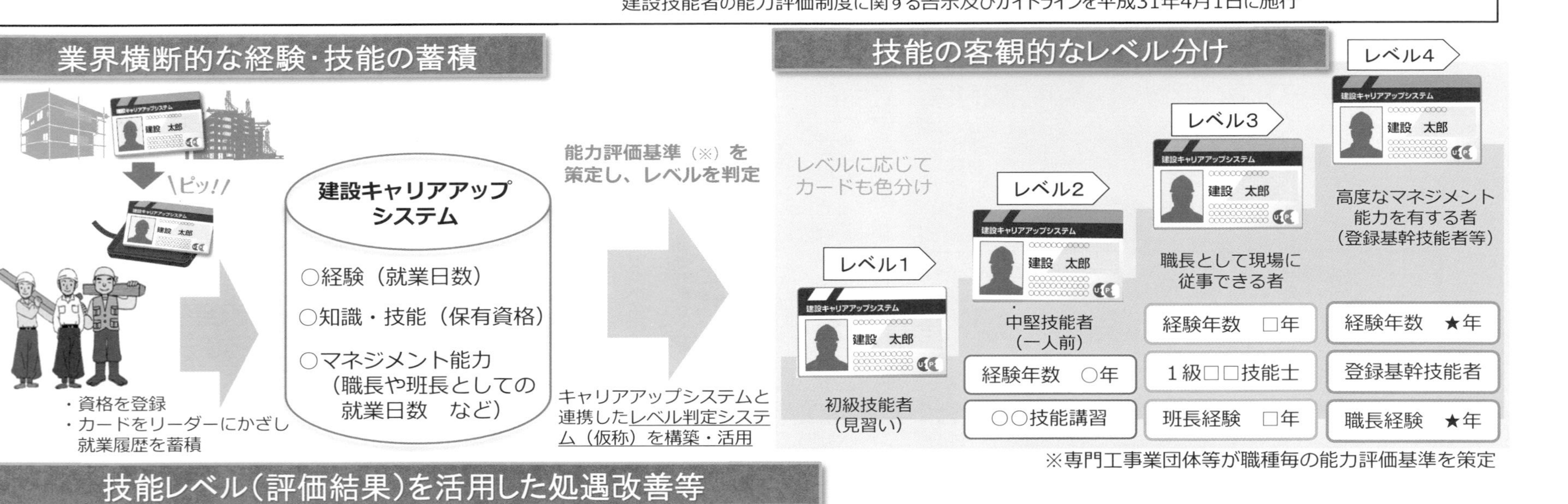

業界横断的な経験・技能の蓄積
\ピッ!!/
・資格を登録
・カードをリーダーにかざし就業履歴を蓄積
建設キャリアアップシステム
○経験（就業日数）
○知識・技能（保有資格）
○マネジメント能力（職長や班長としての就業日数　など）
能力評価基準（※）を策定し、レベルを判定
キャリアアップシステムと連携したレベル判定システム（仮称）を構築・活用
技能の客観的なレベル分け
レベルに応じてカードも色分け
レベル1
初級技能者（見習い）
レベル2
中堅技能者（一人前）
経験年数　○年
○○技能講習
レベル3
職長として現場に従事できる者
経験年数　□年
１級□□技能士
班長経験　□年
レベル4
高度なマネジメント能力を有する者（登録基幹技能者等）
経験年数　★年
登録基幹技能者
職長経験　★年
※専門工事業団体等が職種毎の能力評価基準を策定

技能レベル（評価結果）を活用した処遇改善等
○技能の対外的ＰＲ
技能をＰＲ！
取引先や顧客にＰＲ（価格交渉力の強化）
○キャリアパスの明確化
キャリアアップに必要な経験や技能が明らかに
レベル1
レベル2
レベル3
レベル4
若年層の入職拡大・定着促進

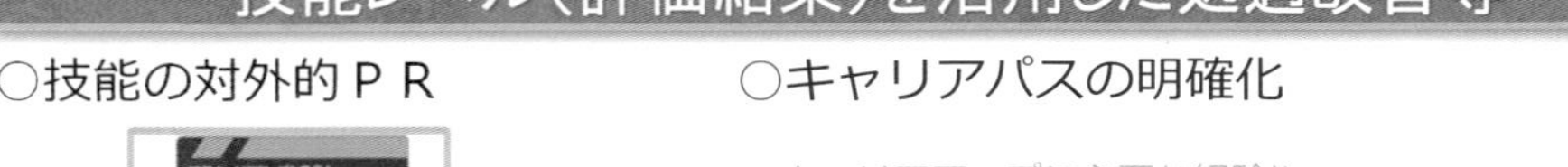

○専門工事企業の施工能力のＰＲ
所属する技能者のレベルや人数に応じた評価を見える化
人材育成に取り組み、高い施工能力を有していることをＰＲ
発注者（公共・民間）
元請企業
エンドユーザー
高いレベルの職人を育て、雇用する企業が選ばれていく

外国人建設就労者受入事業の仕組み

国土交通省

<概要>

期間：2015年度～2022年度末
※2017年11月の告示改正により2020年度以降の在留を可能とした（新規受入は2020年度末まで）

受入対象者：技能実習（第２号または第３号）修了者
（過去に修了し帰国した者を含む）

在留資格：特定活動

在留期間：２年以内
※本特定活動開始までの間に、本国に１年以上帰国した者は３年以内

<賃金水準>

外国人建設就労者の平均賃金：月額236,364円(n=523)
（参考）建設分野における1・2・3号技能実習生の平均賃金
1・2号 月額181,790円(n=595)
3号 月額221,963円(n=148)

※最低賃金：月額135,090円～173,223円
（月あたりの労働時間を171時間とした場合）
（令和元年度地域別最低賃金：790円～1,013円）
【出典】制度推進事業に係る受入状況実態把握調査（令和元年度）

<外国人建設就労者受入事業における監理体制>

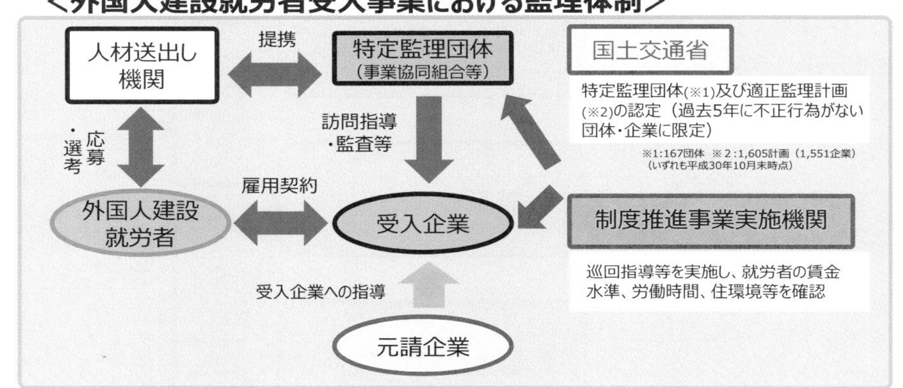

・受入計画の認定時に就労者の報酬が「同等の技能を有する日本人」と同等額以上であることを確認
・就労者への賃金支払や受入実態をきめ細かに把握するため、第三者機関を設立し、特定監理団体及び受入建設企業への巡回指導や就労者への面談を実施できる体制を構築
・認定した計画に基づいた受け入れが行われるよう、ガイドラインを策定し、元請企業の役割として、受入建設企業（下請企業）への指導等を位置づけ

<巡回指導における改善指導件数>

○建設企業1,007社に対する巡回指導において、賃金支払いの状況を含め、約3.5割に当たる350社に対し、改善指導が行われている。
※ 賃金支払いの状況を含めた指導とは、適正監理計画を下回る雇用条件での賃金支払、過大な控除（住居費等）、手当の未払、割増賃金の算定ミス等による一部不払等
※令和元年度実績

制度推進事業実施機関の活動状況について

国土交通省

1．特定監理団体・受入建設企業に対する巡回指導

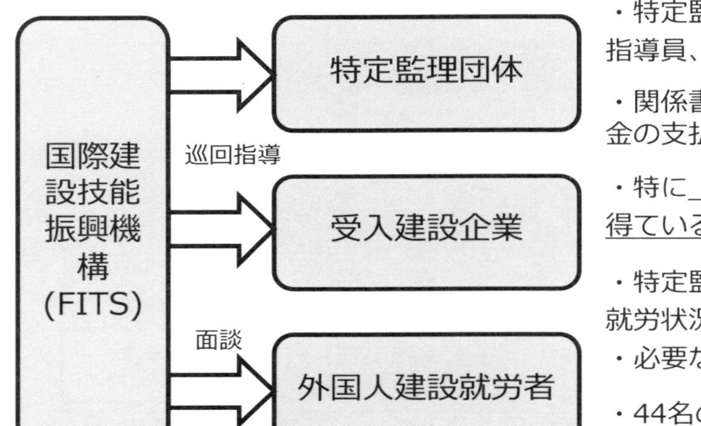

・特定監理団体・受入建設企業をそれぞれ別個に訪問し、役員、受入れの責任者、指導員、相談員等と面会。併せて住居や就労現場も出来る限り確認。

・関係書類の提出を求め、監査の方針・実施状況、適正監理計画どおりの就労や賃金の支払状況、労働関係法令の遵守状況等について確認。

・特に「同等の技能を有する日本人が従事する場合の報酬と同等額以上」の報酬を得ているかについて、賃金台帳、出勤簿、給与明細書等の提示を求めチェック。

・特定監理団体や受入建設企業関係者の同席を求めずに外国人建設就労者と面談し、就労状況、賃金の支払状況、悩みの有無等について本人から直接確認。

・必要な場合には関係者に指導・助言を実施。

・44名の指導相談員（バックグラウンド：行政書士、社会保険労務士、労働基準行政の経験者、建設業行政・地方行政等の経験者、母国語の通訳・翻訳）が巡回指導を担当。母国語相談員が同行または電話により通訳を担当。

・必要に応じて国土交通省も巡回指導に同行。

2．巡回指導の実施状況（平成27年5月～令和２年３月）

	27年度計	28年度計	29年度計	30年度計	令和元年度計	累　計
特定監理団体	127	157	142	115	106	647
受入建設企業	153	525	808	835	1,095	3,416
合計	280	682	950	950	1,201	4,063

・巡回指導には、建設就労者の受入れ後に行う通常型と、受入前に行う理解度確認型がある。
・これまでにのべ2,482名の外国人建設就労者と面談。

母国語ホットライン相談窓口について

国土交通省

FITS咨询热线

FITS（国际建设技能振兴机构）已开设「FITS咨询热线」，可以对应外国人建设就业者使用中文电话・传真・电子邮件的咨询。

中文电话咨询日及咨询时间

- 咨询日: 每星期的星期一、星期四及星期日（节假日除外）
- 咨询时间: 10点至18点（午休13点至14点除外）
- 免费电话号码: 0120-303-861
- 传真号码: 03-6206-8889
- 电子邮件: hotline@fits.or.jp

*FITS是为了支援外国人建设就业者以及接收方面有关人士而设立的一般财团法人。

▲ 中国語

ĐƯỜNG DÂY NÓNG HỖ TRỢ CỦA FITS

FITS (Tổ Chức Phát Triển Kỹ Năng Ngành Xây Dựng Quốc Tế) thành lập「Đường dây nóng hỗ trợ FITS」tiếp nhận tư vấn, giải đáp thắc mắc bằng tiếng Việt qua điện thoại, fax, email cho tất cả lao động ngành xây dựng người Việt Nam tại Nhật

Ngày và thời gian giải đáp bằng tiếng Việt

- Ngày giải đáp: Thứ 2, thứ 5 và Chủ nhật hàng tuần (trừ ngày nghỉ lễ)
- Thời gian nhận điện thoại: Từ 10:00 đến 18:00 (trừ thời gian nghỉ trưa từ 13:00 đến 14:00)
- Số điện thoại tư vấn miễn phí: 0120-303-862
- Số fax: 03-6206-8889
- E-mail: hotline@fits.or.jp

*FITS là một tổ chức pháp nhân được thành lập để hỗ trợ cho người lao động nước ngoài trong ngành xây dựng, và các đơn vị sử dụng lao động có liên quan

▲ ベトナム語

KONSULTASI HOTLINE FITS

Lembaga Umum Peralihan Ilmu dan Keahlian Internasional Bidang Konstruksi atau FITS (Foundation for International Transfer of Skills and Knowledge in Construction) menyediakan saluran hotline untuk melayani konsultasi melalui telepon, faksimile, dan e-mail bagi para pekerja konstruksi asing di Jepang.

JADWAL PELAYANAN KONSULTASI DALAM BAHASA INDONESIA

- Hari Konsultasi: Hari Minggu dan Kamis (kecuali hari libur kerja/nasional)
- Waktu Konsultasi: Pukul 10.00 sampai 18.00 malam (tidak termasuk istirahat siang pukul 13.00-14.00)
- Nomor Telepon: Konsultasi Gratis 0120-303-863
- Nomor Faksimile: 03-6206-8889
- Alamat E-mail: hotline@fits.or.jp

*FITS merupakan lembaga umum yang didirikan demi mendukung aktifitas para pekerja konstruksi asing dan semua pihak yang terlibat dalam proses penerimaan para pekerja tersebut.

▲ インドネシア語

Pagkonsultang ginaganap ng FITS

Ang FITS (SALIGAN SA INTERNASYONAL NA PAGBABAHAGI NG KAALAMAN AT KASANAYAN SA KONSTRUKSIYON) ay nagbukas ng "Pagkonsultang ginaganap ng FITS" para mga manggagawang dayuhan sa konstruksiyon upang tumanggap ng inyong tawag, Fax, at e-mail ukol sa pagkonsulta sa inyong katutubong wika.

Araw at oras ng pagsangguni sa telepono para sa wikang Filipino

- Araw ng pagkonsulta: Tuwing Linggo at Huwebes (Maliban sa mga espesyal na araw)
- Oras ng pagkonsulta: 10:00 ng umaga hanggang alas 6:00 ng gabi (Maliban sa oras ng tanghalian 1:00 hanggang 2:00 ng hapon)
- Tel: 0120-303-864 (Libreng pagtawag)
- Fax: 03-6206-8889
- e-mail: hotline@fits.or.jp

*Ang FITS ay organisasyong itinatag upang matulungan ang mga manggagawang dayuhan sa konstruksiyon at mga taong may kaugnayan sa kanilang pagtanggap.

▲ フィリピン語

FITS Hotline Consultation

FITS (Foundation for International Transfer of Skills and Knowledge in Construction) opens "FITS Hotline Consultation" for foreign construction worker's consultation through telephone, Fax, or e-mail in your native language.

Consultation days and hours by telephone in English

- Consultation day: Every Sunday and Thursday (except public holidays)
- Consultation hours: 10:00am to 6:00pm (except lunch hour from 1:00-2:00pm)
- Tel: 0120-303-864 (Toll free)
- Fax: 03-6206-8889
- e-mail: hotline@fits.or.jp

*FITS was established as a general incorporated foundation to support foreign construction workers and those who are involved in their acceptance.

Foundation for International Transfer of Skills and Knowledge in Construction

This card is an information of hotline consultation of foreign construction workers. Efforts will be made to ensure that those who consult with us are not in any way treated unreasonably, so please feel free to call.
Do not lend or hand over this card to others.

2018.4

発行者（一般財団法人）国際建設技能振興機構（FITS）
Issuer: (General incorporated foundation) Foundation for International Transfer of Skills and Knowledge in Construction (FITS)
住所 東京都千代田区鍛冶町1-4-3 竹内ビル6階
Address: Takeuchi Bldg. 6F 1-4-3 Kajicho, Chiyoda-ku, Tokyo
電話番号 (Tel) 03-6206-8877
URL http://www.fits.or.jp
このカードを拾得された方は、お手数ですが上記にご連絡ください。

▲ 英語（表、裏）

✓ 外国人建設就労者に対する支援として、国において、母国語ホットライン相談窓口を設置し、5か国語（中国語、ベトナム語、インドネシア語、フィリピン語、英語）による相談の受付を実施。

✓ 母国語相談の受付日時や連絡先等の案内については、

①国交省からの業務委託先である（一財）国際建設技能振興機構のHPへの掲載

②窓口の開設時間や連絡先を記載した「ホットラインカード」（左）の配布（入国時や巡回監査時）

により行っており、年間80件程度（H29年度）の相談を受けている。

【相談内容】有給休暇の取得、賃金支払い、受入企業の変更希望　等

【対　　応】相談を受けた（一財）国際建設技能振興機構において、外国人建設就労者の不安を取り除けるよう、本人の意向を尊重しつつ、受入企業・特定監理団体等との仲介

✓ なお、他の在留資格で入国した者（技能実習生等）についても、相談先が分からない等の問い合わせがあった場合は、担当窓口を紹介するなどの対応を行っている。

※技能実習生については外国人技能実習機構、その他在留資格に基づく外国人労働者については各労働局の窓口を紹介。

技能実習（建設分野）を巡る失踪問題

国土交通省

○建設分野での技能実習生失踪者の数、割合が最も多い

失踪者数	平成29年	平成30年（暫定値）
建設分野	2582名（36.4%）	3615名（39.9%）
全分野	7089名（100%）	9052名（100%）

○失踪の動機は、低賃金が7割（全分野）

1. 低賃金　67%
2. 実習後も稼働したい　18%
3. 指導が厳しい　13%

（※　失踪者2870名への聞き取り調査）

出典：いずれもH29法務省データ

○出入国管理及び難民認定法及び法務省設置法の一部を改正する法律案に対する附帯決議（抜粋）

<衆議院>（平成30年11月27日）

八　技能実習制度について、平成二十九年十一月に施行された新法に基づき、技能実習生の保護を適切に行い、失踪者の減少に努め、実習実施機関や監理団体に不適正な行為があるときは厳正に対処するほか、法務省において、新法の運用状況を速やかに検証し、その結果に応じて必要な措置をとること。

九　不法滞在者や失踪技能実習生を含む在留資格に応じた活動を行わない外国人を不法に雇い入れる雇用主の責任が重大であることに鑑み、関係機関の連携を強化し、不法就労助長行為の防止及び厳格な取締りに努めること。

<参議院>（平成30年12月８日）

三　技能実習に関する制度及び外国人留学生が出入国管理及び難民認定法第十九条第二項の許可を受けて行う報酬を受ける活動に関する制度の運用の実態を検証し、その結果に基づいて、制度又は運用の見直しその他の必要な措置を講ずること。

八　不法滞在者等を不法に雇い入れる雇用主や不法就労をあっせんする悪徳ブローカーの責任が重大であることに鑑み、関係機関の連携を強化し、不法就労助長行為の防止及び厳格な取締りに努めること。

建設業の特性を踏まえた対策の実施

国土交通省

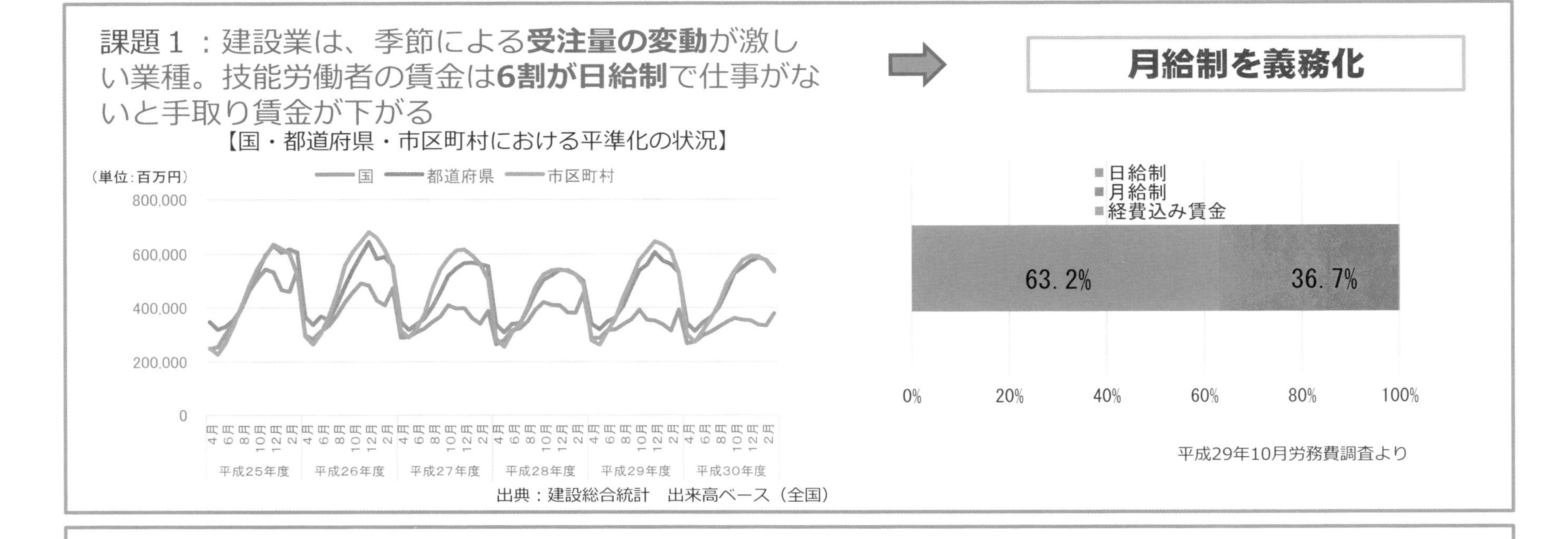

課題２：建設業は、受注した工事ごとに**就労する現場が変わる**

⇒ 雇用主による労務管理、就労管理が難しい
⇒ 現場ごとに他業者との接触が多く、引き抜き等の可能性が高い

建設キャリアアップシステムの登録義務化

課題３：**現場管理は元請、労働者を雇用**するのは下請の**専門工事業者**で、中小零細業者が大半

建設業許可を要件化
受入人数枠の設定

建設分野における受入れ基準の見直しについて

国土交通省

	特定技能 （新設する基準） ※2019.4.1より適用	技能実習 （下線部：追加する基準案） ※2020.1.1（人数枠の設定は2022.4.1）より適用	外国人建設就労者受入事業 （下線部：追加する基準案） ※2020.1.1（「その他」の規定は2019.7.5）より適用
受入企業に関する基準	・外国人受入れに関する計画の認定を受けること ・建設業法第３条の許可を受けていること ・建設キャリアアップシステムに登録していること ・建設業者団体が共同して設立した団体（国土交通大臣の登録が必要）に所属していること 等	・技能実習計画の認定を受けること ・建設業法第３条の許可を受けていること ・建設キャリアアップシステムに登録していること 等	・適正監理計画の認定を受けること ・建設業法第３条の許可を受けていること ・建設キャリアアップシステムに登録していること 等
処遇に関する基準	・１号特定技能外国人に対し、 ➢ 日本人と同等以上の報酬を ➢ 安定的に支払い（月給制）、 ➢ 技能習熟に応じて昇給を行うこと ・１号特定技能外国人に対し、雇用契約締結前に、重要事項を書面にて母国語で説明していること ・１号特定技能外国人を建設キャリアアップシステムに登録すること 等	・技能実習生に対し、 ➢ 日本人と同等以上の報酬を ➢ 安定的に支払うこと（月給制） ・雇用条件書等について、技能実習生が十分に理解できる言語も併記の上、署名を求めること ・技能実習生を技能実習2号移行時までに建設キャリアアップシステムに登録すること 等	・外国人建設就労者に対し、 ➢ 日本人と同等以上の報酬を、 ➢ 安定的に支払い（月給制）、 ➢ 技能習熟に応じて昇給を行うこと ・外国人建設就労者に対し、雇用契約締結前に、重要事項を書面にて母国語で説明していること ・外国人建設就労者を建設キャリアアップシステムに登録すること 等
その他	・１号特定技能外国人と外国人建設就労者との合計の数が、常勤職員の数を超えないこと	・技能実習生の数が常勤職員の総数を超えないこと（優良実習実施者である場合を除く。）	・１号特定技能外国人と外国人建設就労者との合計の数が、常勤職員の数を超えないこと

※技能実習・外国人建設就労者受入事業の新基準については、制度施行日以降に申請される１号技能実習計画・新規の適正監理計画の認定より適用。
※外国人建設就労者受入事業による外国人の新規の受入れの期限（2020年度末まで）及び当該事業による外国人の在留期限（2022年度末まで）については、変更無し。

Ⅱ．建設分野における特定技能の在留資格に係る制度の運用に関する方針

○建設分野における特定技能の在留資格に係る制度の運用に関する方針

法　務　大　臣
国家公安委員会
外　務　大　臣
厚生労働大臣
国土交通大臣

「経済財政運営と改革の基本方針2018」（平成30年６月15日閣議決定）を踏まえ、出入国管理及び難民認定法（昭和26年政令第319号。以下「法」という。）第２条の４第１項の規定に基づき、法第２条の３第１項の規定に基づき定められた「特定技能の在留資格に係る制度の運用に関する基本方針」（以下「基本方針」という。）にのっとって、建設分野における特定技能の在留資格に係る制度の運用に関する方針（以下「運用方針」という。）を定める。

１　人材を確保することが困難な状況にあるため外国人により不足する人材の確保を図るべき産業上の分野（特定産業分野）

建設分野

２　特定産業分野における人材の不足の状況（当該産業上の分野において人材が不足している地域の状況を含む。）に関する事項

⑴　特定技能外国人受入れの趣旨・目的

建設分野において深刻化する人手不足に対応するため、専門性・技能を生かした業務に即戦力として従事する外国人を受け入れることで、本分野の存続・発展を図り、もって我が国の経済・社会基盤の持続可能性を維持する。

⑵　生産性向上や国内人材確保のための取組等

建設分野は深刻な人手不足の状況にあるが、国土交通省や業界団体等における生産性向上や国内人材確保のための取組により、一定の成果が確認されている。

（生産性向上のための取組）

生産性向上に係る具体的な施策としては、令和７年度（2025年度）までに建設現場の生産性を２割向上させるという目標等を踏まえながら、施工時期の平準化、新技術導入やICT等の活用によるi-Constructionの推進、建設リカレント教育や多能工化の推進等による人材育成の強化等に取り組んでいるところである。今後はこれらに加えて、建設生産・管理システムのあらゆる段階におけるICT等の活用、建設キャリアアップシステムを活用した現場管理の効率化等の取組を進めることとしている。こうした取組を通じて、年間１％程度の労働効率化につなげていくこととしている。

（国内人材確保のための取組）

国内人材確保に係る具体的な施策としては、平成23年度以降６年連続での公共工事設計労務単価の引上げ、社会保険の加入徹底等による建設技能者の処遇改善に向けた取組のほか、建設業の魅力を積極的に発信し、建設業を希望する入職者を増やす取組を行っているところであり、例えば、新規学卒者の建設技能者を含めた建設業入職者数は、平成24年の約3.3万人から平成29年は約４万人に増加するなど、増加が確認されている。

今後はこれらに加えて、建設キャリアアップシステムの構築等によって建設技能者の就業履歴や保有資格を業界横断的に蓄積し、適正な評価と処遇につなげる取組を更に進めるとともに、適正な工期設定・施工時期の平準化等による長時間労働の是正等、建設業における働き方改革についても推進することとしている。こうした取組を通じて、若者・女性の入職、高齢者の更なる活躍等を促進し、近年の新規学卒者における建設業の入職実績等も踏まえながら、施策を講じなかった場合と比べて１万人～２万人程度の就労人口の純増を図ることとしている。

⑶　受入れの必要性（人手不足の状況を判断するための客観的指標を含む。）

建設分野においては、高齢の熟練技能者の大量引退が始まりつつあり、現在の年齢構成等を踏まえれば、平成30年度には建設技能者約329万人、令和５年度には約326万人となると見込んでいる。一方で、建設業従事者の長時間労働を、製造業を下回る水準まで減少させるなどの働き方改革の進展を踏まえ、必要となる労働力を

平成30年度は約331万人、令和５年度には約347万人と見込んでいる。このため、建設技能者の人手不足数は、平成30年度時点で約２万人、令和５年度時点で約21万人と推計している。

また、平成29年度の建設分野の有効求人倍率は4.13倍となっていることを踏まえても、建設分野における人手不足は深刻な状況であるといえる。

毎月実施している建設労働需給調査（国土交通省）等によると、大規模災害からの復旧・復興工事や国土強靱化対策、様々な地域で行われるプロジェクト等に応じて、地域によっては人手不足感が強くなっていることがわかる。

以上のような建設分野において深刻化する人手不足に対応するため、同分野においては、官民を挙げて上記⑵の取組を進めることとしており、今後５年間で、令和５年度時点の人手不足の見込数21万人のうち、生産性向上の取組により16万人程度の労働効率化を図りつつ、国内人材確保の取組により、施策を講じなかった場合と比べて１万人～２万人程度の就労人口の純増を図ることとしている。

このような取組を行ってもなお生じる人手不足について、一定の専門性・技能を有する外国人の受入れで充足することが、当該分野の基盤を維持し、今後も発展させていくために必要不可欠である。

⑷　受入れ見込数

建設分野における１号特定技能外国人の向こう５年間の受入れ見込数は、最大４万人であり、これを向こう５年間の受入れの上限として運用する。

向こう５年間で21万人程度の人手不足が見込まれる中、今般の受入れは、毎年１％程度（５年間で16万人程度）の生産性向上及び追加的な国内人材の確保（５年間で１万人～２万人程度）を行ってもなお不足すると見込まれる数を上限として受け入れるものであり、過大な受入れ数とはなっていない。

3　特定産業分野において求められる人材の基準に関する事項

建設分野において特定技能の在留資格で受け入れる外国人は、以下に定める試験に合格した者（２号特定技能外国人については、実務経験の要件も満たす者）とする。

また、特定技能１号の在留資格については、建設分野に関する第２号技能実習を修了した者は、必要な技能水準及び日本語能力水準を満たしているものとして取り扱う。

⑴　１号特定技能外国人

ア　技能水準（試験区分）

別表１ａ．試験区分（３⑴ア関係）の欄に掲げる試験

イ　日本語能力水準

「国際交流基金日本語基礎テスト」又は「日本語能力試験（Ｎ４以上)」

⑵　２号特定技能外国人

技能水準（試験区分及び実務経験）

ア　試験区分

別表２ａ．試験区分（３⑵ア関係）の欄に掲げる試験

イ　実務経験

建設現場において複数の建設技能者を指導しながら作業に従事し、工程を管理する者（班長）としての実務経験を要件とする。

4　法第７条の２第３項及び第４項（これらの規定を同条第５項において準用する場合を含む。）の規定による同条第１項に規定する在留資格認定証明書の交付の停止の措置又は交付の再開の措置に関する事項

⑴　国土交通大臣は、有効求人倍率等の公的統計等の客観的指標等を踏まえ、人手不足の状況の変化に応じて運用方針の見直しの検討・発議等の所要の対応を行うとともに、上記２⑷に掲げた向こう５年間の受入れ見込数を超えることが見込まれる場合には、法務大臣に対し、受入れの停止の措置を求める。

⑵　受入れの停止の措置を講じた場合において、当該受入れ分野において再び人材の確保を図る必要性が生じた場合には、国土交通大臣は、法務大臣に対し、受入れの再開の措置を求める。

5　その他特定技能の在留資格に係る制度の運用に関する重要事項

⑴　特定技能外国人が従事する業務

特定技能外国人が従事する業務区分は、上記３⑴ア及び⑵アに定める試験区分に対応し、それぞれ以下のとおりとする。

ア　試験区分３⑴ア関係（１号特定技能外国人）
別表１ｂ．業務区分（５⑴ア関係）の欄に掲げる業務とする。
イ　試験区分３⑵ア関係（２号特定技能外国人）
別表２ｂ．業務区分（５⑴イ関係）の欄に掲げる業務とする。

⑵　建設分野の特性を踏まえて特に講じる措置
ア　建設業者団体及び元請企業に対して特に課す条件
①　建設業は多数の専門職種に分かれており、建設業者団体も多数に分かれていること等から、特定技能外国人の受入れに係る建設業者団体は、建設分野における外国人の適正かつ円滑な受入れを実現するため、共同して以下の取組を実施する団体を設けること。
・建設分野における特定技能外国人の適正かつ円滑な受入れの実現に向けた共同ルールの策定及び遵守状況の確認
・建設分野特定技能１号評価試験（以下「試験」という。）の実施に係る建設業者団体間の調整
・海外の現地機関との調整、試験場所の確保、受験者の募集、試験の実施等
・試験合格者及び試験免除者の就職先の斡旋・転職支援等
②　建設現場では、元請企業が現場管理の責任を負うことから、特定技能所属機関が下請企業である場合、元請企業は、特定技能所属機関が受け入れている特定技能外国人の在留・就労の資格及び従事の状況（就労場所、従事させる業務の内容、従事させる期間）について確認すること。
イ　特定技能所属機関に対して特に課す条件
建設業では、従事することとなる工事によって建設技能者の就労場所が変わるため現場ごとの就労管理が必要となることや、季節や工事受注状況による仕事の繁閑で報酬が変動するという実態もあり、特に外国人に対しては適正な就労環境確保への配慮が必要であることから、以下のとおりとする。
①　特定技能所属機関は、建設業法（昭和24年法律第100号）第３条の許可を受けていること。
②　特定技能所属機関は、国内人材確保の取組を行っていること。
③　特定技能所属機関は、１号特定技能外国人に対し、同等の技能を有する日本人が従事する場合と同等以上の報酬額を安定的に支払い、技能習熟に応じて昇給を行う契約を締結していること。
④　特定技能所属機関は、１号特定技能外国人に対し、雇用契約を締結するまでの間に、当該契約に係る重要事項について、当該外国人が十分に理解することができる言語で書面を交付して説明すること。
⑤　特定技能所属機関は、当該機関及び受け入れる特定技能外国人を建設キャリアアップシステムに登録すること。
⑥　特定技能所属機関は、外国人の受入れに関するア①の団体（当該団体を構成する建設業者団体を含む。）に所属すること。
⑦　特定技能１号の在留資格で受け入れる外国人の数と特定活動の在留資格で受け入れる外国人（外国人建設就労者）の数の合計が、特定技能所属機関の常勤の職員（外国人技能実習生、外国人建設就労者、１号特定技能外国人を除く。）の総数を超えないこと。
⑧　特定技能所属機関は、国土交通省の定めるところに従い、１号特定技能外国人に対する報酬予定額、安全及び技能の習得計画等を明記した「建設特定技能受入計画」の認定を受けること。
⑨　特定技能所属機関は、国土交通省又は国土交通省が委託する機関により、⑧において認定を受けた計画を適正に履行していることの確認を受けること。
⑩　⑨のほか、特定技能所属機関は、国土交通省が行う調査又は指導に対し、必要な協力を行うこと。
⑪　そのほか、建設分野での特定技能外国人の適正かつ円滑な受入れに必要な事項

⑶　特定技能外国人の雇用形態
直接雇用に限る。

⑷　治安への影響を踏まえて講じる措置
国土交通省は、基本方針を踏まえつつ、所掌事務を通じて治安上の問題となり得る事項を把握するために必要な措置を講じるとともに、把握した事項について制度関係機関と適切に共有する。
また、深刻な治安上の影響が生じるおそれがあると認める場合には、基本方針を踏まえつつ、国土交通省及び制度関係機関において、共同して所要の検討を行い、運用方針の変更を含め、必要な措置を講じる。

(5) 特定技能外国人が大都市圏その他の特定の地域に過度に集中して就労することとならないようにするために必要な措置

建設業については、今後本格化する大規模災害からの復旧・復興工事をはじめ、国土強靱化対策が集中的に実施されること等を踏まえれば、建設需要の増加に応じて全国的に人材需要が高まるものと考えられる。自治体における一元的な相談窓口の設置、ハローワークによる地域の就職支援等を着実に進める等の業種横断的な措置・方策に加え、国土交通省は、地方における人手不足の状況について、地域別の有効求人倍率や建設労働需給調査等により定期的な把握を行うとともに、本制度の趣旨や優良事例を全国的に周知し、必要な措置を講じること等により、各地域の事業者が必要な特定技能外国人を受け入れられるよう図っていく。

別表1

項番	a．試験区分（3(1)ア関係）	b．業務区分（5(1)ア関係）
1	建設分野特定技能1号評価試験（型枠施工）又は技能検定3級（型枠施工）	型枠施工（指導者の指示・監督を受けながら、コンクリートを打ち込む型枠の製作、加工、組立て又は解体の作業に従事）
2	建設分野特定技能1号評価試験（左官）又は技能検定3級（左官）	左官（指導者の指示・監督を受けながら、墨出し作業、各種下地に応じた塗り作業（セメントモルタル、石膏プラスター、既調合モルタル、漆喰等）に従事）
3	建設分野特定技能1号評価試験（コンクリート圧送）	コンクリート圧送（指導者の指示・監督を受けながら、コンクリート等をコンクリートポンプを用いて構造物の所定の型枠内等に圧送・配分する作業に従事）
4	建設分野特定技能1号評価試験（トンネル推進工）	トンネル推進工（指導者の指示・監督を受けながら、地下等を掘削し管きょを構築する作業に従事）
5	建設分野特定技能1号評価試験（建設機械施工）	建設機械施工（指導者の指示・監督を受けながら、建設機械を運転・操作し、押土・整地、積込み、掘削、締固め等の作業に従事）
6	建設分野特定技能1号評価試験（土工）	土工（指導者の指示・監督を受けながら、掘削、埋め戻し、盛り土、コンクリートの打込み等の作業に従事）
7	建設分野特定技能1号評価試験（屋根ふき）又は技能検定3級（かわらぶき）	屋根ふき（指導者の指示・監督を受けながら、下葺き材の施工や瓦等の材料を用いて屋根をふく作業に従事）
8	建設分野特定技能1号評価試験（電気通信）	電気通信（指導者の指示・監督を受けながら、通信機器の設置、通信ケーブルの敷設等の電気通信工事の作業に従事）
9	建設分野特定技能1号評価試験（鉄筋施工）又は技能検定3級（鉄筋施工）	鉄筋施工（指導者の指示・監督を受けながら、鉄筋加工・組立ての作業に従事）
10	建設分野特定技能1号評価試験（鉄筋継手）	鉄筋継手（指導者の指示・監督を受けながら、鉄筋の溶接継手、圧接継手の作業に従事）
11	建設分野特定技能1号評価試験（内装仕上げ）又は技能検定3級（内装仕上げ施工）	内装仕上げ（指導者の指示・監督を受けながら、プラスチック系床仕上げ工事、カーペット系床仕上げ工事、鋼製下地工事、ボード仕上げ工事、カーテン工事の作業に従事）
		表装（指導者の指示・監督を受けながら、壁紙下地の調整、壁紙の張付け等の作業に従事）
12	建設分野特定技能1号評価試験（とび）又は技能検定3級（とび）	とび（指導者の指示・監督を受けながら、仮設の建築物、掘削、土止め及び地業、躯体工事の組立て又は解体等の作業に従事）

13	建設分野特定技能1号評価試験（建築大工）又は技能検定3級（建築大工）	建築大工（指導者の指示・監督を受けながら、建築物の躯体、部品、部材等の製作、組立て、取り付け等の作業に従事）
14	建設分野特定技能1号評価試験（配管）又は技能検定3級（配管）	配管（指導者の指示・監督を受けながら、配管加工・組立て等の作業に従事）
15	建設分野特定技能1号評価試験（建築板金）又は技能検定3級（建築板金（内外装板金作業））	建築板金（指導者の指示・監督を受けながら、建築物の内装（内壁、天井等）、外装（外壁、屋根、雨どい等）に係る金属製内外装材の加工・取り付け又はダクトの製作・取り付け等の作業に従事）
16	建設分野特定技能1号評価試験（保温保冷）	保温保冷（指導者の指示・監督を受けながら、冷暖房設備、冷凍冷蔵設備、動力設備又は燃料工業・化学工業等の各種設備の保温保冷工事作業に従事）
17	建設分野特定技能1号評価試験（吹付ウレタン断熱）	吹付ウレタン断熱（指導者の指示・監督を受けながら、吹付ウレタン断熱工事等作業に従事）
18	建設分野特定技能1号評価試験（海洋土木工）	海洋土木工（指導者の指示・監督を受けながら、水際線域、水上で行うしゅんせつ及び構造物の製作・築造等の作業に従事）

別表２

項番	a．試験区分（３⑵ア関係）	b．業務区分（５⑴イ関係）
1	建設分野特定技能２号評価試験（型枠施工）又は技能検定１級（型枠施工）	型枠施工（複数の建設技能者を指導しながら、コンクリートを打ち込む型枠の製作、加工、組立て又は解体の作業に従事し、工程を管理）
2	建設分野特定技能２号評価試験（左官）又は技能検定１級（左官）	左官（複数の建設技能者を指導しながら、墨出し作業、各種下地に応じた塗り作業（セメントモルタル、石膏プラスター、既調合モルタル、漆喰等）に従事し、工程を管理）
3	建設分野特定技能２号評価試験（コンクリート圧送）又は技能検定１級（コンクリート圧送施工）	コンクリート圧送（複数の建設技能者を指導しながら、コンクリート等をコンクリートポンプを用いて構造物の所定の型枠内等に圧送・配分する作業に従事し、工程を管理）
4	建設分野特定技能２号評価試験（トンネル推進工）	トンネル推進工（複数の建設技能者を指導しながら、地下等を掘削し管きょを構築する作業に従事し、工程を管理）
5	建設分野特定技能２号評価試験（建設機械施工）	建設機械施工（複数の建設技能者を指導しながら、建設機械を運転・操作し、押土・整地、積込み、掘削、締固め等の作業に従事し、工程を管理）
6	建設分野特定技能２号評価試験（土工）	土工（複数の建設技能者を指導しながら、掘削、埋め戻し、盛り土、コンクリートの打込み等の作業に従事し、工程を管理）
7	建設分野特定技能２号評価試験（屋根ふき）又は技能検定１級（かわらぶき）	屋根ふき（複数の建設技能者を指導しながら、下葺き材の施工や瓦等の材料を用いて屋根をふく作業に従事し、工程を管理）
8	建設分野特定技能２号評価試験（電気通信）	電気通信（複数の建設技能者を指導しながら、通信機器の設置、通信ケーブルの敷設等の作業に従事し、工程を管理）
9	建設分野特定技能２号評価試験（鉄筋施工）又は技能検定１級（鉄筋施工）	鉄筋施工（複数の建設技能者を指導しながら、鉄筋加工・組立ての作業に従事し、工程を管理）
10	建設分野特定技能２号評価試験（鉄筋継手）	鉄筋継手（複数の建設技能者を指導しながら、鉄筋の溶接継手、圧接継手の作業に従事し、工程を管理）
11	建設分野特定技能２号評価試験（内装仕上げ）又は技能検定１級（内装仕上げ施工、表装）	内装仕上げ（複数の建設技能者を指導しながら、プラスチック系床仕上げ工事、カーペット系床仕上げ工事、鋼製下地工事、ボード仕上げ工事、カーテン工事の作業に従事し、工程を管理）
		表装（複数の建設技能者を指導しながら、壁紙下地の調整、壁紙の張付け等の作業に従事し、工程を管理）
12	建設分野特定技能２号評価試験（とび）又は技能検定１級（とび）	とび（複数の建設技能者を指導しながら、仮設の建築物、掘削、土止め及び地業、躯体工事の組立て又は解体等の作業に従事し、工程を管理）
13	建設分野特定技能２号評価試験（建築大工）又は技能検定１級（建築大工）	建築大工（複数の建設技能者を指導しながら、建築物の躯体、部品、部材等の製作、組立て、取り付け等の作業に従事し、工程を管理）

14	建設分野特定技能２号評価試験（配管）又は技能検定１級（配管）	配管（複数の建設技能者を指導しながら、配管加工・組立て等の作業に従事し、工程を管理）
15	建設分野特定技能２号評価試験（建築板金）又は技能検定１級（建築板金（内外装板金作業・ダクト板金作業）))	建築板金（複数の建設技能者を指導しながら、建築物の内装（内壁、天井等)、外装（外壁、屋根、雨どい等）に係る金属製内外装材の加工・取り付け又はダクトの製作・取り付け等の作業に従事し、工程を管理）
16	建設分野特定技能２号評価試験（保温保冷）又は技能検定１級（熱絶縁施工（保温保冷工事作業))	保温保冷（複数の建設技能者を指導しながら、冷暖房設備、冷凍冷蔵設備、動力設備又は燃料工業・化学工業等の各種設備の保温保冷工事作業に従事し、工程を管理）
17	建設分野特定技能２号評価試験（吹付ウレタン断熱）又は技能検定１級（熱絶縁施工（吹付け硬質ウレタンフォーム断熱工事作業))	吹付ウレタン断熱（複数の建設技能者を指導しながら、吹付ウレタン断熱工事等作業に従事し、工程を管理）
18	建設分野特定技能２号評価試験（海洋土木工）	海洋土木工（複数の建設技能者を指導しながら、水際線域、水上で行うしゅんせつ及び構造物の製作・築造等の作業に従事し、工程を管理）

Ⅲ.「建設分野における特定技能の在留資格に係る制度の運用に関する方針」に係る運用要領

○「建設分野における特定技能の在留資格に係る制度の運用に関する方針」に係る運用要領

平成30年12月25日
令和元年11月29日一部改正
令和２年２月28日一部改正
令和２年４月１日一部改正

法務省
警察庁
外務省
厚生労働省
国土交通省

出入国管理及び難民認定法（昭和26年政令第319号。以下「法」という。）第２条の４第１項の規定に基づき、建設分野における特定技能の在留資格に係る制度の適正な運用を図るため、建設分野における特定技能の在留資格に係る制度の運用に関する方針（以下「運用方針」という。）を定めているところ、運用方針に係る運用要領を以下のとおり定める。

第１　特定産業分野において認められる人材の基準に関する事項

１．技能水準及び評価方法等

⑴　「建設分野特定技能１号評価試験」又は「技能検定３級」（運用方針３⑴アの試験区分：運用方針別表１ａ．試験区分（３⑴ア関係）のとおり）

ア　技能水準及び評価方法（特定技能１号）

（技能水準）

当該試験は、図面を読み取り、指導者の指示・監督を受けながら、適切かつ安全に作業を行うための技能や安全に対する理解力等を有する者であることを認定するものであり、この試験の合格者は、一定の専門性・技能を用いて即戦力として稼働するために必要な知識や経験を有するものと認める。

（評価方法）

①　「建設分野特定技能１号評価試験」
試験言語：日本語
実施主体：国土交通省が試験機関として定める建設業者団体
実施方法：学科試験及び実技試験

②　「技能検定３級」
試験言語：日本語
実施主体：都道府県（一部事務は都道府県職業能力開発協会）
実施方法：学科試験及び実技試験

イ　試験の適正な実施を担保する方法

①　建設分野特定技能１号評価試験については、試験の実施に当たり、試験問題の厳重な管理、当該試験内容に係る実務経験を有する試験監督員の配置、顔写真付きの公的な身分証明書による当日の本人確認や持ち物検査の実施等、替え玉受験等の不正受験を防止する措置を講じる。

②　技能検定３級については、各試験実施主体において講じられている顔写真付きの公的な身分証明書による当日の本人確認の実施等の措置に従う。

⑵　「建設分野特定技能２号評価試験」又は「技能検定１級」（運用方針３⑵アの試験区分：運用方針別表２ａ．試験区分（３⑵ア関係）のとおり）

ア　技能水準及び評価方法（特定技能２号）

（技能水準）

当該試験への合格及び建設現場において複数の建設技能者を指導しながら作業に従事し、工程を管理する者（以下「班長」という。）としての実務経験（必要な年数については、試験区分ごとに国土交通省が別途定める。）を要件とする。当該試験は、上級の技能労働者が通常有すべき技能を有する者であることを認定するものである。また、班長としての実務経験を確認することで、その者が建設現場において複数の技能者を指導しながら作業に従事し、工程を管理する能力も有すると認められる。

従って、これらの要件を満たす者は、法第２条の３第１項に規定する特定技能の在留資格に係る制度の運用に関する基本方針（以下「基本方針」という。）に定める熟練した技能を有するものと認める。

（評価方法）

①　「建設分野特定技能２号評価試験」

試験言語：日本語

実施主体：国土交通省が試験機関として定める建設業者団体

実施方法：学科試験及び実技試験

②　「技能検定１級」

試験言語：日本語

実施主体：都道府県（一部事務は都道府県職業能力開発協会）

実施方法：学科試験及び実技試験

イ　試験の適正な実施を担保する方法

①　建設分野特定技能２号評価試験については、試験の実施に当たり、試験問題の厳重な管理、当該試験内容に係る実務経験を有する試験監督員の配置、顔写真付きの公的な身分証明書による当日の本人確認や持ち物検査の実施等、替え玉受験等の不正受験を防止する措置を講じる。

②　技能検定１級については、各試験実施主体において講じられている顔写真付きの公的な身分証明書による当日の本人確認の実施等の措置に従う。

(3)　国内試験の対象者

「建設分野特定技能１号評価試験」及び「建設分野特定技能２号評価試験」について、国内で試験を実施する場合、在留資格を有する者に限り、受験資格を認める。

２．日本語能力水準及び評価方法等（特定技能１号）

(1)　「国際交流基金日本語基礎テスト」

ア　日本語能力水準及び評価方法

（日本語能力水準）

当該試験は、本制度での受入れに必要となる基本的な日本語能力水準を判定するために国際交流基金が開発・実施する試験であるところ、これに合格した者については、ある程度日常会話ができ、生活に支障がない程度の能力を有するものと認められることから、基本的な日本語能力水準を有するものと評価する。

（評価方法）

実施主体：独立行政法人国際交流基金

実施方法：コンピューター・ベースド・テスティング（CBT）方式

イ　試験の適正な実施を担保する方法

同試験は、試験実施に必要な設備を備え、国外複数か国で大規模試験の実施実績があり、かつ、替え玉受験等の不正受験を防止する措置を講じることができる試験実施団体に業務委託することで適正な実施が担保される。

(2)　「日本語能力試験（Ｎ４以上）」

ア　日本語能力水準及び評価方法

（日本語能力水準）

当該試験に合格した者については、「基本的な日本語を理解することができる」と認定された者であることから、ある程度日常会話ができ、生活に支障がない程度の能力を有するものと認められ、本制度での受入れに必要となる基本的な日本語能力水準を有するものと評価する。

（評価方法）

実施主体：独立行政法人国際交流基金及び日本国際教育支援協会

実施方法：マークシート方式

イ　試験の適正な実施を担保する方法

同試験は30年以上の実績があり、また、国外実施における現地の協力団体は各国の大学や日本語教師会といった信頼性の高い団体であり、主催団体が提供する試験実施マニュアルに即して、試験問題の厳重な管理、試験監督員の研修・配置、当日の本人確認や持ち物検査の実施等、不正受験を防止する措置が適切に講じられている。

(3) 業務上必要な日本語能力水準

上記1(1)のいずれかの試験に合格した者（下記第3の2（1）において、当該試験を免除するとされた者を含む。）については、特定技能1号に係る業務上必要な日本語能力水準を満たすものと評価する。

第2 法第7条の2第3項及び第4項（これらの規定を同条第5項において準用する場合を含む。）の規定による同条第1項に規定する在留資格認定証明書の交付の停止の措置又は交付の再開の措置に関する事項

1．建設分野をめぐる人手不足状況の変化の把握方法

国土交通大臣は、以下の指標をもって人手不足状況の変化を的確に把握する。

(1) 建設分野の特定技能外国人在留者数（3か月に1回法務省から国土交通省に提供）
(2) 有効求人倍率（厚生労働省「一般職業紹介状況」）
(3) 労働力調査（総務省）
(4) 建設労働需給調査（国土交通省）
(5) 建設投資見通し（国土交通省）
(6) その他人手不足状況の変化の把握が可能な指標

2．人手不足状況の変化等を踏まえて講じる措置

(1) 国土交通大臣は、上記1に掲げた指標及び動向の変化や当初の受入れ見込数とのかい離、就業構造や経済情勢の変化、公共・民間、土木・建築別の建設投資の動向等を踏まえ、人手不足の状況に変化が生じたと認める場合には、それらの状況を的確に把握・分析を加えた上で、変化に応じた人材確保の必要性を再検討し、状況に応じて運用方針の見直しの検討・発議等の所要の対応を行う。

また、向こう5年間の受入れ見込数を超えることが見込まれる場合には、法務大臣に対し、受入れの停止の措置を求める。

(2) 上記(1)で受入れの停止の措置を講じた場合において、当該受入れ分野において再び人材の確保を図る必要性が生じた場合には、国土交通大臣は、受入れの再開の措置を講じることを発議する。

第3 その他特定技能の在留資格に係る制度の運用に関する重要事項

1．特定技能外国人が従事する業務

建設分野において受け入れる1号特定技能外国人が従事する業務は、運用方針3(1)アに定める試験区分及び運用方針5(1)アに定める業務区分に従い、上記第1の1(1)のいずれかの試験合格又は下記2(1)の技能実習2号移行対象職種・作業修了により確認された技能を要する業務をいう。

また、2号特定技能外国人が従事する業務は、運用方針3(2)アに定める試験区分及び運用方針5(1)イに定める業務区分に従い、上記第1の1(2)のいずれかの試験合格及び実務経験により確認された技能を要する業務をいう。

あわせて、これらの業務に従事する日本人が通常従事することとなる関連業務（例：作業準備、運搬、片付けのような試験等によって専門性を確認されない業務）に付随的に従事することは差し支えない。

2．技能実習2号を良好に修了した者の技能及び日本語能力の評価

(1) 建設分野において受け入れる1号特定技能外国人が、必要な技能水準・日本語能力水準を満たしているものとして取り扱う場合における業務内容と技能実習2号移行対象職種において修得する技能との具体的な関連性については、別表のとおりとする。

この場合、当該職種に係る第2号技能実習を良好に修了した者については、当該技能実習で修得した技能が、1号特定技能外国人が従事する業務で要する技能と、技能の根幹となる部分に関連性が認められることから、業務で必要とされる一定の専門性・技能を有し、即戦力となるに足りる相当程度の知識又は経験を有するものと評価し、上記第1の1(1)の試験を免除する。

(2) 職種・作業の種類にかかわらず、第2号技能実習を良好に修了した者については、技能実習生として良好に3年程度日本で生活したことにより、ある程度日常会話ができ、生活に支障がない程度の日本語能力水準を有する者と評価し、上記第1の2(1)及び(2)の試験を免除する。

3．分野の特性を踏まえて特に講じる措置

⑴　「建設分野特定技能協議会」

国土交通省は、特定技能外国人受入事業実施法人及び関係省庁により構成される「建設分野特定技能協議会」（以下「協議会」という。）を組織する。

協議会は、その構成員が相互の連絡を図ることにより、外国人の適正な受入れ及び外国人の保護に有用な情報を共有し、次に掲げる事項について協議を行う。

①　特定技能外国人の受入れに係る状況の全体的な把握

②　問題発生時の対応

③　法令遵守の啓発

④　特定技能所属機関の倒産時等における特定技能外国人に対する転職支援

⑤　就業構造の変化や経済情勢の変化に関する情報の把握・分析

⑵　国土交通省が行う調査等に対する協力（運用方針5⑵イ関係）

特定技能所属機関は、国土交通省が行う一般的な指導、報告の徴収、資料の要求、意見の聴取又は現地調査等に対し、必要な協力を行う。

4．治安への影響を踏まえて講じる措置

⑴　治安上の問題に対する措置

国土交通省は、建設分野における特定技能外国人が関わる犯罪、行方不明、悪質な送出機関の介在その他の治安上の問題を把握した場合には、事業者、業界団体等に対して助言・指導を行うなど、必要な措置を講じる。

⑵　治安上の問題を把握するための取組

国土交通省は、上記⑴の治安上の問題について、所掌事務を通じ、事業者、業界団体等から把握するために必要な措置を講じる。

⑶　把握した情報等を制度関係機関等と共有するための取組等

国土交通省は、上記⑴の治安上の問題について、制度関係機関等との間で適切に共有するため、情報共有の手続を定めるなど、必要な措置を講じる。

また、深刻な治安上の影響が生じるおそれがあると認める場合には、基本方針及び運用方針を踏まえつつ、国土交通省及び制度関係機関において、共同して所要の検討を行い、運用要領の変更を含め、必要な措置を講じる。

別表（第３の１及び２関係）

a．業務区分	b．技能実習２号移行対象職種		c．技能の根幹となる部分の関連性
	職種	作業	
型枠施工	型枠施工	型枠工事作業	コンクリートを打ち込む型枠の組立て等の作業、安全衛生等の点で関連性が認められる。
左官	左官	左官作業	塗り作業、安全衛生等の点で関連性が認められる。
コンクリート圧送	コンクリート圧送施工	コンクリート圧送工事作業	コンクリート等をコンクリートポンプを用いて構造物の所定の型枠内等に圧送・配分する作業、安全衛生等の点で関連性が認められる。
建設機械施工	建設機械施工	押土・整地作業 積込み作業 掘削作業 締固め作業	建設機械の操作・点検、安全衛生等の点で関連性が認められる。
屋根ふき	かわらぶき	かわらぶき作業	瓦等の材料を用いて屋根をふく作業、安全衛生等の点で関連性が認められる。
鉄筋施工	鉄筋施工	鉄筋組立て作業	鉄筋加工・組立ての作業、安全衛生等の点で関連性が認められる。
内装仕上げ	内装仕上げ施工	プラスチック系床仕上げ工事作業 カーペット系床仕上げ工事作業 鋼製下地工事作業 ボード仕上げ工事作業 カーテン工事作業	張付け作業、安全衛生等の点で関連性が認められる。
	表装	壁装作業	
表装	表装	壁装作業	張付け作業、安全衛生等の点で関連性が認められる。
	内装仕上げ施工	プラスチック系床仕上げ工事作業 カーペット系 床仕上げ工事作業 鋼製下地工事作業 ボード仕上げ工事作業 カーテン工事作業	
とび	とび	とび作業	仮設の建築物の組立て及び解体等の作業、安全衛生等の点で関連性が認められる。
建築大工	建築大工	大工工事作業	木材の加工、組立て、取り付け等の作業、安全衛生等の点で関連性が認められる。
配管	配管	建築配管作業 プラント配管作業	配管加工・組立て等の作業、安全衛生等の点で関連性が認められる。
建築板金	建築板金	ダクト板金作業 内外装板金作業	板金の加工・取り付け等の作業、安全衛生等の点で関連性が認められる。
保温保冷	熱絶縁施工	保温保冷工事作業	冷暖房設備、冷凍冷蔵設備、動力設備又は燃料工業・化学工業等の各種設備の保温保冷工事作業、安全衛生等の点で関連性が認められる。

Ⅳ. 出入国管理及び難民認定法第七条第一項第二号の基準を定める省令及び特定技能雇用契約及び一号特定技能外国人支援計画の基準等を定める省令の規定に基づき建設分野に特有の事情に鑑みて当該分野を所管する関係行政機関の長が告示で定める基準を定める件

○出入国管理及び難民認定法第七条第一項第二号の基準を定める省令及び特定技能雇用契約及び一号特定技能外国人支援計画の基準等を定める省令の規定に基づき建設分野に特有の事情に鑑みて当該分野を所管する関係行政機関の長が告示で定める基準を定める件

平成三十一年三月十五日
国土交通省告示第三百五十七号

改正　令和二年国土交通省告示　第五百二号

（上陸のための条件）

第一条　建設分野に係る出入国管理及び難民認定法第七条第一項第二号の基準を定める省令の表の法別表第一の二の表の特定技能の項の下欄第一号に掲げる活動の項の下欄第六号及び法別表第一の二の表の特定技能の項の下欄第二号に掲げる活動の項の下欄第七号に規定する告示で定める基準は、申請人が、労働者派遣事業の適正な運営の確保及び派遣労働者の保護等に関する法律（昭和六十年法律第八十八号）第二条第一号に規定する労働者派遣及び建設労働者の雇用の改善等に関する法律（昭和五十一年法律第三十三号）第二条第九項に規定する建設業務労働者の就業機会確保の対象となることを内容とする特定技能雇用契約を締結していないこととする。

（特定技能雇用契約の相手方となる本邦の公私の機関の基準）

第二条　建設分野に係る特定技能雇用契約及び一号特定技能外国人支援計画の基準等を定める省令第二条第一項第十三号及び第二項第七号に規定する告示で定める基準は、出入国管理及び難民認定法（昭和二十六年政令第三百十九号）別表第一の二の表の特定技能の項の下欄第一号に掲げる活動を行おうとする外国人（以下「一号特定技能外国人」という。）と特定技能雇用契約を締結しようとする本邦の公私の機関（以下「特定技能所属機関」という。）が次のいずれにも該当することとする。

一　一号特定技能外国人の受入れに関する計画（以下「建設特定技能受入計画」という。）について、その内容が適当である旨の国土交通大臣の認定を受けていること。

二　前号の認定を受けた建設特定技能受入計画を適正に実施し、国土交通大臣又は第七条に規定する適正就労監理機関により、その旨の確認を受けること。

三　前号に規定するほか、国土交通省が行う調査又は指導に対し、必要な協力を行うこと。

（建設特定技能受入計画の認定）

第三条　前条第一号の認定を受けようとする者（以下「認定申請者」という。）は、様式第一により建設特定技能受入計画を作成し、国土交通大臣に提出しなければならない。

2　建設特定技能受入計画には、次に掲げる事項を記載しなければならない。

一　認定申請者に関する事項

二　国内人材確保の取組に関する事項

三　一号特定技能外国人の適正な就労環境の確保に関する事項

四　一号特定技能外国人の安全衛生教育及び技能の習得に関する事項

3　国土交通大臣は、第一項の規定による認定の申請があった場合において、その建設特定技能受入計画が次の各号のいずれにも適合するものであると認めるときは、その認定をするものとする。

一　認定申請者が次に掲げる要件をいずれも満たしていること。

イ　建設業法（昭和二十四年法律第百号）第三条の許可を受けていること。

ロ　建設キャリアアップシステム（一般財団法人建設業振興基金が提供するサービスであって、当該サービスを利用する工事現場における建設工事の施工に従事する者や建設業を営む者に関する情報を登録し、又は蓄積し、これらの情報について当該サービスを利用する者の利用に供するものをいう。以下同じ。）に登録していること。

ハ　第十条の登録を受けた法人又は当該法人を構成する建設業者団体に所属し、同条第一号イに規定する行動規範を遵守すること。

ニ　建設特定技能受入計画の申請の日前五年以内又はその申請の日以後に、建設業法に基づく監督処分を受けていないこと。

ホ　職員の適切な処遇、適切な労働条件を提示した労働者の募集その他の国内人材確保の取組を行っていること。

二　一号特定技能外国人に対し、同等の技能を有する日本人が従事する場合と同等額以上の報酬を安定的に支払い、技能習熟に応じて昇給を行うとともに、その旨を特定技能雇用契約に明記していること。

三　一号特定技能外国人に対し、特定技能雇用契約を締結するまでの間に、当該契約に係る重要事項について、様式第二により当該外国人が十分に理解することができる言語で説明していること。

四　一号特定技能外国人の受入れを開始し、若しくは終了したとき又は一号特定技能外国人が特定技能雇用契約に基づく活動を継続することが困難となったときは、国土交通大臣に報告を行うこと。

五　一号特定技能外国人を建設キャリアアップシステムに登録すること。

六　一号特定技能外国人が従事する建設工事において、申請者が下請負人である場合には、発注者から直接当該工事を請け負った建設業者の指導に従うこと。

七　一号特定技能外国人の総数と外国人建設就労者（外国人建設就労者受入事業に関する告示（平成二十六年国土交通省告示第八百二十二号）第二の二に規定する外国人建設就労者をいう。以下同じ。）の総数の合計が常勤の職員（一号特定技能外国人、技能実習生（外国人の技能実習の適正な実施及び技能実習生の保護に関する法律（平成二十八年法律第八十九号）第二条第一項に規定する技能実習生をいう。）及び外国人建設就労者を含まない。）の総数を超えないこと。

八　一号特定技能外国人に対し、受け入れた後において、国土交通大臣が指定する講習又は研修を受講させること。

（認定証の交付）

第四条　国土交通大臣は、第二条第一号の認定をしたときは、認定申請者に対し、様式第三による認定証を交付するものとする。

2　国土交通大臣は、第二条第一号の認定を受けた建設特定技能受入計画（以下「認定受入計画」という。）の適正な実施を確保するため、建設キャリアアップシステムを運営する一般財団法人建設業振興基金、第七条に規定する適正就労監理機関及び第十条の登録を受けた法人に対し、認定申請者の同意を得て、必要最小限度の範囲で、前項の認定証に記載された内容を提供することができる。

（建設特定技能受入計画の変更）

第五条　特定技能所属機関は、認定受入計画について変更をするときは、国土交通大臣の認定を受けなければならない。ただし、軽微な変更については、この限りでない。

2　特定技能所属機関は、前項に定める軽微な変更をしたときは、遅滞なく、その内容を国土交通大臣に届け出なければならない。

3　前二条の規定は、第一項の認定について準用する。

（報告の徴収等）

第六条　国土交通大臣は、認定受入計画（前条第一項の規定による変更の認定及び同条第二項の規定による変更の届出があったときは、その変更後のもの。以下同じ。）の実施状況を確認し、認定受入計画の適正な実施を確保するために必要があると認めるときは、特定技能所属機関に対し、報告を求め、又は指導をすることができる。

2　国土交通大臣は、一号特定技能外国人の適正な就労環境を確保するため、次条に規定する適正就労監理機関に対して、認定受入計画の実施状況の確認その他必要な情報の収集並びに特定技能所属機関及び一号特定技能外国人に対する指導及び助言を行わせることができる。

（適正就労監理機関）

第七条　適正就労監理機関は、国土交通大臣が、次に掲げる一号特定技能外国人の適正な就労環境を確保するための業務を行う能力を有すると認めた者とする。

一　特定技能所属機関及び一号特定技能外国人に対する巡回訪問その他の方法による指導及び助言

二　一号特定技能外国人からの苦情又は相談への対応

三　その他一号特定技能外国人の適正な就労環境の確保のために必要な業務

（認定の取消し）

第八条　国土交通大臣は、次のいずれかに該当するときは、建設特定技能受入計画の認定を取り消すことができる。

一　認定受入計画が第三条第三項各号のいずれかに適合しなくなったと認めるとき。

二　認定受入計画が適正に実施されていないとき。
三　不正の手段により第二条第一号又は第五条第一項の認定を受けたとき。
四　第六条第一項の規定による報告をせず、又は虚偽の報告をしたとき。
（出入国在留管理庁長官への通知）
第九条　国土交通大臣は、建設分野に係る特定技能所属機関が第二条各号に掲げる基準のいずれかに該当しなくなったと認めるときは、その旨を出入国在留管理庁長官に通知するものとする。
（特定技能外国人受入事業実施法人の登録）
第十条　建設分野における特定技能外国人（出入国管理及び難民認定法別表第一の二の表の特定技能の項の下欄第一号又は第二号に掲げる活動を行おうとする外国人をいう。以下同じ。）の適正かつ円滑な受入れを実現するための取組を実施する営利を目的としない法人であって、次の各号のいずれにも適合するものは、国土交通大臣の登録を受けることができる。
一　次に掲げる取組（以下「特定技能外国人受入事業」という。）を行うこと。
イ　特定技能外国人の適正かつ円滑な受入れの実現に向けて構成員が遵守すべき行動規範の策定及び適正な運用
ロ　建設分野における特定技能の在留資格に係る制度の運用に関する方針（平成三十年十二月二十五日閣議決定）で定めるすべての試験区分についての建設分野特定技能評価試験の実施
ハ　特定技能外国人に対する講習、訓練又は研修の実施、就職のあっせんその他の特定技能外国人の雇用の機会の確保を図るために必要な取組
ニ　特定技能所属機関が認定受入計画に従って適正な受入れを行うことを確保するための取組
二　特定技能外国人が従事することとなる業務に関係する建設業者団体及び主として発注者から直接建設工事を請け負う建設業者を構成員とする建設業者団体を構成員に含むものであること。
三　国土交通省が設置する建設分野に係る特定技能外国人の受入れに関する協議会の構成員となり、当該協議会に対し、必要な協力を行うこと。
四　第一号ニの取組に係る業務のうち第七条第一号及び第二号に掲げる業務に該当するものについては、委託により適正就労監理機関に行わせるものとし、当該委託に要する費用を負担すること。
（登録の申請）
第十一条　前条の登録を受けようとする者（以下「登録申請者」という。）は、次に掲げる事項を記載した申請書を国土交通大臣に提出しなければならない。
一　名称及び住所並びにその代表者の氏名
二　事務所の所在地
三　特定技能外国人受入事業の実施体制及び実施方法に関する事項
2　前項の申請書には、登録申請者が次条各号のいずれにも該当しないことを誓約する書面を添付しなければならない。
（登録の拒否）
第十二条　国土交通大臣は、登録申請者が次の各号のいずれかに該当するとき、又は前条第一項の申請書若しくはその添付書類のうちに重要な事項について虚偽の記載があり、若しくは重要な事実の記載が欠けているときは、その登録を拒否しなければならない。
一　役員（業務を執行する社員、取締役、執行役又はこれらに準ずる者と同等以上の支配力を有すると認められる者を含む。以下この号において同じ。）のうちに次に掲げる事項のいずれかに該当する者があるもの
イ　第十六条の規定により第十条の登録の取消しの処分を受ける原因となった事項が発生した当時現に当該取消し処分を受けた法人の役員であった者で、当該取消しの日から起算して五年を経過しないもの
ロ　第十条の登録の申請の日前五年以内又はその申請の日以後に、出入国又は労働に関する法令に関し不正又は著しく不当な行為をした者
二　特定技能外国人受入事業を的確に遂行するための必要な体制が整備されていない者
三　第十六条の規定により第十条の登録を取り消され、当該取消しの日から起算して五年を経過しない者
（登録に関する通知）
第十三条　国土交通大臣は、第十一条第一項の規定による登録の申請を受けた場合において、登録をしたときはそ

の旨を、登録を拒否したときはその旨及びその理由を登録申請者に通知しなければならない。

（変更の届出）

第十四条　第十条の登録を受けた者（以下「登録法人」という。）は、第十一条第一項各号に掲げる事項に変更があったときは、その旨を国土交通大臣に届け出なければならない。

2　第十一条第二項の規定は、前項の規定による届出について準用する。

（報告の徴収等）

第十五条　国土交通大臣は、登録法人の特定技能外国人受入事業の適正な実施を確保するために必要があると認めるときは、当該法人に対し、当該事業に関し報告を求め、又は指導をすることができる。

（登録の取消し）

第十六条　国土交通大臣は、登録法人が次の各号のいずれかに該当するときは、その登録を取り消すことができる。

一　第十二条第一号又は第二号に該当するに至ったとき。

二　第十四条第一項の規定に違反したとき。

三　不正の手段により第十条の登録を受けたとき。

四　前条の規定による報告をせず、又は虚偽の報告をしたとき。

2　国土交通大臣は、前項の規定により登録を取り消したときは、その旨及びその理由を当該登録を取り消された者に通知しなければならない。

（公表）

第十七条　国土交通大臣は、第十条の登録をしたとき又は登録法人から第十四条第一項の規定による変更の届出（第十一条第一項第一号及び第二号に掲げる事項の変更に係るものに限る。）があったときは、登録法人に係る次に掲げる事項を公表するものとする。

一　名称及び住所並びにその代表者の氏名

二　事務所の所在地

三　登録をした年月日又は登録法人が変更をした年月日

2　国土交通大臣は、前条第一項の規定により登録を取り消したときは、当該登録を取り消された者に係る次に掲げる事項を公表するものとする。

一　名称及び住所並びにその代表者の氏名

二　登録をした年月日

三　登録を取り消した年月日

3　前二項の公表は、インターネットの利用その他の適切な方法によって行うものとする。

（権限の委任）

第十八条　第三条第一項及び第三項、第四条から第六条まで、第八条並びに第九条の規定による国土交通大臣の権限は、第二条第一号の認定を受けている特定技能所属機関又は認定申請者の主たる営業所の所在地を管轄する地方整備局長及び北海道開発局長に委任する。ただし、第六条第二項及び第九条の規定に基づく権限については、国土交通大臣が自ら行うことを妨げない。

附　則（平成三十一年国土交通省告示第三百五十七号）

（施行期日）

1　この告示は、出入国管理及び難民認定法及び法務省設置法の一部を改正する法律（平成三十年法律第百二号）の施行の日（平成三十一年四月一日）から適用する。

（経過措置）

2　第十条の登録が行われていない場合においては、その登録が行われるまでの間、第三条第三項第一号ハの規定は適用しない。

附　則（令和二年国土交通省告示第五百二号）

（施行期日）

第一条　この告示は、令和二年四月一日から施行する。

（経過措置）

第二条　この告示の施行の日前にされた第三条第一項又は第五条第一項の認定の申請であって、この告示の施行の際、認定をするかどうかの処分がされていないものに係る認定については、なお従前の例による。

2　この告示の施行の際現に第三条第三項（第五条第三項において準用される場合を含む。）の認定を受けている建設特定技能受入計画については、なおその効力を有するものとする。

様式第１（第３条関係）

年　　月　　日

建設特定技能受入計画認定申請書

地方整備局長
北海道開発局長　殿

（特定技能所属機関となろうとする者）
所在地
名 称
代表者の氏名　　　　　　　　　　㊞

出入国管理及び難民認定法第７条第１項第２号の基準を定める省令及び特定技能雇用契約及び１号特定技能外国人支援計画の基準等を定める省令の規定に基づき建設分野に特有の事情に鑑みて当該分野を所管する関係行政機関の長が告示で定める基準を定める件（以下「告示」という。）第３条第１項の規定に基づき、建設特定技能受入計画を別紙のとおり策定しましたのでその認定を申請します。

当機関は、申請書及び別紙の記載が真実であることを宣誓し、建設特定技能受入計画の認定後、不正の手段により認定を受けたことが明らかになった場合には、認定を取り消されても異議を申し立てません。なお、計画が認定された場合、告示第４条第２項の規定に基づき、認定証に記載された内容について、建設キャリアアップシステムを運営する一般財団法人建設業振興基金、適正就労監理機関及び特定技能外国人受入事業実施法人に提供することに差し支えありません。

（様式第１（第３条関係））
（別紙）

建設特定技能受入計画

1　特定技能所属機関になろうとする者に関する事項
（１）商号又は名称
（２）代表者又は個人の氏名
（３）主たる営業所の所在地
（４）連絡先
TEL：
FAX：
メールアドレス：
※電話番号は日中必ず連絡が取れる番号を記入すること。
（５）建設特定技能に関する責任者（管理者）の役職、氏名
（６）許可を受けている建設業
（７）許可番号　国土交通大臣・　都道府県知事許可（　－　）第　号
（８）許可の有効期間　平成・令和　年　月　日～令和　年　月　日
（９）常勤職員数（技能実習生、外国人建設就労者、１号特定技能外国人を除く）
合計　人
（１０）建設キャリアアップシステム事業者ＩＤ
※14桁の事業者ＩＤを記入すること。
（１１）特定技能外国人受入事業実施法人の会員番号又は所属している当該法人を構成する建設業者団体名
（１２）過去５年間の建設業法に基づく監督処分の有無　有　・　無

2　国内人材確保の取組に関する事項

3　適正な就労環境の確保に関する事項
（１）当特定技能所属機関は、以下の①から⑦について事実と相違ないことを宣誓する。
①１号特定技能外国人に対し、同等の技能を有する日本人が従事する場合と同等額以上の報酬を安定的に支払い、技能習熟に応じて昇給を行うこと。
②１号特定技能外国人に対し、特定技能雇用契約を締結するまでの間に、当該契約に係る重要事項について、当該外国人が十分に理解することができる言語で書面を交付して説明すること。
③１号特定技能外国人に従事させる業務について、事前に業務内容を説明し、１号特定技能外国人が当該業務に従事することを理解・納得したうえで従事させること。
④１号特定技能外国人の受入れを開始し、若しくは終了したとき又は当該外国人が特定技能雇用契約に基づく活動を継続することが困難となったときは、国土交通大臣に報告を行うこと。
⑤１号特定技能外国人を建設キャリアアップシステムに登録すること。
⑥１号特定技能外国人が従事する建設工事において、当特定技能所属機関が下請負人である場合には、元請業者の指導に従うこと。
⑦１号特定技能外国人に対し、受け入れた後において、国土交通大臣が指定する講習又は研修を受講させること。
（２）受入予定期間（計画期間）
令和　年　月　日　～令和　年　月　日
（３）１号特定技能外国人の受入予定人数　人
雇用している外国人建設就労者の人数　人
合計　人
（４）１号特定技能外国人に関する事項
※　別紙「１号特定技能外国人受入リスト」に記入すること。
（５）　就労させる場所
※　都道府県単位で記入すること。
（６）　賃金規程

① 基本賃金　月額（　　　　　　　　　　　　　）円
② 賞与の有無、金額及び支給月数等
賞与　　（ 有 ・ 無 ）
金額または支給月数　●●円　または　●ヵ月分
支給回数　●回　（●月・●月）
③ 諸手当の有無、種類及び金額等
（ア）　●●手当
支給額：●●円
支給条件：●●（就労時から支給されるのか、一定の要件を満たせば支給されるのかも踏まえ、記載すること。）
（イ）　●●手当
支給額：●●円
支給条件：●●（就労時から支給されるのか、一定の要件を満たせば支給されるのかも踏まえ、記載すること。）
④ 退職金の有無、金額及び条件等
退職金　　（ 有 ・ 無 ）
金額　●●円
種類　　（ 企業独自 ・ 共済 ）
支給条件：勤続年数●年以上
別添就業規則のとおり　等
※ 賞与や諸手当等がある場合は有無、種類及び金額についても記載すること。
※ 報酬予定額の決定に当たり、同等の技能を有する日本人と同等額以上として算定した根拠となる資料を添付すること。１号特定技能外国人毎に報酬予定額が異なる場合、それぞれ添付すること。
※ １号特定技能外国人毎に報酬予定額等が異なる場合、①～④をそれぞれ記入すること。
（７）　技能習熟等に応じた昇給
① 昇給時期
（例）毎年　●月
② 昇給額
基本賃金の　●%　　　等
③ 昇給条件：●●

4　建設特定技能に係る安全衛生教育及び技能の習得に関する事項
（１）安全衛生教育について

（２）技能の向上を図るための方策

（様式第１（第３条関係））

年　月　日

１号特定技能外国人受入リスト

１　特定技能所属機関に関する事項
（１）特定技能所属機関名：
（２）特定技能所属機関の代表者名：

２　１号特定技能外国人に関する事項

	１号特定技能外国人	１号特定技能外国人	１号特定技能外国人
氏名			
生年月日			
性別			
国籍			
従事させる業務			
就労させる場所（都道府県単位）			
計画期間			
基本賃金（月額）			
修了した建設分野技能実習の職種及び作業			
技能実習時の報酬（月額基本給）			
修了した建設特定活動の職種及び作業			
建設特定活動時の報酬（月額基本給）			
母国での実務経験（職種及び年数を記入）			
合格した技能試験			
合格した日本語能力試験			

※　４名以上受け入れる場合、必要に応じて欄の追加や別紙とする等対応すること。
※　対象外の項目については「-」とすること。
※　技能実習又は建設特定活動時の月額基本給については、直近の金額を記入すること。
※　合格した技能試験及び日本語能力試験について、建設分野技能実習又は建設特定活動を修了した者は記入不要。

様式第２（第３条関係）

雇用契約に係る重要事項事前説明書

建設特定技能受入計画を申請予定である（特定技能所属機関名）●●●は、雇用契約に係る重要事項について、下記内容を事前に説明し、内容を理解させたうえで国土交通省へ申請する。

１．基本賃金

月額（　　　　　円）

２．諸手当の額及び計算方法（時間外労働の割増賃金は除く。）

(a)（　　　　手当　　　　円／計算方法：　　　　　　　　）

(b)（　　　　手当　　　　円／計算方法：　　　　　　　　）

(c)（　　　　手当　　　　円／計算方法：　　　　　　　　）

３．１か月当たりの支払概算額（１＋２）　　　約　　　　　円（合計）

４．賃金支払時に控除する項目

(a) 税　　金　（約　　　　　円）　(b) 社会保険料　（約　　　　　円）

(c) 労働保険料　（約　　　　　円）　(d) 食　　費　（約　　　　　円）

(e) 居　住　費　（約　　　　　円）　(f) その他（水道光熱費）（約　　　　　円）

(g)（　　　　）（約　　　　　円）

控除する金額　約　　　　　円（合計）

５．手取り支給額（３－４）　　　約　　　　　円（合計）

※欠勤等がない場合であって、時間外労働の割増賃金等は除く。

６．業務内容（就労予定場所・従事させる業務内容）

（職種名等だけでなく、具体的にどのような現場でどのような業務に従事させるのか説明すること）

７．技能習熟等に応じた昇給について

（昇給条件や昇給時期について説明すること）

８．安全衛生教育及び技能の習得について

（安全衛生教育の実施内容や、技能検定の受験時期や合格後の支給手当、昇給への反映等について説明すること）

９．個人情報の提供に係る同意について

（建設特定技能受入計画の適正な実施を確保するため、建設キャリアアップシステムを運営する一般財団法人建設業振興基金、適正就労監理機関及び特定技能外国人受入事業実施法人へ認定証に記載された内容（個人情報を含む。）を提供することに同意しているか）

☐　同意している。　　　☐　同意していない。

（西暦）●●●●年●月●日、前記１から９の内容について以下の者が十分に理解することができる言語（●●語）にて説明し、内容を理解していることを確認した。

（サイン）

＿＿＿＿＿＿＿＿＿＿＿＿＿＿＿＿殿

説明者

特定技能所属機関名　＿＿＿＿＿＿＿＿＿＿＿＿

所在地　＿＿＿＿＿＿＿＿＿＿＿＿

電話番号　＿＿＿＿＿＿＿＿＿＿＿＿

代表者　役職・氏名　＿＿＿＿＿＿＿＿＿＿＿＿印

様式第３（第４条関係）

年　　月　　日

特定技能所属機関の代表者　殿

地方整備局長
北海道開発局長

建設特定技能受入計画認定証

出入国管理及び難民認定法第７条第１項第２号の基準を定める省令及び特定技能雇用契約及び１号特定技能外国人支援計画の基準等を定める省令の規定に基づき建設分野に特有の事情に鑑みて当該分野を所管する関係行政機関の長が告示で定める基準を定める件第３条第３項の規定により、下記のとおり認定します。

記

１　建設特定技能受入計画認定番号

２　特定技能所属機関に関する事項

①　特定技能所属機関の名称

②　所在地

③　代表者

④　許可を受けている建設業

⑤　許可番号

⑥　許可の有効期間

⑦　建設キャリアアップシステム事業者ＩＤ

３　建設特定技能受入計画に関する事項

別紙のとおり

（様式第３（第４条関係））
（別紙）

建設特定技能受入計画に関する事項

（１）特定技能所属機関名：

（２）特定技能所属機関の代表者名：

（３）認定日　　　年　　月　　日

	１号特定技能外国人	１号特定技能外国人	１号特定技能外国人
氏名			
生年月日			
性別			
国籍			
ｷｬﾘｱｱｯﾌﾟｼｽﾃﾑ登録番号			
従事させる業務			
就労させる場所（都道府県単位）			
計画期間			
基本賃金（月額）			
修了した建設分野技能実習の職種及び作業			
技能実習時の報酬（月額基本給）			
修了した建設特定活動の職種及び作業			
建設特定活動時の報酬（月額基本給）			
母国での実務経験（職種及び年数を記入）			
合格した技能試験			
合格した日本語能力試験			

※受入人数が４人以上となる場合は適宜、欄を追加する。

Ⅴ．特定の分野に係る特定技能外国人受入れに関する運用要領

○特定の分野に係る特定技能外国人受入れに関する運用要領
―建設分野の基準について―

平成31年３月
法務省・国土交通省編

（制定履歴）
平成31年３月20日公表
令和元年11月６日一部改正
令和元年11月29日一部改正
令和２年２月28日一部改正
令和２年４月１日一部改正

○　法務大臣は、出入国管理及び難民認定法（昭和26年政令第319号。以下「法」という。）第２条の４第１項に基づき、特定技能の在留資格に係る制度の適正な運用を図るため、「特定技能の在留資格に係る制度の運用に関する基本方針」（平成30年12月25日閣議決定）にのっとり、分野を所管する行政機関の長等と共同して、分野ごとに特定技能の在留資格に係る制度上の運用に関する重要事項等を定めた特定技能の在留資格に係る制度上の運用に関する方針（以下「分野別運用方針」という。）を定めなければならないとされ、建設分野についても「建設分野における特定技能の在留資格に係る制度の運用に関する方針」（平成30年12月25日閣議決定。以下「分野別運用方針」という。）及び「「建設分野における特定技能の在留資格に係る制度の運用に関する方針」に係る運用要領」（平成30年12月25日法務省・警察庁・外務省・厚生労働省・国土交通省。以下「分野別運用要領」という。）が定められました。

○　また、法第２条の５の規定に基づく、特定技能契約及び１号特定技能外国人支援計画の基準等を定める省令（平成31年法務省令第５号。以下「特定技能基準省令」という。）及び出入国管理及び難民認定法第７条第１項第２号の基準を定める省令（平成２年法務省令第16号。以下「上陸基準省令」という。）においては、各分野を所管する関係行政機関の長が、法務大臣と協議の上、当該分野の事情に鑑みて告示で基準を定めることが可能となっているところ、建設分野についても、出入国管理及び難民認定法第７条第１項第２号の基準を定める省令及び特定技能雇用契約及び１号特定技能外国人支援計画の基準等を定める省令の規定に基づき建設分野に特有の事情に鑑みて当該分野を所管する関係行政機関の長が告示で定める基準を定める件（平成31年国土交通省告示第357号。以下「告示」という。）において、建設分野固有の基準が定められています。

○　本要領は、告示の基準等の詳細についての留意事項を定めることにより、建設分野における特定技能の在留資格に係る制度の適正な運用を図ることを目的としています。

目次

第１　特定技能外国人が従事する業務……………………………………………………………………203

第２　特定技能外国人が有すべき技能水準………………………………………………………………206

第３　特定技能雇用契約の適正な履行の確保及び適合１号特定技能外国人支援計画の適正な実施の確保に
　　係る基準……………………………………………………………………………………………210
　１．概要……………………………………………………………………………………………………211
　２．建設分野において特定技能所属機関に求める基準………………………………………………211

第４　建設特定技能受入計画の認定………………………………………………………………………213
　１．概要……………………………………………………………………………………………………215
　２．建設特定技能受入計画の認定………………………………………………………………………215
　　(1)　建設特定技能受入計画の認定要件及び記載事項
　　(2)　提出書類
　　(3)　提出先
　３．建設特定技能受入計画の変更………………………………………………………………………224
　４．建設特定技能受入計画の認定の取消し……………………………………………………………225

第５　特定技能外国人受入事業実施法人の登録…………………………………………………………226
　１．概要……………………………………………………………………………………………………228
　２．特定技能外国人受入事業実施法人の登録…………………………………………………………228
　　(1)　登録要件
　　(2)　提出書類
　　(3)　提出先
　３．登録に係る申請書記載事項の変更…………………………………………………………………231
　４．法人の登録及び取消しに係る公表…………………………………………………………………231

特定技能所属機関等が行う手続等（フロー図）……………………………………………………………232

第６　上陸許可に係る基準……………………………………………………………………………………233

第１　特定技能外国人が従事する業務

【関係規定】

法別表第１の２「特定技能」の下欄に掲げる活動

一　法務大臣が指定する本邦の公私の機関との雇用に関する契約（第２条の５第１項から第４項までの規定に適合するものに限る。次号において同じ。）に基づいて行う特定産業分野（人材を確保することが困難な状況にあるため外国人により不足する人材の確保を図るべき産業上の分野として法務省令で定めるものをいう。同号において同じ。）であつて法務大臣が指定するものに属する法務省令で定める相当程度の知識又は経験を必要とする技能を要する業務に従事する活動

二　法務大臣が指定する本邦の公私の機関との雇用に関する契約に基づいて行う特定産業分野であつて法務大臣が指定するものに属する法務省令で定める熟練した技能を要する業務に従事する活動

特定技能基準省令第１条第１項

出入国管理及び難民認定法（以下「法」という。）第２条の５第１項の法務省令で定める基準のうち雇用関係に関する事項に係るものは，労働基準法（昭和２２年法律第４９号）その他の労働に関する法令の規定に適合していることのほか，次のとおりとする。

一　出入国管理及び難民認定法別表第１の２の表の特定技能の項の下欄に規定する産業上の分野等を定める省令（平成３１年法務省令第６号）で定める分野に属する同令で定める相当程度の知識若しくは経験を必要とする技能を要する業務又は当該分野に属する同令で定める熟練した技能を要する業務に外国人を従事させるものであること。

二～七（略）

分野別運用方針（抜粋）

５　その他特定技能の在留資格に係る制度の運用に関する重要事項

（１）特定技能外国人が従事する業務

特定技能外国人が従事する業務区分は，上記３（１）ア及び（２）アに定める試験区分に対応し，それぞれ以下のとおりとする。

ア　試験区分３（１）ア関係（１号特定技能外国人）

別表１ｂ．業務区分（５（１）ア関係）の欄に掲げる業務とする。

イ　試験区分３（２）ア関係（２号特定技能外国人）

別表２ｂ．業務区分（５（１）イ関係）の欄に掲げる業務とする。

分野別運用要領（抜粋）

第３　その他特定技能の在留資格に係る制度の運用に関する重要事項

１．特定技能外国人が従事する業務

建設分野において受け入れる１号特定技能外国人が従事する業務は，運用方針３（１）アに定める試験区分及び運用方針５（１）アに定める業務区分に従い，上記第１の１（１）のいずれかの試験合格又は下記２（１）の技能実習２号移行対象職種・作業修了により確認された技能を要する業務をいう。

また，２号特定技能外国人が従事する業務は，運用方針３（２）アに定める試験区分及び運用方針５（１）イに定める業務区分に従い，上記第１の１（２）のいずれかの試験合格及び実務経験により確認された技能を要する業務をいう。

あわせて，これらの業務に従事する日本人が通常従事することとなる関連業務（例：作業準備，運搬，片付けのような試験等によって専門性を確認されない業務）に付随的に従事することは差し支えない。

○　１号特定技能外国人は相当程度の知識又は経験を必要とする技能を要する業務に，また，２号特定技能外国人は当該分野に属する熟練した技能を要する業務に従事することが求められます。【特定技能基準省令第１条第１項】

○　本要領別表６－１に記載された試験の合格により確認された技能を要する同表に記載された業務に主として従事しなければなりません。

○　本要領別表6－1に記載された業務区分において特定技能外国人が従事できる業務内容及び主に想定される関連業務は別表６－２～別表６－１９のとおりですが，専ら関連業務のみに従事することは認められません。

○　なお，別表６－２～別表６－１９に記載された関連業務以外でも，建設分野の業務に従事する日本人が通常従事することとなる関連業務（除草・除雪などの建設工事には該当しない業務）に付随的に従事することもあり得るものです。

○　建設分野で特定技能外国人を受け入れることとなる事業者（以下「特定技能所属機関」という。）となるための基準については，後述の「第３　特定技能雇用契約の適正な履行の確保及び適合１号特定技能外国人支援計画の適正な実施の確保に係る基準」及び「第４　建設特定技能受入計画の認定」を参照ください。

【確認対象の書類】

○　建設分野における特定技能外国人の受入れに関する誓約書（分野参考様式第６―１号）

【留意事項】

○　建設工事に該当しない除染等の業務に従事させることを主な目的としている場合は，建設業への従事を目的とした受入れに該当しないことから，建設分野におけるいずれの業務区分にも該当せず，建設分野においては受入れ対象外となります。なお，特定技能外国人を建設工事に該当しない除染等の業務に付随的に従事させる場合の取扱いについては，ｐ２０の１号特定技能外国人に対する事前説明について（告示様式第１　３（1）②，様式第２）の項の記載を参照してください。

○　労働安全衛生法に基づく特別教育又は技能講習等が必要とされている業務について，特定技能所属機関は，特定技能外国人に対し，当該教育又は講習等を修了させなければなりません。なお，外国人労働者については，一般に，日本語や我が国の労働慣行に習熟していないことなどから，特定技能外国人に対し特別教育等の安全衛生教育を実施するに当たっては，母国語等を用いる，視聴覚教材を用いるなど，その内容を確実に理解できる方法により行わなければなりません。

第２　特定技能外国人が有すべき技能水準

【関係規定】

上陸基準省令（特定技能１号）

申請人に係る特定技能雇用契約が法第２条の５第１項及び第２項の規定に適合すること及び特定技能雇用契約の相手方となる本邦の公私の機関が同条第３項及び第４項の規定に適合すること並びに申請人に係る１号特定技能外国人支援計画が同条第６項及び第７項の規定に適合することのほか，申請人が次のいずれにも該当していること。

一　申請人が次のいずれにも該当していること。ただし，申請人が外国人の技能実習の適正な実施及び技能実習生の保護に関する法律（平成２８年法律第８９号）第２条第２項第２号に規定する第２号企業単独型技能実習又は同条第４項第２号に規定する第２号団体監理型技能実習のいずれかを良好に修了している者であり，かつ，当該修了している技能実習において修得した技能が，従事しようとする業務において要する技能と関連性が認められる場合にあっては，ハ及びニに該当することを要しない。

イ～ロ（略）

ハ　従事しようとする業務に必要な相当程度の知識又は経験を必要とする技能を有していることが試験その他の評価方法により証明されていること。

ニ　本邦での生活に必要な日本語能力及び従事しようとする業務に必要な日本語能力を有していることが試験その他の評価方法により証明されていること。

ホ～ヘ（略）

二～六（略）

上陸基準省令（特定技能２号）

申請人に係る特定技能雇用契約が法第２条の５第１項及び第２項の規定に適合すること及び特定技能雇用契約の相手方となる本邦の公私の機関が同条第３項（第２号を除く。）及び第４項の規定に適合することのほか，申請人が次のいずれにも該当していること。

一　申請人が次のいずれにも該当していること。

イ～ロ　（略）

ハ　従事しようとする業務に必要な熟練した技能を有していることが試験その他の評価方法により証明されていること。

ニ　（略）

二～七（略）

分野別運用方針（抜粋）

３　特定産業分野において求められる人材の基準に関する事項

建設分野において特定技能の在留資格で受け入れる外国人は，以下に定める試験に合格した者（２号特定技能外国人については，実務経験の要件も満たす者）とする。
また，特定技能１号の在留資格については，建設分野に関する第２号技能実習を修了した者は，必要な技能水準及び日本語能力水準を満たしているものとして取り扱う。
（１）１号特定技能外国人
ア　技能水準（試験区分）
別表１ａ．試験区分（３（１）ア関係）の欄に掲げる試験
イ　日本語能力水準
「国際交流基金日本語基礎テスト」又は「日本語能力試験（Ｎ４以上）」
（２）２号特定技能外国人
技能水準（試験区分及び実務経験）
ア　試験区分
別表２ａ．試験区分（３（２）ア関係）の欄に掲げる試験
イ　実務経験
建設現場において複数の建設技能者を指導しながら作業に従事し，工程を管理する者（班長）としての実務経験を要件とする。

分野別運用要領（抜粋）
第３　その他特定技能の在留資格に係る制度の運用に関する重要事項
２．技能実習２号を良好に修了した者の技能及び日本語能力の評価
（１）建設分野において受け入れる１号特定技能外国人が，必要な技能水準・日本語能力水準を満たしているものとして取り扱う場合における業務内容と技能実習２号移行対象職種において修得する技能との具体的な関連性については，別表のとおりとする。
この場合，当該職種に係る第２号技能実習を良好に修了した者については，当該技能実習で修得した技能が，１号特定技能外国人が従事する業務で要する技能と，技能の根幹となる部分に関連性が認められることから，業務で必要とされる一定の専門性・技能を有し，即戦力となるに足りる相当程度の知識又は経験を有するものと評価し，上記第１の１（１）の試験を免除する。
（２）職種・作業の種類にかかわらず，第２号技能実習を良好に修了した者については，技能実習生として良好に３年程度日本で生活したことにより，ある程度日常会話ができ，生活に支障がない程度の日本語能力水準を有する者と評価し，上記第１の２（１）及び（２）の試験を免除する。

○　特定技能外国人として建設分野の業務に従事する場合には，本要領別表６－１に定める技能試験及び日本語試験の合格等が必要です。
○　また，１号特定技能外国人が従事する業務区分に応じ，本要領別表６－１

に定める職種・作業の技能実習２号を良好に修了した者については上記の試験が免除されます。

○　本要領別表６－１に記載された職種・作業以外の技能実習２号を良好に修了した者については，国際交流基金日本語基礎テスト及び日本語能力試験（N４以上）のいずれの試験も免除されます。

○　２号特定技能外国人については，試験合格のほか，「建設現場において複数の建設技能者を指導しながら作業に従事し，工程を管理する者（班長）としての実務経験」も必要です。建設キャリアアップシステムの能力評価におけるレベル３（職長レベルの建設技能者）を想定しています。その詳細については，各技能に応じて異なりますので，国土交通省において別途定めることとします。

【確認対象の書類】

＜特定技能１号＞

○　試験合格者の場合

・本要領別表の「技能水準及び評価方法等」の欄に掲げる技能試験の合格証明書の写し

・日本語能力水準を証するものとして次のいずれか

　国際交流基金日本語基礎テストの合格証明書の写し

　日本語能力試験（N４以上）の合格証明書の写し

　＊ただし，修了した技能実習２号の職種・作業の種類にかかわらず，技能実習２号を良好に修了した者は，国際交流基金日本語基礎テスト及び日本語能力試験（N４以上）のいずれの試験も免除されます。

○　本要領別表６－１に記載された職種・作業の技能実習２号修了者の場合

・技能実習２号修了時の技能検定等に合格している場合

　本要領別表の「試験免除等となる技能実習２号」欄に掲げる職種・作業に係る技能検定３級又は技能実習評価試験（専門級）の実技試験の合格証明書の写し

・技能実習２号修了時の技能検定等に合格していない場合

　技能実習生に関する評価調書（参考様式第１－２号）

＊詳細は「特定技能外国人受入れに関する運用要領」の「第４章第１節（３）技能水準に関するもの」を御参照ください。

＜特定技能２号＞

○　本要領別表の「技能水準及び評価方法等」の欄に掲げる技能試験の合格証明書の写し

○　建設現場において複数の建設技能者を指導しながら作業に従事し，工程を管理する者（班長）としての実務経験を有することを証する書類

○　ただし，建設キャリアアップシステムにおけるレベル３のカードを取得している

場合には，当該カードの写し及び技能者ＩＤがあれば，上記二つの書類は不要。

【留意事項】

○　技能実習２号を良好に修了したとして技能試験の合格等の免除を受けたい場合には，技能実習２号を良好に修了したことを証するものとして，技能実習２号修了時の技能検定３級又はこれに相当する技能実習評価試験（専門級）の実技試験の合格証明書の提出が必要です。

○　技能検定３級又はこれに相当する技能実習評価試験（専門級）の実技試験に合格していない場合（技能実習法施行前の旧制度の技能実習生を含む。）には，技能試験及び日本語試験を受験し合格するか，実習実施者が作成した技能等の修得等の状況を評価した文書の提出が必要です。

第３　特定技能雇用契約の適正な履行の確保及び適合１号特定技能外国人支援計画の適正な実施の確保に係る基準

【関係規定】
特定技能基準省令第２条
法第２条の５第３項の法務省令で定める基準のうち適合特定技能雇用契約の適正な履行の確保に係るものは，次のとおりとする。
一～十二　（略）
十三　前各号に定めるもののほか，法務大臣が告示で定める特定の産業上の分野に係るものにあっては，当該産業上の分野を所管する関係行政機関の長が，法務大臣と協議の上，当該産業上の分野に特有の事情に鑑みて告示で定める基準に適合すること。
２　法第２条の５第３項の法務省令で定める基準のうち適合１号特定技能外国人支援計画の適正な実施の確保に係るものは，次のとおりとする。
一～六（略）
七　前各号に定めるもののほか，法務大臣が告示で定める特定の産業上の分野に係るものにあっては，当該分野を所管する関係行政機関の長が，法務大臣と協議の上，当該産業上の分野に特有の事情に鑑みて告示で定める基準に適合すること。

告示第２条
建設分野に係る特定技能雇用契約及び１号特定技能外国人支援計画の基準等を定める省令第２条第１項第１３号及び第２項第７号に規定する告示で定める基準は，出入国管理及び難民認定法（昭和２６年政令第３１９号）別表第１の２の表の特定技能の項の下欄第１号に掲げる活動を行おうとする外国人（以下「１号特定技能外国人」という。）と特定技能雇用契約を締結しようとする本邦の公私の機関（以下「特定技能所属機関」という。）が次のいずれにも該当することとする。
一　１号特定技能外国人の受入れに関する計画（以下「建設特定技能受入計画」という。）について，その内容が適当である旨の国土交通大臣の認定を受けていること。
二　前号の認定を受けた建設特定技能受入計画を適正に実施し，国土交通大臣又は第７条に規定する適正就労監理機関により，その旨の確認を受けること。
三　前号に規定するほか，国土交通省が行う調査又は指導に対し，必要な協力を行うこと。
第３条
前条第１号の認定を受けようとする者（以下「認定申請者」という。）は，様式第１により建設特定技能受入計画を作成し，国土交通大臣に提出しなければならない。
２　建設特定技能受入計画には，次に掲げる事項を記載しなければならない。
一　認定申請者に関する事項

二　国内人材確保の取組に関する事項

三　１号特定技能外国人の適正な就労環境の確保に関する事項

四　１号特定技能外国人の安全衛生教育及び技能の習得に関する事項

3　国土交通大臣は，第１項の規定による認定の申請があった場合において，その建設特定技能受入計画が次の各号のいずれにも適合するものであると認めるときは，その認定をするものとする。

一～八（略）

第４条・第５条（略）

第６条

国土交通大臣は，認定受入計画（前条第１項の規定による変更の認定及び同条第２項の規定による変更の届出があったときは，その変更後のもの。以下同じ。）の実施状況を確認し，認定受入計画の適正な実施を確保するために必要があると認めるときは，特定技能所属機関に対し，報告を求め，又は指導をすることができる。

2　国土交通大臣は，１号特定技能外国人の適正な就労環境を確保するため，次条に規定する適正就労監理機関に対して，認定受入計画の実施状況の確認その他必要な情報の収集並びに特定技能所属機関及び１号特定技能外国人に対する指導及び助言を行わせることができる。

第７条

適正就労監理機関は，国土交通大臣が，次に掲げる１号特定技能外国人の適正な就労環境を確保するための業務を行う能力を有すると認めた者とする。

一　特定技能所属機関及び１号特定技能外国人に対する巡回訪問その他の方法による指導及び助言

二　１号特定技能外国人からの苦情又は相談への対応

三　その他１号特定技能外国人の適正な就労環境の確保のために必要な業務

１．概要

建設分野の特定技能所属機関は，建設特定技能受入計画の国土交通大臣による認定を受け，当該計画を適正に実施していることについて国土交通省又は適正就労監理機関による確認等を受けることが求められます。

２．建設分野において特定技能所属機関に求める基準

○　特定技能雇用契約の適正な履行の確保及び適合１号特定技能外国人支援計画の適正な実施の確保に係る基準として，建設分野に特有の事情に鑑みて特定技能基準省令第２条第１項第１３号及び第２項第７号に基づき告示をもって定めたものです。

○　建設分野において１号特定技能外国人を受け入れる場合には，国土交通大臣による建設特定技能受入計画の認定を受けなければなりません。国土交通省への建設特定技能受入計画の申請後，当該計画の認定前に，地方出入国在留管理局に対する在留諸申請を行うことができますが，地方出入国在留管理局による在留諸申請に係る許可・交付を受けるためには，建設特定技能受入計画の認定証の写しの提出が必要となりますのでご注意ください。【告示第２条第１号】

○　１号特定技能外国人の特定技能所属機関には，認定計画を適正に実施していることについて国土交通省又は適正就労監理機関の確認を受けること及び国土交通省が行うその他の調査・指導に協力することが求められ，当該調査・指導に対して協力を行わない場合には，基準に適合しないことから，特定技能外国人の受入れはできないこととなります。【告示第２条第２号・第３号】

○　また，国土交通省は，１号特定技能外国人の適正な就労環境を確保するため，適正就労監理機関に，巡回訪問その他の方法により，特定技能所属機関及び１号特定技能外国人に対する認定計画の実施状況の確認，情報収集，指導・助言を行わせることとしています。【告示第６条第２項】

○　特定技能所属機関が正当な理由なく適正就労監理機関の巡回訪問に対して非協力的な態度を取ることや適正就労監理機関からの質問に対して不誠実な対応をとることは，１号特定技能外国人の適正な就労環境の確保を妨げる行為であり，国土交通大臣による報告の徴収若しくは指導の対象となり，又は特定技能所属機関の基準に適合しないこととなります。【告示第２条第２号・第３号，第６条第１項】

○　なお，国土交通大臣が認めた適正就労監理機関の名称等は，国土交通省のホームページにて公表しています。

【確認対象の書類】
○　建設特定技能受入計画の認定証（告示様式第３）の写し
○　建設分野における特定技能外国人の受入れに関する誓約書（分野参考様式第６―１号）

第４　建設特定技能受入計画の認定

【関係規定】

告示第３条

前条第１号の認定を受けようとする者（以下「認定申請者」という。）は，様式第１により建設特定技能受入計画を作成し，国土交通大臣に提出しなければならない。

２　建設特定技能受入計画には，次に掲げる事項を記載しなければならない。

一　認定申請者に関する事項

二　国内人材確保の取組に関する事項

三　１号特定技能外国人の適正な就労環境の確保に関する事項

四　１号特定技能外国人の安全衛生教育及び技能の習得に関する事項

３　国土交通大臣は，第１項の規定による認定の申請があった場合において，その建設特定技能受入計画が次の各号のいずれにも適合するものであると認めるときは，その認定をするものとする。

一　認定申請者が次に掲げる要件をいずれも満たしていること。

イ　建設業法（昭和２４年法律第１００号）第３条の許可を受けていること。

ロ　建設キャリアアップシステム（一般財団法人建設業振興基金が提供するサービスであって，当該サービスを利用する工事現場における建設工事の施工に従事する者や建設業を営む者に関する情報を登録し，又は蓄積し，これらの情報について当該サービスを利用する者の利用に供するものをいう。以下同じ。）に登録していること。

ハ　第１０条の登録を受けた法人又は当該法人を構成する建設業者団体に所属し，同条第１号イに規定する行動規範を遵守すること。

ニ　建設特定技能受入計画の申請の日前５年以内又はその申請の日以後に，建設業法に基づく監督処分を受けていないこと。

ホ　職員の適切な処遇，適切な労働条件を提示した労働者の募集その他の国内人材確保の取組を行っていること。

二　１号特定技能外国人に対し，同等の技能を有する日本人が従事する場合と同等額以上の報酬を安定的に支払い，技能習熟に応じて昇給を行うとともに，その旨を特定技能雇用契約に明記していること。

三　１号特定技能外国人に対し，特定技能雇用契約を締結するまでの間に，当該契約に係る重要事項について，様式第２により当該外国人が十分に理解することができる言語で説明していること。

四　１号特定技能外国人の受入れを開始し，若しくは終了したとき又は１号特定技能外国人が特定技能雇用契約に基づく活動を継続することが困難となったときは，国土交通大臣に報告を行うこと。

五　１号特定技能外国人を建設キャリアアップシステムに登録すること。

六　１号特定技能外国人が従事する建設工事において，申請者が下請負人である場合には，発注者から直接当該工事を請け負った建設業者の指導に従うこと。

七　１号特定技能外国人の総数と外国人建設就労者（外国人建設就労者受入事業に関する告示（平成２６年国土交通省告示第８２２号）第２の２に規定する外国人建設就労者をいう。以下同じ。）の総数の合計が常勤の職員（１号特定技能外国人，技能実習生（外国人の技能実習の適正な実施及び技能実習生の保護に関する法律（平成２８年法律第８９号）第２条第１項に規定する技能実習生をいう。）及び外国人建設就労者を含まない。）の総数を超えないこと。

八　１号特定技能外国人に対し，受け入れた後において，国土交通大臣が指定する講習又は研修を受講させること。

第４条

国土交通大臣は，第２条第１号の認定をしたときは，認定申請者に対し，様式第３による認定証を交付するものとする。

２　国土交通大臣は，第２条第１号の認定を受けた建設特定技能受入計画（以下「認定受入計画」という。）の適正な実施を確保するため，建設キャリアアップシステムを運営する一般財団法人建設業振興基金，第７条に規定する適正就労監理機関及び第１０条の登録を受けた法人に対し，認定申請者の同意を得て，必要最小限度の範囲で，前項の認定証に記載された内容を提供することができる。

第５条

特定技能所属機関は，認定受入計画について変更をするときは，国土交通大臣の認定を受けなければならない。ただし，軽微な変更については，この限りでない。

２　特定技能所属機関は，前項に定める軽微な変更をしたときは，遅滞なく，その内容を国土交通大臣に届け出なければならない。

３　前２条の規定は，第１項の認定について準用する。

第６条

国土交通大臣は，認定受入計画（前条第１項の規定による変更の認定及び同条第２項の規定による変更の届出があったときは，その変更後のもの。以下同じ。）の実施状況を確認し，認定受入計画の適正な実施を確保するために必要があると認めるときは，特定技能所属機関に対し，報告を求め，又は指導をすることができる。

２　国土交通大臣は，１号特定技能外国人の適正な就労環境を確保するため，次条に規定する適正就労監理機関に対して，認定受入計画の実施状況の確認その他必要な情報の収集並びに特定技能所属機関及び１号特定技能外国人に対する指導及び助言を行わせることができる。

第７条（略）

第８条

国土交通大臣は，次のいずれかに該当するときは，建設特定技能受入計画の認定を取り消すことができる。
一 認定受入計画が第３条第３項各号のいずれかに適合しなくなったと認めるとき。
二 認定受入計画が適正に実施されていないとき。
三 不正の手段により第２条第１号又は第５条第１項の認定を受けたとき。
四 第６条第１項の規定による報告をせず，又は虚偽の報告をしたとき。

1．概要

告示第２条第１号の認定を受けようとする者は，告示様式第１により建設特定技能受入計画を作成し，国土交通大臣に提出する必要があります。

国土交通省への建設特定技能受入計画の申請後，当該計画の認定前に，地方出入国在留管理局に対する在留諸申請を行うことができますが，地方出入国在留管理局による在留諸申請に係る許可・交付を受けるためには，建設特定技能受入計画の認定証の写しの提出が必要となりますのでご注意ください。

2．建設特定技能受入計画の認定

（１）建設特定技能受入計画の認定要件及び記載事項

建設特定技能受入計画（以下「計画」という。）は，試験を経て雇用する場合，技能実習修了者を雇用する場合（技能実習先でそのまま継続して雇用する場合及び技能実習先以外の企業で雇用する場合いずれも含む），既に日本で就労中の特定技能外国人の転職者を雇用する場合など，新たに特定技能雇用契約を結ぶ場合には必ず国土交通大臣の認定が必要です。

計画は，低賃金や社会保険未加入といった処遇で労働者を雇用する等の劣悪な労働環境が確認される企業の建設市場への参入を認めず公正な競争環境を維持すること，他産業・他国と比して有為な外国人材を確保すること，雇用者・被雇用者双方が納得できる処遇により建設業における外国人技能者の失踪・不法就労を防止すること，特定技能所属機関における受注環境の変化が起こった場合でも建設業界として特定技能外国人の雇用機会を確保すること等，特定技能外国人を受け入れるにあたって建設業界として必要であると認められる事項について，国土交通大臣による認定及びその実施状況の継続的な確認により担保しようとするものです。したがって，計画の遵守は，国のみならず，業界の共通利益に資するものです。

計画の認定及び記載事項に係る留意事項は，以下のとおりです。また，計画の認定後，認定証に記載された内容について，必要最小限の範囲で，建設キャリアアップシステムを運営する一般財団法人建設業振興基金，適正就労監理機関及び特定技能外国人受入事業実施法人に提供しますので，あらかじめご了解ください。

①特定技能所属機関になろうとする者に関する事項【告示第３条第３項第１号ロ・ハ】

○建設キャリアアップシステムへの事業者登録

- 建設キャリアアップシステムを活用することで，特定技能外国人に対する，日本人と同様の，客観的基準に基づく技能と経験に応じた賃金支払の実現や，工事現場ごとの当該外国人の在留資格・安全資格・社会保険加入状況の確認，不法就労の防止等の効果が得られます。
- 特定技能所属機関になろうとする者は，あらかじめ建設キャリアアップシステムに登録する必要があります。
- 計画には，登録後に付される建設キャリアアップシステム事業所番号（以下「事業者ＩＤ」という。）を記載してください。
- なお，建設キャリアアップシステムの登録方法については，一般財団法人建設業振興基金のホームページ等をご覧になり，不明な点があれば当該法人にお問い合わせください。

○特定技能外国人受入事業実施法人への所属等

- 建設業界自ら特定技能外国人の適正かつ円滑な受入れを実現するための取組を実施する営利を目的としない組織として国土交通大臣の登録を受けた者は，特定技能外国人受入事業実施法人（以下「登録法人」という。）として，当該事業を行うこととなります。
- 特定技能所属機関は，直接的又は間接的に登録法人に所属し，行動規範を遵守する必要があります。登録法人の正会員である建設業者団体に間接的に加入するか，登録法人の賛助会員として直接加入するか，いずれかの方法で登録法人に所属し，登録法人が定める行動規範に従い，適正な受入れを行って頂く必要があります。
- 登録法人の名称，所在地，登録年月日等の情報は，国土交通省のホームページにて公表しています。

②国内人材確保の取組に関する事項【告示第３条第３項第１号ホ】

- 本在留資格（特定技能）は，生産性向上や国内人材確保の取組を行ってもなお，人材を確保することが困難な状況にあるため必要と認められる場合に限って外国人材の受入れを可能とするものです。国内で人材の確保に係る相応の努力を行っているかどうかが重要な審査のポイントです。職員に対する処遇をおろそかにしていないかや，適正な労働条件による求人の努力を行っているか，について審査をします。

➢ したがって，ハローワークで求人した際の求人票又はこれに類する書類や特定技能所属機関が雇用している日本人技能者の経験年数及び報酬額（月額）が確認できる賃金台帳の内容を確認した結果，適切な雇用条件（処遇等）での求人が実施されていない場合や，既に雇用している職員（技能者）の報酬が経験年数等を考慮した金額であることが確認できない場合，計画は認定されないこととなります。
➢ その他の国内人材確保の取組としては，例えば，建設技能者の技能及び経験を適切に評価して処遇改善を図ることを目的として建設業界全体で取り組んでいる建設キャリアアップシステムに加入し積極的に運用していること，などが想定されます。
➢ 職員の適切な処遇の確保，適切な労働条件を提示した労働者の募集等を行っているかについては，（２）提出書類の⑧にて確認を行いますので，補足事項がある場合には，その内容を記入してください。
➢ また，就業規則や賃金規定を適切に定め，運用されているかも国内人材確保の取り組みの一環として評価し，計画認定後も，国又は適正就労監理機関により必要に応じて助言，改善指導を行います。

③１号特定技能外国人の適正な就労環境の確保に関する事項【告示第３条第３項第２号～第７号】

○１号特定技能外国人の処遇について（告示様式第１　３（1）①(6)(7)）

➢ 報酬予定額については，告示第３条第３項第２号において「同等の技能を有する日本人が従事する場合と同等額以上の報酬を安定的に支払い，技能習熟に応じて昇給を行うとともに，その旨を特定技能雇用契約に明記していること」を要件としています。

（報酬の額）

➢ １号特定技能外国人は技能実習修了者と同様に，既に一定程度の経験又は技能等を有していることから，相応の経験を有する者として扱う必要があります。なお，建設分野特定技能１号評価試験又は技能検定３級合格者は３年以上の経験を有する者として扱うこととします。

➢ このため，報酬予定額を決める際には，技能実習生（２号）を上回ることはもちろんのこと，実際に１号特定技能外国人と同等の経験を積んだ日本人の技能者に支払っている報酬と比較し，適切に報酬予定額を設定する必要があります。なお，同等の技能を有する日本人の処遇が低い場合は，処遇改善等，国内人材確保に向けた取組を行っておらず，告示第3条第3項第1号ホの基準を満たさないものと判断します。
➢ なお，特定技能所属機関に比較対象となる日本人の技能者がいない場合においても，例えば特定技能所属機関については，就業規則や賃金規程に基づき，３年程度又は５年程度の経験を積んだ者に支払われるべき報酬の額を提示することや，周辺地域における建設技能者の平均賃金や設計労務単価等を根拠として提示する等，適切な報酬予定額の設定がされていることにつき，客観的に合理的理由を説明する必要があります。
➢ 国土交通省の計画の認定審査において，同等の技能を有する日本人と同等額以上の原則の徹底，賃金が高い地域への特定技能外国人の偏在，集中の緩和の観点から，申請書に記載された報酬額について
・同じ事業所内の同等技能を有する日本人の賃金
・事業所が存する圏域内における同一又は類似職種の賃金水準
・全国における同一又は類似職種の賃金の水準
・他の在留資格から変更して継続雇用する場合には，これまでの賃金
と比較して審査を行い，低いと判断される場合には引き上げるよう指導することがあります。その場合には，特定技能所属機関は，報酬額を変更の上で，再度，雇用契約の重要事項説明や契約締結の手続を行っていただくことになります。
➢ また，１号特定技能外国人については，建設キャリアアップシステムへの技能者登録が要件となっていますので，同システムによる能力評価を活用しつつ，技能レベルに応じた適切な処遇を心がけてください。客観的な能力評価基準に基づき国籍を問わず処遇することにより，日本人，外国人それぞれから，処遇に対する納得感が得られることになり，低賃金への不満を理由とした失踪を抑制する効果が期待できます。

（報酬の支払形態）
➢ 日給制や時給制の場合，季節や工事受注状況による仕事の繁閑によりあらかじめ想定した報酬予定額を下回ることもあり，報酬面のミスマッチが特定技能外国人の就労意欲の低下や失踪等を引き起こす可能性を否定できません。
➢ したがって，特定技能外国人については安定的な報酬を確保するため，仕事の繁閑により報酬が変動しないこと，すなわち月給制（※）によりあらかじ

め特定技能外国人との間で合意を得た額の報酬を毎月安定的に支払うことが必要です。特定技能所属機関で雇用している他の職員が月給制でない場合も，特定技能外国人に対しては月給制による報酬の支払が求められます。
※ 本要領において「月給制」とは，「１カ月単位で算定される額」（基本給，毎月固定的に支払われる手当及び残業代の合計）で報酬が支給されるものを指します。
※ 特定技能外国人に支給される報酬のうち「１カ月単位で算定される額」が，同等の技能を有する日本人の技能者に実際に支払われる１カ月当たりの平均的な報酬額と同等であることが求められます。
※ 特定技能外国人の自己都合による欠勤（年次有給休暇を除く）分の報酬額を基本給から控除することは差し支えありませんが，会社都合や天候を理由とした現場作業の中止等による休業について欠勤の扱いとすることは認められません。天候を理由とした休業も含め，使用者の責に帰すべき事由による休業の場合には，労働基準法に基づき，平均賃金の60%以上を支払う必要があります。また，休業する日について本人から年次有給休暇を取得する旨の申出があった場合，年次有給休暇としても問題ありません。
※ １カ月あたりの所定労働日数が変動したり，変形労働時間制を採用することにより１カ月の所定労働時間数が変動したりする場合も，「１カ月単位で算定される額」で報酬を支給しなければなりません。

（昇給等）
➢ １号特定技能外国人が在留することができる期間は，通算して５年を超えない範囲とされており，この範囲で就労することが可能です。したがって，技能の習熟（例：実務経験年数，資格・技能検定を取得した場合，建設キャリアアップシステムの能力評価におけるレベルがステップアップした場合等）に応じて昇給を行うことが必要であり，その昇給見込額等をあらかじめ特定技能雇用契約や計画に記載しておくことが必要です。
➢ また，賞与，各種手当や退職金についても日本人と同等に支給する必要があり，特定技能外国人だけが不利になるような条件は認められません。

○１号特定技能外国人に対する事前説明について（告示様式第１　３（1）②，様式第２）
➢ 特定技能所属機関は，必ず告示様式第２を用い，１号特定技能外国人に支払われる報酬予定額や業務内容等について，事前に当該外国人が十分に理解することができる言語を用いて説明し，当該契約に係る重要事項について理解していることを確認する必要があります。外国人が十分に理解することができる言語を用いた説明については，国土交通省ＨＰにおいて公表している様式例を参考にしてください。

- 「平成31年３月28日付け基発0328第28号・厚生労働省労働基準局長通知」記２に記載された事項に係る，高所からの墜落・転落災害，機械設備，車両系建設機械等によるはさまれ・巻き込まれ等のおそれのある業務，化学物質，石綿，電離放射線等にばく露するおそれのある業務や夏季期間における屋外作業等の暑熱環境における作業などの危険又は有害な業務に特定技能外国人を従事させる可能性がある場合には，その旨を当該特定技能外国人に説明し，理解を得なければ当該業務に従事させることはできません。また，転倒災害発生のおそれとその防止対策等について，当該特定技能外国人が理解していることを確認する必要があります。
- 当該業務に特定技能外国人を従事させる可能性がある場合には，必ず，告示様式第２の「６．業務内容」欄に明記のうえ，健康上のリスクとその予防方策について具体的かつ丁寧に説明を行い，当該外国人から理解・納得を得た場合に限り，雇用契約を締結するようにしてください。なお，従事させる理由の如何によっては計画を認定しないこともあり得ます。
- 説明は直接対面で行うことを必ずしも要さず，テレビ電話等の映像と音声が双方向で確認できるもので行うことも可能であり，説明時に通訳の方が同席することは差し支えありません。
- なお，送出し国の国内法制や我が国との間の協力覚書等によっては，主たる業務か付随的な関連業務かの別にかかわらず，従事させることができない業務もありますので，ご留意ください。例えば，ベトナムに関しては，同国の国内法令によって，放射能の影響下にある区域，放射能汚染区域における就労が禁止されているため，そのような活動が想定される場合，ベトナム当局は，我が国とベトナムとの間の協力覚書の規定に基づき，ベトナム国内で必要な手続を完了したことを証する推薦者表を作成しないことに留意願います。
- また，計画の適正な実施の確保を目的とした場合に限り，必要最小限の範囲で，国土交通省が一般財団法人建設業振興基金等へ当該計画の記載事項に係る情報を提供することについて，特定技能外国人の同意を得る必要があります。

※　１号特定技能外国人支援計画の実施においては，在留資格認定証明書交付申請前又は在留資格変更許可申請前の事前ガイダンスを行わなければなりません。これに加えて，従事させる業務の内容，報酬に係る情報提供について，告示様式第２を用いて行わなければなりません。（事前ガイダンスについては，特定技能外国人受入れに関する運用要領（別冊（支援））を参照し

てください。)。

○1号特定技能外国人の受入れ状況等の報告について(告示様式第1　3(1)④)

- 特定技能所属機関は,1号特定技能外国人の受入れを開始し,若しくは終了したとき又は当該外国人が特定技能雇用契約に基づく活動を継続することが困難となったとき(例:経営悪化に伴う雇止め,受入計画の認定の取り消し,在留資格の喪失,特定技能外国人の失踪等)は,国土交通大臣に報告を行う必要があります。
- 報告様式は,分野参考様式第6－2～第6－5のとおりです。
- 特に,告示第3条第3項第4号による受入れの報告は,分野参考様式第6－2を用いて,受入れ後原則として1か月以内に行う必要があります。

※　特定技能雇用契約の終了や特定技能外国人が活動を継続することが困難となったときは,別途,地方出入国在留管理局に対する届出も必要ですので留意ください(特定技能外国人受入れに関する運用要領「第7章　特定所属機関に関する届出」を参照してください。)。

○建設キャリアアップシステムへの技能者登録

- 建設キャリアアップシステムには,特定技能所属機関のみならず,特定技能外国人も入国後速やかに登録する必要があります。
- 既に日本に在留している技能実習修了者等を雇用する場合には,建設キャリアアップ技能者IDを明らかにする書類(建設キャリアアップカードの写し)を申請時に提出する必要があります。
- 海外から新規に入国される特定技能外国人の場合,入国後原則として1か月以内に,建設キャリアアップ技能者IDを明らかにする書類(建設キャリアアップカードの写し)を国土交通省へ提出する必要があります。国土交通省は,特定技能外国人に限らず技能者全員を建設キャリアアップシステムに登録することを通じて,特定技能所属機関における客観的基準に基づく技能と経験に応じた賃金支払いの実現を図っていきたいと考えています。

○元請建設業者の指導について(告示様式第1　3(1)⑥)

- 特定技能所属機関は,1号特定技能外国人が従事する建設工事において,申請者が下請負人である場合には,発注者から直接工事を請け負った建設業者(元請建設業者)からの,国土交通省が別途定めるガイドライン(特定技能制度及び建設就労者受入事業に関する下請指導ガイドライン※)に基づく指導に従わなければなりません。

※　ガイドラインは,国土交通省のホームページにおいて公表しています。

- 例えば，特定技能所属機関が特定技能外国人を現場に入場させる際には，現場入場届出書を各添付書類と併せて元請建設業者に提出することが必要となります。
- 計画の認定証の情報の全部又は一部は，告示第４条第２項の規定に基づき，建設キャリアアップシステムを運用する一般財団法人建設業振興基金に提供されますので，同システムに蓄積されることになり，その情報に基づき，元請建設業者が指導することがあります。

○常勤職員数（告示様式第１　１(９)，３(3)）
- １号特定技能外国人の総数と外国人建設就労者の総数との合計が，特定技能所属機関となろうとする者の常勤の職員（1号特定技能外国人，技能実習生及び外国人建設就労者を含まない）の総数を超えてはいけません。
- 建設技能者は，一つの事業所だけで働くわけではなく，様々な現場に出向いて働くことを必要としますので，支援を要する１号特定外国人を監督者が適切に指導し，育成するためには，一定の常勤雇用者が必要であるためです。

④１号特定技能外国人の安全衛生教育及び技能の習得に関する事項【告示第３条第３項第８号】

○受入れ後の講習又は研修について（告示様式第１　３(1)⑦）
- 国土交通大臣が，１号特定技能外国人の受入れ後に受講すべき講習又は研修（以下「受入れ後講習」という。）を指定した場合，特定技能所属機関は，１号特定技能外国人の受入れ後，当該外国人に対し，受入れ後講習を受講させることが必要です。指定した受入れ後講習に参加させない場合には，認定要件を満たさないものとして取り扱います。ただし、登録法人が受入れ後講習に相当する内容を当該外国人に対して本邦上陸前に行った場合、又は計画の認定前に特定技能所属機関が適正就労監理機関による事前巡回指導を受けた場合には、この限りではありません。
- 受入れ後講習の受講のための旅費，受講料などの費用負担は，特定技能所属機関が負担することになります。
- 国土交通大臣が指定する受入れ後講習の一つに，適正就労監理機関が実施する講習があります。本講習は，計画の真正性確認や母国語相談ホットライン窓口，転職支援等の仕組みの情報提供など，適正就労環境確保の観点から，１号特定技能外国人として就労を開始するに当たって必要な知識，情報等を付与することを目的として行うものです。
- 特定技能所属機関は，１号特定技能外国人の受入れ後，概ね３か月以内に，当該外国人に対し当該講習を受講させることが必要です。当該講習については，適正就労監理機関から特定技能所属機関に対し，１号特定技能外国人の受入れ後に日時や場所等の通知がなされますので，受講可能なものを選択し受講させてください。

➢ この他，国土交通大臣が指定する講習又は研修の内容については，国土交通省のホームページにて公表しています。

○安全衛生教育について（告示様式第１　4(1)）

➢ 計画には，特定技能外国人に従事させる業務に従い，労働安全衛生法に基づく特別教育等の安全衛生教育又は技能講習等を箇条書きしてください。特定技能外国人に従事させようとする業務に必要となる安全衛生教育の内容が満たされていない場合，国土交通省は特定技能所属機関に対し，指導を行うことがあります。なお，「平成 31 年３月 28 日付け基発 0328 第 28 号・厚生労働省労働基準局長通知」記２に記載された事項に係る，危険又は有害な業務に特定技能外国人を従事させる場合には，雇い入れ時等の安全衛生教育や特別教育等において，当該危険又は有害な業務に伴う労働災害発生のおそれとその防止対策等について正確に理解させるよう留意が必要です。

➢ 労働安全衛生法に基づく特別教育等の安全衛生教育又は技能講習等の受講のための旅費，受講料などの費用負担は，特定技能所属機関が負担することになります。

○技能の習得について（告示様式第１　4(2)）

➢ 特定技能所属機関は，１号特定技能外国人の受入後，在留期間中のできる限り早期に職種毎の能力評価基準に定める安全衛生講習を受講させ，建設キャリアアップシステムのレベル２の能力レベルに相当する技能教育を施す必要があります。

➢ 特定技能所属機関は，受入後３年以内に技能検定２級，５年以内に技能検定１級の取得を目指す等，５年間の在留期間を見据えた技能の向上を図ることが必要です。

➢ 計画には，特定技能外国人の在留中の具体的な技能習得の目標を記載してください。

（２）提出書類

① 建設特定技能受入計画認定申請書（告示様式第１）

② 建設特定技能受入計画（告示様式第１（別紙））

③ 特定技能所属機関になろうとする者の登記事項証明書

④ 常勤の職員の数を明らかにする文書（常勤の職員の社会保険の加入状況が分かる書類を添付すること）
⑤ 建設業法（昭和 24 法律第 100 号）第３条の許可を受けていることを証する書類
⑥ 特定技能所属機関になろうとする者の建設キャリアアップシステム申請番号又は事業者ＩＤを明らかにする書類（登録後に送付されるハガキ又はメールの写し）
⑦ 建設キャリアアップ技能者ＩＤを明らかにする書類（建設キャリアアップカードの写し）
⑧ 特定技能外国人受入事業実施法人に加入していることを証する書類（会員証明書の写し）
⑨ ハローワークで求人した際の求人票又はこれに類する書類（計画申請日から１年以内のもの）
⑩ １号特定技能外国人に対し，同等の技能を有する日本人が従事する場合と同等額以上の報酬額を安定的に支払うことを証する書類
※ 同等の技能を有する日本人の賃金台帳（直近の日本人に対する平均的な月額の報酬支払実績が分かるもの）及び実務経験年数を証する書類を含む
⑪ 特定技能所属機関となろうとする者が，特定技能外国人と締結した特定技能雇用契約書及び雇用条件書の写し
⑫ １号特定技能外国人に対し，特定技能雇用契約を締結するまでの間に，当該契約に係る重要事項について，当該外国人が十分に理解することができる言語で書面を交付して説明したことを証する書類の写し（告示様式第２）
⑬ 就業規則及び賃金規程（「常時１０人以上の労働者を使用しない」企業であってこれらを作成していない場合には提出不要。これらを作成している場合には提出してください。）

（３）申請先

外国人就労管理システム(https://gaikokujin-shuro.keg.jp/gjsk_1.0.0/portal)

※令和２年４月以降は、原則としてオンラインによる申請となります。上記ＵＲＬ又は国土交通省ホームページのリンクからお進みください。

※令和２年４月以降の計画の審査及び認定は各地方整備局等において行います。お問い合わせ先は国土交通省のホームページをご確認ください。

３．建設特定技能受入計画の変更

計画の記載事項に変更がある場合，特定技能所属機関は，国土交通大臣に対し

て計画の変更申請又は届出を行う必要があります。

- 変更の申請については分野参考様式第６－６，変更の届出については様式第６－７を使用し，変更箇所が分かるように記載してください。
- 提出先は，２．（３）と同様です。
- 変更を行わず特定技能外国人の受入れを継続した場合，告示第８条により計画の認定が取り消される可能性がありますので，留意してください。

（変更申請が必要なケース）

認定証記載事項の変更

例：特定技能所属機関の住所，代表者，常勤職員数，受入人数，就労場所等

（届出が必要なケース）

認定証記載事項以外の建設特定技能受入計画記載事項の変更

例：特定技能所属機関の連絡先等

４．建設特定技能受入計画の認定の取消し

告示第８条のいずれかに該当するときは，計画の認定が取り消されることとなります。

また，計画の認定が取り消された場合，特定技能所属機関は，特定技能外国人を他の特定技能所属機関へ転職させるための支援を行う必要があります。

建設分野の場合，告示第１４条の登録法人が転職先の斡旋を行うことになっていますので，特定技能所属機関自らが転職先を確保できない場合には，登録法人に対して，転職の支援が必要な旨，報告を行ってください。

第５　特定技能外国人受入事業実施法人の登録等

【関係規定】
告示第１０条
　建設分野における特定技能外国人（出入国管理及び難民認定法別表第１の２の表の特定技能の項の下欄第１号又は第２号に掲げる活動を行おうとする外国人をいう。以下同じ。）の適正かつ円滑な受入れを実現するための取組を実施する営利を目的としない法人であって，次の各号のいずれにも適合するものは，国土交通大臣の登録を受けることができる。
　一　次に掲げる取組（以下「特定技能外国人受入事業」という。）を行うこと。
　　イ　特定技能外国人の適正かつ円滑な受入れの実現に向けて構成員が遵守すべき行動規範の策定及び適正な運用
　　ロ　建設分野における特定技能の在留資格に係る制度の運用に関する方針（平成３０年１２月２５日閣議決定）で定めるすべての試験区分についての建設分野特定技能評価試験の実施
　　ハ　特定技能外国人に対する講習，訓練又は研修の実施，就職のあっせんその他の特定技能外国人の雇用の機会の確保を図るために必要な取組
　　ニ　特定技能所属機関が認定受入計画に従って適正な受入れを行うことを確保するための取組
　二　特定技能外国人が従事することとなる業務に関係する建設業者団体及び主として発注者から直接建設工事を請け負う建設業者を構成員とする建設業者団体を構成員に含むものであること。
　三　国土交通省が設置する建設分野に係る特定技能外国人の受入れに関する協議会の構成員となり，当該協議会に対し，必要な協力を行うこと。
　四　第１号ニの取組に係る業務のうち第７条第１号及び第２号に掲げる業務に該当するものについては，委託により適正就労監理機関に行わせるものとし，当該委託に要する費用を負担すること。
第１１条
　前条の登録を受けようとする者（以下「登録申請者」という。）は，次に掲げる事項を記載した申請書を国土交通大臣に提出しなければならない。
　一　名称及び住所並びにその代表者の氏名
　二　事務所の所在地
　三　特定技能外国人受入事業の実施体制及び実施方法に関する事項
２　前項の申請書には，登録申請者が次条各号のいずれにも該当しないことを誓約する書面を添付しなければならない。
第１２条

国土交通大臣は，登録申請者が次の各号のいずれかに該当するとき，又は前条第１項の申請書若しくはその添付書類のうちに重要な事項について虚偽の記載があり，若しくは重要な事実の記載が欠けているときは，その登録を拒否しなければならない。

一　役員（業務を執行する社員，取締役，執行役又はこれらに準ずる者と同等以上の支配力を有すると認められる者を含む。以下この号において同じ。）のうちに次に掲げる事項のいずれかに該当する者があるもの

イ　第１６条の規定により第１０条の登録の取消しの処分を受ける原因となった事項が発生した当時現に当該取消し処分を受けた法人の役員であった者で，当該取消しの日から起算して５年を経過しないもの

ロ　第１０条の登録の申請の日前５年以内又はその申請の日以後に，出入国又は労働に関する法令に関し不正又は著しく不当な行為をした者

二　特定技能外国人受入事業を的確に遂行するための必要な体制が整備されていない者

三　第１６条の規定により第１０条の登録を取り消され，当該取消しの日から起算して５年を経過しない者

第１３条

国土交通大臣は，第１１条第１項の規定による登録の申請を受けた場合において，登録をしたときはその旨を，登録を拒否したときはその旨及びその理由を登録申請者に通知しなければならない。

第１４条

第１０条の登録を受けた者（以下「登録法人」という。）は，第１１条第１項各号に掲げる事項に変更があったときは，その旨を国土交通大臣に届け出なければならない。

２　第１１条第２項の規定は，前項の規定による届出について準用する。

第１５条

国土交通大臣は，登録法人の特定技能外国人受入事業の適正な実施を確保するために必要があると認めるときは，当該法人に対し，当該事業に関し報告を求め，又は指導をすることができる。

第１６条

国土交通大臣は，登録法人が次の各号のいずれかに該当するときは，その登録を取り消すことができる。

一　第１２条第１号又は第２号に該当するに至ったとき。

二　第１４条第１項の規定に違反したとき。

三　不正の手段により第１０条の登録を受けたとき。

四　前条の規定による報告をせず，又は虚偽の報告をしたとき。

２　国土交通大臣は，前項の規定により登録を取り消したときは，その旨及びその理

由を当該登録を取り消された者に通知しなければならない。
第１７条
国土交通大臣は，第１０条の登録をしたとき又は登録法人から第１４条第１項の規定による変更の届出（第１１条第１項第１号及び第２号に掲げる事項の変更に係るものに限る。）があったときは，登録法人に係る次に掲げる事項を公表するものとする。
一　名称及び住所並びにその代表者の氏名
二　事務所の所在地
三　登録をした年月日又は登録法人が変更をした年月日
２　国土交通大臣は，前条第１項の規定により登録を取り消したときは，当該登録を取り消された者に係る次に掲げる事項を公表するものとする。
一　名称及び住所並びにその代表者の氏名
二　登録をした年月日
三　登録を取り消した年月日
３　前２項の公表は，インターネットの利用その他の適切な方法によって行うものとする。

１．概要

建設分野における特定技能外国人の適正かつ円滑な受入れを実現するための取組を実施する営利を目的としない法人は，要件を満たせば，国土交通大臣から特定技能外国人受入事業実施法人の登録を受けることができます。建設分野で１号特定技能外国人を受け入れる特定技能所属機関はすべて，この登録を受けた法人に直接または間接的に所属し，その行動規範を遵守することが求められます。

登録法人の名称，所在地，登録年月日等の情報は，国土交通省のホームページにて公表しています。

２．特定技能外国人受入事業実施法人の登録

（１）登録要件

①特定技能外国人受入事業【告示第１０条第１号】

○行動規範の策定及び当該規範の適正な運用

- 特定技能外国人受入事業実施法人（以下「登録法人」という。）は，特定技能外国人の適正かつ円滑な受入れの実現に向けて，低賃金や社会保険未加入と

いった処遇で労働者を雇用するなどの劣悪な労働環境が確認される企業の建設市場への参入を認めず公正な競争環境を整備すること，他産業・他国と比して有為な外国人材を確保すること，建設分野における外国人技能者の失踪・不法就労を防止すること，特定技能所属機関における受注環境の変化が起こった場合に建設業界として特定技能外国人の転職先などの雇用機会を確保すること等の課題に対処するために設けるものです。

- 登録法人は，これらの課題に的確に対応するための行動規範を策定し，当該行動規範の適正な運用を図る必要があります。

○建設分野特定技能評価試験の実施

- 登録法人は，すべての試験区分についての建設分野特定技能評価試験を実施する必要があり，試験実施に係る窓口としての役割を担うため，各試験区分に関係する専門工事業団体との協力体制を構築する必要があります。
- 試験の実施に係る総合調整は登録法人が行いますが，受入対象の試験区分に関係する専門工事業団体は，それぞれ建設分野特定技能１号及び２号に係る技能評価試験を作成し，登録法人の求めに応じて，試験官の派遣や合否判定などの事務を支援することになります。

○建設分野特定技能外国人に対する講習，訓練又は研修の実施，就職のあっせん等の取組

- 登録法人は，建設分野特定技能外国人が有する能力を有効に発揮できる環境を整備するため，海外現地機関と業務提携をしたうえで，教育訓練プログラムを策定し，教育訓練実施のための講師の派遣や訓練に必要な資機材の調達等について取り組む必要があります。
- 就職のあっせんについては，建設労働者の場合，民間の有料職業紹介事業者による人材あっ旋が受けられないため，他業種と比べて特定技能外国人の求人求職に不利となっています。したがって，主に登録法人が，企業からの求人情報を集約し，求人求職のあっ旋等を行うことになります（ハローワーク等の無料職業紹介の活用は自由に行えます）。また，建設分野特定技能外国人や技能実習修了者が現所属先から転職を希望した際の対応も求めに応じて行うことになります。

○特定技能所属機関が計画に従った受入れを行っていることを確保するための取組

- 計画に従った受入れを行っていることを継続的に確認することは，建設業界の共通の利益に資するものであり，国のみならず，建設業界を代表する立場である登録法人自身にもその役割を担わせることとしたものです。いわば，

登録法人は，建設業界の自警団としての役割を担っていると考えて良いでしょう。

- 登録法人は，構成員間での取組はもちろん，国及び適正就労監理機関とも連携し，計画に従った受入れを継続的に呼びかけるとともに，定期的な巡回訪問等による指導及び助言，特定技能外国人に対する常時の相談及び苦情の受付とそれを受けた対応も含め，適正な受入れに対応できる体制を構築する必要があります。

②登録法人の構成員

- 特定技能外国人が従事することとなる業務に関係する専門工事業団体及び元請建設業者団体を構成員とする必要があります。
- これ以外の建設業者団体や建設関係団体，登録支援機関などについても構成員となることが想定されます。

  ※特定技能所属機関が，登録法人の構成員である建設業者団体のいずれにも加入していない場合は，当該特定技能所属機関自身が登録法人の構成員となることが求められます。

③協議会への参画

- 登録法人は，②のとおり，受入れ職種に関係する専門工事業団体及び元請建設業団体が構成員であり，かつ，特定技能所属機関すべてが直接または間接的に所属していることから，業界団体及び特定技能所属機関を代表する立場として，国土交通省が設置する建設分野に係る特定技能外国人の受入れに関する協議会の構成員となり，調査又は指導に対する必要な協力を行うことが求められます。

④適正就労監理機関への委託

- 登録法人は，特定技能所属機関が計画に従った受入れを行っていることを確保するための取組の一つとして，特定技能所属機関及び1号特定技能外国人に対する巡回訪問その他の方法による指導・助言，1号特定技能外国人からの苦情・相談への対応を行うことが想定されます。
- これらの業務は，告示第 10 条第1号ニに規定する登録法人が実施する取組の一つに該当するものですが，特定技能所属機関における特定技能外国人の就労状況をモニタリングし，建設技能や労働関係法令等に関する専門的知識に基づき的確に指導や助言を行うことが求められる監理業務であるため，一定の専門性及び独立性が必要です。
- 適正就労監理機関は，国土交通省がこれらの業務を行う能力を有すると認めた者であり，特定技能所属機関とは利害関係を有さない独立した主体ですので，登録法人は，上記業務を行う際には，この適正就労監理機関に対し，委託により行わせるものとし，当該委託に要する費用を負担するものとします。

（2）提出書類（様式任意）

① 特定技能外国人受入事業実施法人登録申請書
② 登記事項証明書
③ 定款
④ 役員名簿（氏名（フリガナ含む），生年月日，性別，住所等を記載）
⑤ 貸借対照表又は正味財産増減計算書の写し
※設立初年度に登録申請を行う場合，正味財産増減計算書は見込額を計上すること。
⑥ 事業内容が確認できる書類
⑦ 申請者が告示第 12 条各号のいずれにも該当しないことの誓約書
⑧ 建設業者団体構成員名簿
⑨ 実施体制図

（3）提出先

〒100-8918　東京都千代田区霞が関 2-1-3
国土交通省土地・建設産業局建設市場整備課労働資材対策室監理係
（郵送又は持参）

3．登録に係る申請書記載事項の変更

法人は，登録申請時の申請事項に変更がある場合は，国土交通大臣に対して届出を行う必要があります（様式は任意）。提出先は，2.（3）と同様です。

4．法人の登録及び取消しに係る公表

国土交通省が法人の登録を行った場合又は告示第１６条のいずれかに該当するとして法人の登録を取り消した場合は，当該法人の事業者名その他の情報を国土交通省のホームページにて公表します。

特定技能所属機関等が行う手続等（フロー図）

１号特定技能外国人の受入れから帰国までの間において，特定技能所属機関等が行う必要のある主な手続（申請，報告等）については下図のとおりです。

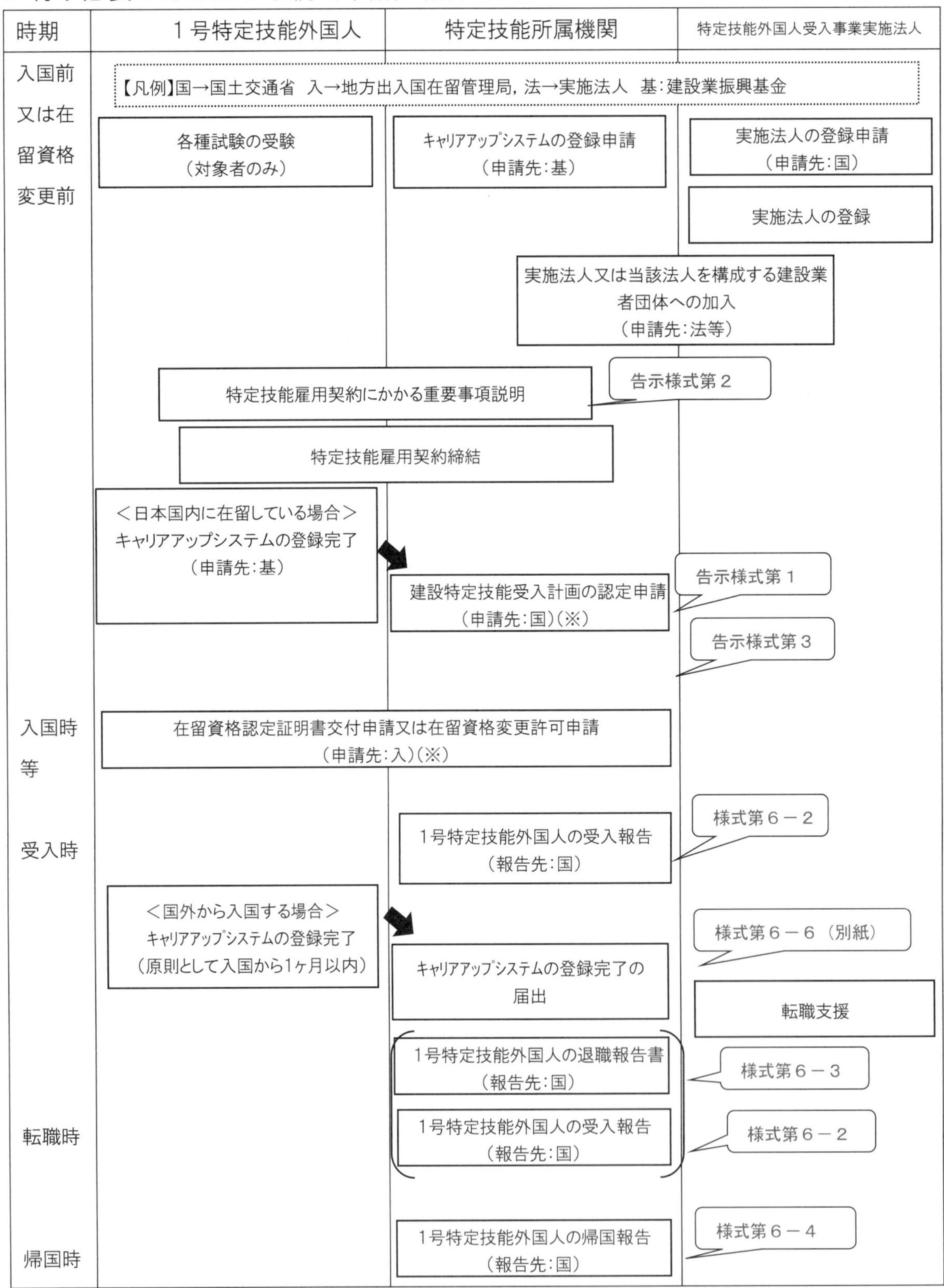

※　建設特定技能受入計画の認定申請後に当該計画の認定を待たずに在留資格の申請を行うことが可能です。その場合，当該計画の認定が得られ次第，地方出入国在留管理局へ建設特定技能受入計画認定証（写し）を提出してください。

第６　上陸許可に係る基準

【関係規定】

上陸基準省令（特定技能１号）

申請人に係る特定技能雇用契約が法第２条の５第１項及び第２項の規定に適合すること及び特定技能雇用契約の相手方となる本邦の公私の機関が同条第３項及び第４項の規定に適合すること並びに申請人に係る１号特定技能外国人支援計画が同条第６項及び第７項の規定に適合することのほか，申請人が次のいずれにも該当していること。

一～五（略）

六　前各号に掲げるもののほか，法務大臣が告示で定める特定の産業上の分野に係るものにあっては，当該特定の産業上の分野を所管する関係行政機関の長が，法務大臣と協議の上，当該産業上の分野に特有の事情に鑑みて告示で定める基準に適合すること。

上陸基準省令（特定技能２号）

申請人に係る特定技能雇用契約が法第２条の５第１項及び第２項の規定に適合すること及び特定技能雇用契約の相手方となる本邦の公私の機関が同条第３項（第２号を除く。）及び第４項の規定に適合することのほか，申請人が次のいずれにも該当していること。

一～六（略）

七　前各号に掲げるもののほか，法務大臣が告示で定める特定の産業上の分野に係るものにあっては，当該特定の産業上の分野を所管する関係行政機関の長が，法務大臣と協議の上，当該産業上の分野に特有の事情に鑑みて告示で定める基準に適合すること。

告示第１条

建設分野に係る出入国管理及び難民認定法第７条第１項第２号の基準を定める省令の表の法別表第１の２の表の特定技能の項の下欄第１号に掲げる活動の項の下欄第６号及び法別表第１の２の表の特定技能の項の下欄第２号に掲げる活動の項の下欄第７号に規定する告示で定める基準は，申請人が，労働者派遣事業の適正な運営の確保及び派遣労働者の保護等に関する法律（昭和６０年法律第８８号）第２条第１号に規定する労働者派遣及び建設労働者の雇用の改善等に関する法律（昭和５１年法律第３３号）第２条第９項に規定する建設業務労働者の就業機会確保の対象となることを内容とする特定技能雇用契約を締結していないこととする。

○　在留資格「特定技能１号」に係る上陸基準として，建設分野に特有の事情に鑑みて同在留資格に係る上陸基準省令第６号及び在留資格「特定技能２号」

に係る上陸基準として建設分野に特有の事情に鑑みて同在留資格に係る上陸基準省令第７号に基づき，告示をもって定めたものです。

○　１号又は２号特定技能外国人を受け入れるに当たっては，当該外国人は直接雇用に限るとするもので，１号又は２号特定技能外国人を労働者派遣及び建設業務労働者の就業機会確保（以下「派遣等」という。）の対象とすることも，派遣等の対象とされた者を受け入れることもできません。

○　１号又は２号特定技能外国人について，派遣等の対象とし，又は，派遣等の対象とされた者を受け入れた場合には，入国・在留諸申請において不正に許可を受けさせる目的での虚偽文書の行使等に該当し，出入国に関する法令に関し不正又は著しく不当な行為を行ったものとして，以後５年間は，特定技能外国人の受入れができないこととなります。

【確認対象の書類】

○　建設分野における特定技能外国人の受入れに関する誓約書（分野参考様式第６―１号）

別表6-1（建設）

共通（特定技能1号・2号）	特定技能1号				特定技能2号
特定技能外国人が従事する業務区分	技能水準及び評価方法等	日本語能力水準及び評価方法等	試験免除等となる技能実習2号		技能水準及び評価方法等（注）
			職種	作業	
【特定技能1号】 型枠施工（指導者の指示・監督を受けながら，コンクリートを打ち込む型枠の製作，加工，組立て又は解体の作業に従事）	建設分野特定技能1号評価試験（型枠施工） 技能検定3級（型枠施工）	国際交流基金日本語基礎テスト 日本語能力試験（N4以上）	型枠施工	型枠工事	
【特定技能2号】 型枠施工（複数の建設技能者を指導しながら，コンクリートを打ち込む型枠の製作，加工，組立て又は解体の作業に従事し，工程を管理）					建設分野特定技能2号評価試験（型枠施工） 技能検定1級（型枠施工）
【特定技能1号】 左官（指導者の指示・監督を受けながら，墨出し作業，各種下地に応じた塗り作業（セメントモルタル，石膏プラスター，既調合モルタル，漆喰等）に従事）	建設分野特定技能1号評価試験（左官） 技能検定3級（左官）	国際交流基金日本語基礎テスト 日本語能力試験（N4以上）	左官	左官	
【特定技能2号】 左官（複数の建設技能者を指導しながら，墨出し作業，各種下地に応じた塗り作業（セメントモルタル，石膏プラスター，既調合モルタル，漆喰等）に従事し，工程を管理）					建設分野特定技能2号評価試験（左官） 技能検定1級（左官）
【特定技能1号】 コンクリート圧送（指導者の指示・監督を受けながら，コンクリート等をコンクリートポンプを用いて構造物の所定の型枠内等に圧送・配分する作業に従事）	建設分野特定技能1号評価試験（コンクリート圧送）	国際交流基金日本語基礎テスト 日本語能力試験（N4以上）	コンクリート圧送施工	コンクリート圧送工事	

別表6-1（建設）

共通（特定技能1号・2号）	特定技能1号				特定技能2号
特定技能外国人が従事する業務区分	技能水準及び評価方法等	日本語能力水準及び評価方法等	試験免除等となる技能実習2号		技能水準及び評価方法等（注）
			職種	作業	
【特定技能2号】 コンクリート圧送（複数の建設技能者を指導しながら，コンクリート等をコンクリートポンプを用いて構造物の所定の型枠内等に圧送・配分する作業に従事し，工程を管理）					建設分野特定技能2号評価試験（コンクリート圧送） 技能検定1級（コンクリート圧送施工）
【特定技能1号】 トンネル推進工（指導者の指示・監督を受けながら，地下等を掘削し管きょを構築する作業に従事）	建設分野特定技能1号評価試験（トンネル推進工）	国際交流基金日本語基礎テスト 日本語能力試験（N4以上）			
【特定技能2号】 トンネル推進工（複数の建設技能者を指導しながら，地下等を掘削し管きょを構築する作業に従事し，工程を管理）					建設分野特定技能2号評価試験（トンネル推進工）
【特定技能1号】 建設機械施工（指導者の指示・監督を受けながら，建設機械を運転・操作し，押土・整地，積込み，掘削，締固め等の作業に従事）	建設分野特定技能1号評価試験（建設機械施工）	国際交流基金日本語基礎テスト 日本語能力試験（N4以上）	建設機械施工	押土・整地 積込み 掘削 締固め	
【特定技能2号】 建設機械施工（複数の建設技能者を指導しながら，建設機械を運転・操作し，押土・整地，積込み，掘削，締固め等の作業に従事し，工程を管理）					建設分野特定技能2号評価試験（建設機械施工）

別表6-1（建設）

共通（特定技能1号・2号）	特定技能1号				特定技能2号
特定技能外国人が従事する業務区分	技能水準及び評価方法等	日本語能力水準及び評価方法等	試験免除等となる技能実習2号		技能水準及び評価方法等（注）
			職種	作業	
【特定技能1号】土工（指導者の指示・監督を受けながら，掘削，埋め戻し，盛り土，コンクリートの打込み等の作業に従事）	建設分野特定技能1号評価試験（土工）	国際交流基金日本語基礎テスト 日本語能力試験（N4以上）			
【特定技能2号】土工（複数の建設技能者を指導しながら，掘削，埋め戻し，盛り土，コンクリートの打込み等の作業に従事し，工程を管理）					建設分野特定技能2号評価試験（土工）
【特定技能1号】屋根ふき（指導者の指示・監督を受けながら，下葺き材の施工や瓦等の材料を用いて屋根をふく作業に従事）	建設分野特定技能1号評価試験（屋根ふき） 技能検定3級（かわらぶき）	国際交流基金日本語基礎テスト 日本語能力試験（N4以上）	かわらぶき	かわらぶき	
【特定技能2号】屋根ふき（複数の建設技能者を指導しながら，下葺材の施工や瓦等の材料を用いて屋根をふく作業に従事し，工程を管理）					建設分野特定技能2号評価試験（屋根ふき） 技能検定1級（かわらぶき）

共通（特定技能1号・2号）	特定技能1号				特定技能2号
特定技能外国人が従事する業務区分	技能水準及び評価方法等	日本語能力水準及び評価方法等	試験免除等となる技能実習2号		技能水準及び評価方法等（注）
			職種	作業	
【特定技能1号】 電気通信（指導者の指示・監督を受けながら，通信機器の設置，通信ケーブルの敷設等の電気通信工事の作業に従事）	建設分野特定技能1号評価試験（電気通信）	国際交流基金日本語基礎テスト 日本語能力試験（N4以上）			
【特定技能2号】 電気通信（複数の建設技能者を指導しながら，通信機器の設置，通信ケーブルの敷設等の電気通信工事の作業に従事し，工程を管理）					建設分野特定技能2号評価試験（電気通信）
【特定技能1号】 鉄筋施工（指導者の指示・監督を受けながら，鉄筋加工・組立ての作業に従事）	建設分野特定技能1号評価試験（鉄筋施工） 技能検定3級（鉄筋施工）	国際交流基金日本語基礎テスト 日本語能力試験（N4以上）	鉄筋施工	鉄筋組立て	
【特定技能2号】 鉄筋施工（複数の建設技能者を指導しながら，鉄筋加工・組立ての作業に従事し，工程を管理）					建設分野特定技能2号評価試験（鉄筋施工） 技能検定1級（鉄筋施工）
【特定技能1号】 鉄筋継手（指導者の指示・監督を受けながら，鉄筋の溶接継手，圧接継手の作業に従事）	建設分野特定技能1号評価試験（鉄筋継手）	国際交流基金日本語基礎テスト 日本語能力試験（N4以上）			
【特定技能2号】 鉄筋継手（複数の建設技能者を指導しながら，鉄筋の溶接継手，圧接継手の作業に従事し，工程を管理）					建設分野特定技能2号評価試験（鉄筋継手）

別表6-1（建設）

<table>
<tr><th>共通（特定技能1号・2号）</th><th colspan="4">特定技能1号</th><th>特定技能2号</th></tr>
<tr><th rowspan="2">特定技能外国人が従事する業務区分</th><th rowspan="2">技能水準及び評価方法等</th><th rowspan="2">日本語能力水準及び評価方法等</th><th colspan="2">試験免除等となる技能実習2号</th><th rowspan="2">技能水準及び評価方法等
（注）</th></tr>
<tr><th>職種</th><th>作業</th></tr>
<tr><td rowspan="6">【特定技能1号】
内装仕上げ（指導者の指示・監督を受けながら，プラスチック系床仕上げ工事，カーペット系床仕上げ工事，鋼製下地工事，ボード仕上げ工事，カーテン工事の作業に従事）</td><td rowspan="3">建設分野特定技能1号
評価試験
（内装仕上げ）</td><td rowspan="3">国際交流基金日本語基礎テスト</td><td rowspan="5">内装仕上げ施工</td><td>プラスチック系
床仕上げ工事</td><td rowspan="6"></td></tr>
<tr><td>カーペット系
床仕上げ工事</td></tr>
<tr><td>鋼製下地工事</td></tr>
<tr><td rowspan="3">技能検定3級
（内装仕上げ施工）</td><td rowspan="3">日本語能力試験（N4以上）</td><td>ボード仕上げ工事</td></tr>
<tr><td>カーテン工事</td></tr>
<tr><td>表装</td><td>壁装</td></tr>
<tr><td rowspan="2">【特定技能2号】
内装仕上げ（複数の建設技能者を指導しながら，プラスチック系床仕上げ工事，カーペット系床仕上げ工事，鋼製下地工事，ボード仕上げ工事，カーテン工事の作業に従事し，工程を管理）</td><td rowspan="2"></td><td rowspan="2"></td><td rowspan="2"></td><td rowspan="2"></td><td>建設分野特定技能2号
評価試験
（内装仕上げ）</td></tr>
<tr><td>技能検定1級
（内装仕上げ）</td></tr>
</table>

別表6-1（建設）

<table>
<tr><th>共通（特定技能1号・2号）</th><th colspan="4">特定技能1号</th><th>特定技能2号</th></tr>
<tr><th rowspan="2">特定技能外国人が従事する業務区分</th><th rowspan="2">技能水準及び評価方法等</th><th rowspan="2">日本語能力水準及び評価方法等</th><th colspan="2">試験免除等となる技能実習2号</th><th rowspan="2">技能水準及び評価方法等
（注）</th></tr>
<tr><th>職種</th><th>作業</th></tr>
<tr><td rowspan="6">【特定技能1号】
表装（指導者の指示・監督を受けながら，壁紙下地の調整，壁紙の張付け等の作業に従事）</td><td rowspan="3">建設分野特定技能1号
評価試験
（内装仕上げ）</td><td rowspan="3">国際交流基金日本語基礎テスト</td><td rowspan="5">内装仕上げ施工</td><td>プラスチック系
床仕上げ工事</td><td rowspan="6"></td></tr>
<tr><td>カーペット系
床仕上げ工事</td></tr>
<tr><td>鋼製下地工事</td></tr>
<tr><td rowspan="3">技能検定3級
（内装仕上げ施工）</td><td rowspan="3">日本語能力試験（N4以上）</td><td>ボード仕上げ工事</td></tr>
<tr><td>カーテン工事</td></tr>
<tr><td>表装</td><td>壁装</td></tr>
<tr><td rowspan="3">【特定技能2号】
表装（複数の建設技能者を指導しながら，壁紙下地の調整，壁紙の張付け等の作業に従事し，工程を管理）</td><td rowspan="3"></td><td rowspan="3"></td><td rowspan="3"></td><td rowspan="3"></td><td>建設分野特定技能2号
評価試験
（内装仕上げ）</td></tr>
<tr><td>技能検定1級
（内装仕上げ施工）</td></tr>
<tr><td>技能検定1級
（表装）</td></tr>
</table>

別表6-1（建設）

共通（特定技能1号・2号）	特定技能1号				特定技能2号
特定技能外国人が従事する業務区分	技能水準及び評価方法等	日本語能力水準及び評価方法等	試験免除等となる技能実習2号		技能水準及び評価方法等 （注）
			職種	作業	
【特定技能1号】 とび（指導者の指示・監督を受けながら，仮設の建築物，掘削，土止め及び地業，躯体工事の組立て又は解体等の作業に従事）	建設分野特定技能1号 評価試験 （とび） 技能検定3級 （とび）	国際交流基金日本語基礎テスト 日本語能力試験（N4以上）	とび	とび	
【特定技能2号】 とび（複数の建設技能者を指導しながら，仮設の建築物，掘削，土止め及び地業，躯体工事の組立て又は解体等の作業に従事し，工程を管理）					建設分野特定技能2号 評価試験 （とび） 技能検定1級 （とび）
【特定技能1号】 建築大工（指導者の指示・監督を受けながら，建築物の躯体，部品，部材等の製作，組立て，取り付け等の作業に従事）	建設分野特定技能1号 評価試験 （建築大工） 技能検定3級 （建築大工）	国際交流基金日本語基礎テスト 日本語能力試験（N4以上）	建築大工	大工工事	
【特定技能2号】 建築大工（複数の建設技能者を指導しながら，建築物の躯体、部品、部材等の製作、組立て、取り付け等の作業に従事し，工程を管理）					建設分野特定技能2号 評価試験 （建築大工） 技能検定1級 （建築大工）

別表6-1（建設）

共通（特定技能1号・2号）	特定技能1号				特定技能2号
特定技能外国人が従事する業務区分	技能水準及び評価方法等	日本語能力水準及び評価方法等	試験免除等となる技能実習2号		技能水準及び評価方法等（注）
			職種	作業	
【特定技能1号】 配管（指導者の指示・監督を受けながら，配管加工・組立て等の作業に従事）	建設分野特定技能1号評価試験（配管） 技能検定3級（配管）	国際交流基金日本語基礎テスト 日本語能力試験（N4以上）	配管	建築配管 プラント配管	
【特定技能2号】 配管（複数の建設技能者を指導しながら，配管加工・組立て等の作業に従事し，工程を管理）					建設分野特定技能2号評価試験（建築配管） 技能検定1級（配管）
【特定技能1号】 建築板金（指導者の指示・監督を受けながら，建築物の内装（内壁，天井等），外装（外壁，屋根，雨どい等）に係る金属製内外装材の加工・取り付け又はダクトの製作・取り付け等の作業に従事）	建設分野特定技能1号評価試験（建築板金） 技能検定3級（建築板金（内外装板金作業））	国際交流基金日本語基礎テスト 日本語能力試験（N4以上）	建築板金	ダクト板金 内外装板金	
【特定技能2号】 建築板金（複数の建設技能者を指導しながら，建築物の内装（内壁，天井等），外装（外壁，屋根，雨どい等）に係る金属製内外装材の加工・取り付け又はダクトの製作・取り付け等の作業に従事し，工程を管理）					建設分野特定技能2号評価試験（建築板金） 技能検定1級（建築板金（内外装板金作業・ダクト板金作業））
【特定技能1号】 保温保冷（指導者の指示・監督を受けながら，冷暖房設備，冷凍冷蔵設備，動力設備又は燃料工業・化学工業等の各種設備の保温保冷工事作業に従事）	建設分野特定技能1号評価試験（保温保冷）	国際交流基金日本語基礎テスト 日本語能力試験（N4以上）	熱絶縁施工	保温保冷工事	

別表6－1（建設）

共通（特定技能1号・2号）	特定技能1号				特定技能2号
特定技能外国人が従事する業務区分	技能水準及び評価方法等	日本語能力水準及び評価方法等	試験免除等となる技能実習2号		技能水準及び評価方法等（注）
			職種	作業	
【特定技能2号】 保温保冷（複数の建設技能者を指導しながら，冷暖房設備，冷凍冷蔵設備，動力設備又は燃料工業・化学工業等の各種設備の保温保冷工事作業に従事し，工程を管理）					建設分野特定技能2号評価試験（保温保冷） 技能検定1級（熱絶縁施工（保温保冷工事作業））
【特定技能1号】 吹付ウレタン断熱（指導者の指示・監督を受けながら，吹付ウレタン断熱工事等作業及び関連工事作業に従事）	建設分野特定技能1号評価試験（吹付ウレタン断熱）	国際交流基金日本語基礎テスト 日本語能力試験（N4以上）			
【特定技能2号】 吹付ウレタン断熱（複数の建設技能者を指導しながら，吹付ウレタン断熱工事等作業及び関連工事作業に従事し，工程を管理）					建設分野特定技能2号評価試験（吹付ウレタン断熱） 技能検定1級（熱絶縁施工（ 吹付け硬質ウレタンフォーム断熱工事作業））
【特定技能1号】 海洋土木工（指導者の指示・監督を受けながら，水際線域，水上で行うしゅんせつ及び構造物の製作・築造等の作業に従事）	建設分野特定技能1号評価試験（海洋土木工）	国際交流基金日本語基礎テスト 日本語能力試験（N4以上）			
【特定技能2号】 海洋土木工（複数の建設技能者を指導しながら，水際線域，水上で行うしゅんせつ及び構造物の製作・築造等の作業に従事し，工程を管理）					建設分野特定技能2号評価試験（海洋土木工）

別表6-1(建設)

共通(特定技能1号·2号)	特定技能1号				特定技能2号
特定技能外国人が従事する業務区分	技能水準及び評価方法等	日本語能力水準及び評価方法等	試験免除等となる技能実習2号		技能水準及び評価方法等(注)
			職種	作業	

(注1)試験の合格に加えて,実務経験要件(建設現場において複数の建設技能者を指導しながら作業に従事し,工程を管理する者(班長)としての実務経験)が課せられている。
(注2)修了した技能実習2号の職種·作業の種類にかかわらず,技能実習2号を良好に修了した者は,国際交流基金日本語基礎テスト及び日本語能力試験(N4以上)のいずれの試験も免除される。

10

別表６－２

試験区分　建設分野特定技能１号評価試験（型枠施工）又は技能検定３級（型枠施工）

業務区分　型枠施工

業務の定義	指導者の指示・監督を受けながら、コンクリートを打ち込む型枠の製作、加工、組立て又は解体の作業に従事
主な業務内容	①基準墨出し、型枠組立用墨出し、躯体・仕上げ用墨出し ②型枠下ごしらえ・加工、型枠パネル製作 ③特殊型枠、PC 型枠製作 ④型枠・型枠パネル組立て、特殊型枠・鋼製型枠等組立て、PC 版取付、鋼製デッキ等取付 ⑤型枠用足場・支保工足場組立て ⑥型枠締付け・固定、型枠支保工設置 ⑦コンクリート打設合番 ⑧型枠・型枠パネル解体、特殊型枠・鋼製型枠等解体 ⑨型枠支保工解体、型枠用足場・支保工足場解体
想定される関連業務	①型枠数量積算 ②躯体図（コンクリート図）、型枠施工計画図、型枠支保工計画図、型枠支保工計算書類等作成・読図 ③型枠加工図、加工帳作成・読図 ④型枠資機材積算、発注 ⑤鉄骨建方・構造用集成材建方精度管理 ⑥資機材整理、小運搬、資機材楊重 ⑦資機材運搬、不要材運搬 ⑧その他、型枠施工業務の実施に必要となる安全衛生作業(点検、整理整頓、清掃等)
使用する主な素材・材料	①コンクリート型枠用合板、合板パネル、鋼製型枠、樹脂製　型枠、システム型枠、型枠用鋼製デッキ、剥離剤等 ②面木、目地棒、欠き込み材、桟木、端太角、トンボ端太 ③各種緊結材・固定材 セパレータ、Ｐコン、ホームタイ等締付け金物、鋼管、ターンバックル、チェーン、根がらみ、クランプ、釘、ビス ④各種支保工 パイプサポート、枠組足場、支柱等 ⑤各種打込資材・金物類 インサート、スリーブ、タラップ、アンカー類、耐震スリット、断熱材等
使用する主な機械、設備、工具等	①手工具 型枠ハンマー、手鋸、ホームタイ回し、ラチェット、セパレータフック、番線カッター、バール、大バール ②墨出し機器 墨つぼ、下げ振り、さしがね、スケール、トランシット、レベル、ライン・ポイントレーザー、レーザーレベル ③電動工具

	インパクトレンチ、電気ドリル、携帯用丸のこ盤、可搬式、丸のこ盤、釘打ち機、コンプレッサー、電工ドラム ④足場設備 可搬式作業台、脚立、足場板、枠組足場、単管足場、高所、作業車 ⑤揚重機械・設備・玉掛用具 定置式クレーン、移動式クレーン、人荷エレベータ、建設用リフト、玉掛ワイヤ、シャックル、ワイヤーモッコ、パレット、電動ホイスト、チェーンブロック、電動チェーン、ブロック ⑥機械・車輌・運搬具 トラック、ユニック車(小型移動式クレーン)、フォークリフト、台車、ハンドパレット

別表６－３

試験区分　建設分野特定技能１号評価試験（左官)又は技能検定３級（左官）

業務区分　左官

業務の定義	指導者の指示・監督を受けながら、墨出し作業、各種下地に応じた塗り作業（セメントモルタル、石膏プラスター、既調合モルタル、漆喰等）に従事
主な業務内容	①壁塗り ②床塗り ③コンクリート面金鏝の仕上げ ④墨出し
想定される関連業務	①測定 ②各種図面の読図 ③左官作業用機械の保守管理 ④養生 ⑤足場の組立て ⑥玉掛け ⑦その他、左官業務の実施に必要となる安全衛生作業(点検、整理整頓、清掃等)
使用する主な素材・材料	セメント、石膏プラスター、ドロマイトプラスター、消石灰、混和材料、無機質混和材、合成樹脂系混和材、減水剤、防水剤、顔料、骨材、砂、パーライト、バーミキュライト、種石、水補強材料、すさ、メッシュネット、既調合材料、既調合セメントモルタル、既調合石膏プラスター　他
使用する主な機械、設備、工具等	墨出し用具、定規、ポンプ、研磨機、ミキサー、マゼラー

別表６－４

試験区分　建設分野特定技能１号評価試験（コンクリート圧送）

業務区分　コンクリート圧送

業務の定義	指導者の指示・監督を受けながら、コンクリート等をコンクリートポンプを用いて構造物の所定の型枠内等に圧送・配分する作業に従事
主な業務内容	①コンクリート圧送工事の段取り ②輸送管の配管 （輸送管の判別・選定、輸送管閉塞時の対処を含む） ③コンクリートポンプおよび関連装置の操作 （コンクリートポンプ故障時の修復箇所の判断およびその処置を含む） ④筒先作業 ⑤圧送装置および輸送管の洗浄
想定される関連業務	①コンクリートポンプ等の保守管理 ②コンクリートポンプ車の運転 ③その他、コンクリート圧送業務の実施に必要となる安全衛生作業(点検、整理整頓、清掃等)
使用する主な素材・材料	①先送り材（水・セメントペースト・モルタル・圧送用先行剤など） ②生コンクリート（レディーミクストコンクリートおよびその他の生コンクリート） ③残コンクリート処理剤・改良剤
使用する主な機械、設備、工具等	①機械、設備等 コンクリートポンプ（定置式・トレーラ式)、コンクリートポンプ車、コンクリートディストリビュータ、輸送管（直管、ベント管、テーパ管、変更管、分岐管、分配管等)、ジョイント、ドッキングホース、先端ホース、ストップバルブ、輸送管洗浄用スポンジ・クリーナ類、配管支持機材および緩衝材、落下防止装置（安全ワイヤなど)、コンプレッサ、水ポンプ、油圧シャッターバルブの油圧発生装置、発電機 ②器工具等 各種手工具類、各種保護具（保護帽、保護メガネ、墜落制止用器具（安全帯)、手袋、長靴（安全靴）など）

別表６－５

試験区分　建設分野特定技能１号評価試験（トンネル推進工）

業務区分　トンネル推進工

業務の定義	指導者の指示・監督を受けながら、地下等を掘削し管きょを構築する作業に従事
主な業務内容	①立坑の築造、埋戻し ②地上設備・坑内設備の設置、撤去 ③掘削 ④管きょの敷設（撤去・更新・改築を含む） ⑤掘削土の処分 ⑥コンクリート構造物の築造
想定される関連業務	①路面の覆工 ②調査（地下埋設物、地上変状等） ③地盤改良 ④舗装 ⑤その他、トンネル推進工業務の実施に必要となる安全衛生作業（点検、整理整頓、清掃等）
使用する主な素材・材料	鋼材、生コンクリート、モルタル、鋼矢板、ライナープレート、坑口金物、管材料（鉄筋コンクリート管、鋼管、ダクタイル鋳鉄管、塩化ビニル管、樹脂材　等）、セグメント、人孔、緩衝材、作泥材、裏込材、滑材、薬剤、セメント、砂、砕石、アスファルトコンクリート、型枠材、足場材、覆工板、木材、鉄筋　等
使用する主な機械、設備、工具等	①機械 クレーン、高所作業車、パワーショベル、クラムシェル、水中ポンプ、ジャッキ、掘削機、ミキサー、グラウトポンプ、吸引装置、スラリーポンプ、土砂圧送ポンプ、ベルトコンベヤ、ズリトロ、土砂バケット、バッテリーカー、ボーリングマシン、水槽、電気溶接機、発電機、バイブレーター、ウインチ、送風機、タンピングランマー、プレートコンパクター　等 ②設備 掘進設備、ジャッキ及び関連設備、土砂搬送設備、泥水処理設備、水処理設備、注入設備、送風設備、軌条設備　等 ③工具等 スパナ、レンチ、チェーンブロック、レバーブロック、ワイヤーロープ、玉掛け用ロープ、ガス切断機、スコップ、ハンマー、鋸、ハッカー　等 ④その他 測量機器、ガス濃度測定器　等

別表６－６

試験区分　建設分野特定技能１号評価試験（建設機械施工）

業務区分　建設機械施工

業務の定義	指導者の指示・監督を受けながら、建設機械を運転・操作し、押土・整地、積込み、掘削、締固め等の作業に従事
主な業務内容	①建設機械の走行操作 ②押土・整地（押土、巻出し盛土、敷土（撒土）、伐開除根、岩石の移動・除去、埋戻し） ③掘削・運搬、積込み ④掘削・法面の仕上げ ⑤締固め（盛土・路盤・フィルダムの締固め、アスファルト舗装の転圧） ⑥杭基礎作業（杭の建込み・打設・埋込み） ⑦現場打ち基礎作業（障害物の除去、汚水プラントの設置、鉄筋かご加工場設置、機械器具の運搬・組立て） ⑧切断・穿孔（アスファルト・コンクリート・割岩孔・静的破砕孔・ロックボルト孔・アンカー孔の穿孔、ロックボルト・アンカーの挿入） ⑨重量物の揚重運搬配置 ⑩建設機械の保守及び整備
想定される関連業務	①建設機械施工管理 ②建設機械の大型トレーラ等への積載及び移送 ③杭打ち機の解体・組立 ④玉掛け ⑤土工作業（対象職種・作業に係る手作業の部分） ⑥杭打設後の杭穴の埋戻し ⑦その他、建設機械施工業務の実施に必要となる安全衛生作業(点検、整理整頓、清掃等)
使用する主な素材・材料	鋼管杭、ＰＣ杭、外殻鋼管付きコンクリート杭（ＳＣ杭)、突起（リブ）付き鋼管、ベントナイト、コンクリート、鉄筋、アンカー、ロックボルト
使用する主な機械、設備、工具等	ブルドーザ、モータグレーダ、トラクタショベル、油圧ショベル（バックホウ)、ローラ、杭打ち機と杭打ち作業装置、掘削機、水中ポンプ、ベントナイトミキサ、表層ケーシング、スラッシュタンク、溶接器、トレミー管、スタンドパイプ、コンクリートカッタ、ワイヤーソ、ドリル、クレーン、測量用機器、施工用各種試験機、建設機械の付属品、点検・整備用器工具

別表６－７

試験区分　建設分野特定技能１号評価試験（土工）

業務区分　土工

業務の定義	指導者の指示・監督を受けながら、掘削、埋め戻し、盛り土、コンクリートの打込み等の作業に従事
主な業務内容	(1) 掘削 ①人力、機械、火薬及び薬剤等による掘削作業 ②押土、運搬、積込み等の土砂を移動する作業 (2) 埋め戻し ①人力、機械等による埋め戻し作業 ②敷き込み、敷均し、転圧、締固め等による表面、斜面の整形作業 (3) 盛り土・切り土 ①人力及び機械での盛り土・切り土作業 ②盛り土・切り土した表面、斜面の整形作業 ③塗布、植付け等の施工表面処理作業 (4) 水処理 地下水の汲み上げ等の地盤改良工事作業 (5) コンクリート等の打込み ①人力、機械等による打込み、充填、締固め等の作業 ②残コン処理作業
想定される関連業務	①品質維持、作業効率向上等のための管理、整備、養生等の作業 ②資機材、土砂等の搬入、搬出、運搬、楊重、移動作業 ③設備、施設、基礎、足場、通路、構台、備品等の設置、組立、解体作業 ④工具、器具、資機材等の点検、確認、準備、設置、操作等の作業 ⑤測量機器、検査機器を使用したレベル出し、位置出し、出来形検査等の作業 ⑥薬品・塗料等の散布、撹拌、混合又はモルタル等の注入、充填作業 ⑦現場内作業の準備、補助、手元、片付け等の雑作業 ⑧各種楊重運搬機械の運転 ⑨玉掛け作業 ⑧その他、土工業務の実施に必要となる安全衛生作業（点検、整理整頓、清掃等）
使用する主な素材・材料	作業を行う現場や搬入材が材料（素材）であり、特定の場所や物をさすものではない。

使用する主な機械、設備、工具等	油圧ショベル、クラムシェル、ブレーカ、さく岩機、さく井機、パワーショベル、不整地運搬車、小車／一輪車、モッコ等、ピックハンマ、スコップ、ブルドーザ、振動ローラ、タイヤローラ、モーターグレーダー、タンパ／ランマ、振動プレート、コンクリートバケット、バイブレータ、　測量用機器、施工用各種試験機、高所作業車、クレーン車、ポンプ、ケーシング／スクリーンパイプ、空気圧縮機、モルタル吹付機、電源車、作業船、点検／整備用器工具　等
備考	船員法上の船員により行われる作業は除く。

別表６－８

試験区分　建設分野特定技能１号評価試験（屋根ふき）又は技能検定３級（かわらぶき）

業務区分　屋根ふき

業務の定義	指導者の指示・監督を受けながら、下葺き材の施工や瓦等の材料を用いて屋根を葺く作業に従事
主な業務内容	⑴ 屋根ふきの段取り ①瓦、化粧スレート等の選定 ②現場寸法取り ③瓦、化粧スレート等の割付け ④下葺き材、桟木の施工(化粧スレート等は特殊工法のみ)の施工 ⑵ 屋根ふき 1. 瓦 ①瓦合せ（一文字、刻み袖及び特殊がわらを除く） ②瓦ぶき用の土の練合せ ③瓦のふき上げ（緊結を含む）（本ぶき及び特殊がわらによる工法を除く） ④瓦ふき作業に伴う樹脂接着 2. 化粧スレート等 ①各所水切、化粧スレート屋根材等の取り付け ②化粧スレート屋根材等の取り付けに伴う樹脂接着剤、熱絶縁 ③換気棟等の施工 ④屋根の補修
想定される関連業務	①屋根ふき作業に伴う足場等の組立て・解体作業 ②屋根左官作業 ③移動式クレーン運転作業 ④玉掛け作業 ⑤高所作業車運転作業 ⑥作業用機材の搬送作業 ⑦作業用機材の梱包・出荷作業 ⑧その他、屋根ふき業務の実施に必要となる安全衛生作業(点検、整理整頓、清掃等)
使用する主な素材・材料	①素材 粘土瓦（JISA5208に規定されている瓦）、厚形スレート（JISA5402に規定されている瓦）、化粧スレート、鋼板（メッキ鋼板、塗膜装鋼板等）、非鉄金属（銅板、アルミ合金板等） ②材料 桟瓦用桟木、瓦座、淀、棟補強用芯材、桟木、木下地用留付け材、耐火野地用留付け材（ねじ等）、ＡＬＣパネル用留め付け材（専用釘、プラグ等）、コンクリート、モルタル下地の場合の留め付け材（アンカボルト、コンクリートピン、コンクリート釘等）、屋根材緊

	結用釘、屋根材緊結線、屋根材補強用釘・ねじ等、下葺き材、葺き土（窯業系瓦）、南蛮漆喰（なんばんしっくい：砂、石灰、つのまたのりを混練したもの）、モルタル、接着剤、シーリング剤、板金（水切りとして使用する金属板等）
使用する主な機械、設備、工具等	①各種手工具類 金づち、たがね、差し金、こて（鏝）、のこぎり、水糸、水準器、小刀（カッタ）、釘袋、自在定規、スコップ、押切り ②機械、設備等 切断機、電気ドリル、エア・タッカ、電動タッカ、インパクトドリル、インパクトドライバ、釘打機、リフト、瓦揚げ機、梯子、高所作業車、高速砥石切断機、フォークリフト、コンクリートドリル、移動式クレーン、玉掛け用具

別表６－９

試験区分　建設分野特定技能１号評価試験（電気通信）

業務区分　電気通信

業務の定義	指導者の指示・監督を受けながら、通信機器の設置、通信ケーブルの敷設等の電気通信工事の作業に従事
主な業務内容	①通信機器の設置・据付及び撤去 通信機器の例：交換・伝送機器、IP 機器、端末機器、無線機器、アンテナ、電源装置（受配電・エンジン・蓄電池・交流・直流・空調）、基礎設備（ケーブルラック、二重床、架台等） ②通信ケーブル（屋内配線を含む）・電源ケーブルの敷設・接続・撤去 ③通信機器設定/データ設定作業 ④電柱の新設/撤去 ⑤マンホール・ハンドホールの新設・撤去 ⑥舗装の破砕・復旧 ⑦配管（地中及び屋外）の新設・撤去
想定される関連業務	①移動式クレーンの運転 ②玉掛け ③高所作業車運転 ④酸素欠乏作業 ⑤車両系建設機械の運転 ⑥アーク溶接 ⑦ガス溶接 ⑧フォークリフトの運転 ⑨廃材処理 ⑩作業用機材の搬送 ⑪その他、電気通信業務の実施に必要となる安全衛生作業(点検、整理整頓、清掃等)
使用する主な素材・材料	コンクリート柱、鋼管柱、通信メタルケーブル、通信光ケーブル、鋼より線、アスファルト、コンクリート、砕石、砂、鋼管、硬質ビニル管、電源ケーブル、LAN ケーブル、同軸ケーブル、導帯、バスダクト、ケーブルラック、二重床、架台
使用する主な機械、設備、工具等	安全帯、昇降用転落防止器具、梯子、脚立、保護具（保護帽、絶縁チョッキ、絶縁シート、絶縁手袋、絶縁長靴）、発電機、酸欠測定器、換気扇、移動式クレーン、高所作業車、バックホー、融着接続機、パルス試験機、光パワーメーター、心線対照機、アスファルトカッター、コンクリート破砕機、ランマー、クランプメーター、絶縁抵抗計、接地抵抗計、気密試験機、無線 LAN テスター、スペクトラムアナライザー、耐圧試験器、デジタルテスター、電圧計、周波数計、雑音測定器、シンクロスコープ、信号電源測定器、絶縁工具（スパナ、ドライバー等）

別表６－１０

試験区分　建設分野特定技能１号評価試験（鉄筋施工）又は技能検定３級（鉄筋施工）
業務区分　鉄筋施工

業務の定義	指導者の指示・監督を受けながら、鉄筋加工・組立ての作業に従事
主な業務内容	①　図面の読解（構造図、躯体図、鉄筋配筋図など） ②　鉄筋の加工（機械加工・切断・曲げ） ③　鉄筋の組立て（手加工作業を含む） ④　鉄筋組立後の確認（自主検査等）
想定される関連業務	①　各種配筋図等作成、読解 ②　鉄筋の加工場および施工現場内での運搬 ③　足場・構台・鉄筋架台等の架設及び復旧 ④　作業工程管理業務（工程管理、器工具の保守・管理、材料・資材管理、機械のメンテナンス） ⑤　各種揚重運搬機械の運転 ⑥　玉掛作業 ⑦　コンクリート打設時の相番（立会い）補助 ⑧　溶接（ガス溶接、アーク溶接、圧接） ⑨　機械式継手 ⑩　その他、鉄筋施工業務の実施に必要となる安全衛生作業（点検、整理整頓、清掃等）
使用する主な素材・材料	①　鉄筋材料 各種丸鋼、各種異形棒鋼、閉鎖型フープ、スターラップ、定着板、機械式継手 ②　副資材 結束線、スペーサ
使用する主な機械、設備、工具等	①　鉄筋切断機 ②　鉄筋曲げ加工機 ③　結束工具（ハッカー、スケール、マーキングチョークなど） ④　加工工具（ライパー、ハンドルなど）
備考	本業務区分で特定技能外国人を受け入れる場合、当該外国人には必ず鉄筋の組立て（主な業務内容③）に従事させなければならず、鉄筋の加工（主な業務内容②）のみに従事させることは認められない。

別表６－１１

試験区分　建設分野特定技能１号評価試験（鉄筋継手）

業務区分　鉄筋継手

業務の定義	指導者の指示・監督を受けながら鉄筋の溶接継手、圧接継手の作業に従事
主な業務内容	①鉄筋端面加工作業 ②鉄筋支持器、溶接治具等の鉄筋取付け ③圧接器等の取付け・脱着 ④鉄筋の継手
想定される関連業務	①鉄筋継手外観検査補助 ②圧接機器の保守点検 ③鉄筋配筋補助 ④施工現場の資機材等小運搬 ⑤各種揚重運搬機械の補助 ⑥玉掛け ⑦その他、鉄筋継手業務の実施に必要となる安全衛生作業(点検、整理整頓、清掃等)
使用する主な素材・材料	丸鋼鉄筋、異形棒鋼鉄筋、燃料（酸素・アセチレン・天然ガス・水素エチレン等)、研削砥石、チップソー、溶接用ソリッドワイヤー、シールド用ガス（炭酸ガス等)、裏当て材
使用する主な機械、設備、工具等	鉄筋冷間直角切断機（又はグラインダー)、ボルト締付け工具、圧接器、加熱器、加圧装置、外観測定用器具、グラインダー、鉄筋支持器、防風フード、溶接治具、溶接機、ワイヤー送給装置、溶接トーチ、ガスレギュレーター、ルート間隔測定ゲージ

別表６－１２

試験区分　建設分野特定技能１号評価試験（内装仕上げ）又は技能検定３級（内装仕上げ）

業務区分　内装仕上げ

業務の定義	指導者の指示・監督を受けながら、プラスチック系床仕上げ工事作業、カーペット系床仕上げ工事作業、鋼製下地工事作業、ボード仕上げ工事作業、カーテン工事作業、壁装作業の作業に従事
主な業務内容	①下地の点検及び調整 ②仕上げ材の選定 ③内装仕上げ材の採寸、割出し、割付け及び墨出し ④壁下地・天井下地の組立て ⑤天井・壁・床の仕上げ
想定される関連業務	①施工材料、施工用機材等の揚重・運搬 ②各種図面の読図作業 ③足場・構台・桟橋等の架設 ④作業工程管理（工程管理、器工具の保守・管理、材料・資材管理、機械のメンテナンス） ⑤各種揚重運搬機械の運転 ⑥玉掛け ⑦その他、内装仕上げ業務の実施に必要となる安全衛生作業(点検、整理整頓、清掃等)
使用する主な素材・材料	ビニル系シート、ビニル系タイル、接着剤、振れ止め、補強材、プライマ、ワックス、目地処理剤、ノンスリップ、押え金具等の付属材、だんつうカーペット、人工芝生、グリッパ、フェルト、吊りボルト及びハンガ、クリップ、野縁、タッピングネジ、ナット、スタッド、ランナ、スペーサ、石膏ボード、化粧吸音板、ワンタッチビス、見切り縁材、カーテン生地、カーテンレール、カーテンボックス、開閉及び昇降用装置、壁紙、錆止め剤、コーキング剤、　等
使用する主な機械、設備、工具等	スケール、千枚通し、ケレン棒、くしごて、星突き、へら、刷毛、ハンドローラ、スクレーパ、チョークリール、玄能、脚立、グラインダ、かんな、トーチランプ、電気ドリル、エア・コンプレッサ、タッカ、コンパス、ボードやすり、ハンドサンダ、下地調整器具、下地乾燥度測定器、割付用器工具、採寸工具、接着剤塗布器工具、圧着工具、溶接器工具、加熱器具、切断用器工具、敷込み用器工具、補助器工具、高速切断機アーク溶接機、電動工具、カーテン縫製用ミシン（本縫いミシン、揃い縫いミシン、ロックミシン、自動ひだ縫いミシン等）、縫製用ミシン付属品、裁断機プレスアイロン、検品機、形状安定装置、電動ドライバ、ハンマ、接着剤塗布用機械、切断（裁断）用機械、仕上げ用器工具、加工用加熱器工具、設備及び補助器工具、その他の器工具

別表６－１３

試験区分　建設分野特定技能１号評価試験（とび）又は技能検定３級（とび）
業務区分　とび

業務の定義	指導者の指示・監督を受けながら、指導者の指示・監督を受けながら仮設の建築物、掘削、土止め及地業、躯体工事の組立て又は解体の作業に従事
主な業務内容	①足場の組立て及び解体作業（丸太足場、単管足場、枠組足場、その他の足場、足場に取り付ける養生設備） ②仮設の建築物の組立て及び解体作業（仮囲い、工事用仮設建築物、架設通路、構台、土止め・型枠支保工） ③掘削工事作業（根切り）（布掘り、溝掘り、段掘り） ④地業作業（玉石地業、割栗地業、砂利敷地業、杭打ち・杭抜き地業、その他の地業） ⑤矢板、腹おこし、切りばりによる土止め、連続土止め壁による土止め、その他の土止め ⑥建築物の組立作業（木造建築物、鉄骨建築物、その他の建築物） ⑦コンクリート打設作業 ⑧重量物の運搬作業 ⑨建築物の解体作業（木造、鉄骨造、鉄筋コンクリート造、その他の建造物）
想定される関連業務	①杭打ち作業 ②仮設物の撤去・荷下ろし作業 ③クレーン組立て・解体作業 ④各種揚重運搬装置による移動作業 ⑤工事現場の仮囲いの設置作業 ⑥壁、床等設備・建築資材の荷揚げ作業 ⑦電気、水道、ガス、空調等の設置機械の荷揚げ作業 ⑧仮囲いの撤去作業 ⑨その他、とび業務の実施に必要となる安全衛生作業（点検、整理整頓、清掃等）
使用する主な素材・材料	①足場材 ②支保工材 ③養生材 ④番線 ⑤土止め用材 ⑥荷揚げ用材
使用する主な機械、設備、工具等	①　機械、設備等 チェーンブロック、電動ホイスト、移動式クレーン、高所作業車、建設用リフト、巻上げ機（ウィンチ）、ホイスト、ベルトコンベア、バックホウ、パワーショベル、クラムシェル、トレンチャ、ドラグライン、トラクタショベル、ブルドーザ、不整地運搬車、タワークレーン、フォークリフト ②　器工具等 墜落防止器具(保護帽、安全靴、安全器具(安全帯等)含む)、親綱、長靴、繊維ロープ、玉掛けワイヤロープ（台付け用ワイヤロープ）、吊りクランプ、吊りハッカ、吊りチェーン、かいしゃくロープ、シャックル、吊り綱、吊り袋、クランプ（直交・自在・三連）、梯子（はしご）、自動釘打機、釘、くさび止め材、キャンバー、ターンバックル、キトークリップ、レバーブロック、ボルシン、シャコ万、ゴムマット、平角材、スコップ、つるはし、大かなてこ、バール、測量器材(レベル、トランシット)、バケツ、しの、ハンマ、げんのう、手ハンマ、かけや、ラチェットレンチ（ラチェットスパナ）、スパ、インパクトレンチ、カッタ、カッターペンチ、のこぎり、電動丸のこ、チェーンソー、ガス切断機、インパクトドライバー、その他(とび作業関連類)

別表６－14

試験区分　建設分野特定技能１号評価試験（建築大工）又は技能検定３級（建築大工）
業務区分　建築大工

業務の定義	指導者の指示・監督を受けながら、建築物の躯体、部品、部材等の製作、組立て、取り付け等の作業に従事
主な業務内容	①　墨付け作業 ②　躯体の製作・組立作業 ③　部品・部材の製作作業 ④　部品・部材の組立作業 ⑤　部品・部材の取り付け作業 ⑥　防水作業 ⑦　断熱作業 ⑧　既存建築物の調査・修繕作業
想定される関連業務	①　部品・部材の数量積算 ②　部品・部材の数量確認 ③　躯体図、加工図、組立図、設備図等の読図 ④　施工図等の作成 ⑤　水盛り、やりかた及び墨出し作業 ⑥　材料・工具の管理作業 ⑦　木材加工・作業の手順管理 ⑧　材料の整理整頓・小運搬・揚重 ⑨　材料の養生 ⑩　資機材・不要材の運搬 ⑪　解体作業 ⑫　工事用足場の組立、移設 ⑬　その他、建築大工業務の実施に必要となる安全衛生作業（点検、整理整頓、清掃等）
使用する主な素材・材料	①　構造材、羽柄材、造作材、合板、集成材その他の工場生産された建築資材 ②　建築部品 ③　防水材 ④　断熱材 ⑤　建築金物（釘、ビスを含む） ⑥　接着剤 ⑦　養生材
使用する主な機械、設備、工具等	①　手工具 ・のこ、ハンマー、のみ、かんな、墨壺、下げ振り、バール、巻き尺　等 ②　電動・エア工具 ・電気のこ、タッカー、電気ドリル、釘打ち機、ビス打ち機、コンプレッサー、電気かんな、レーザー水準器　等 ③　その他 ・鋼管足場、可動足場、墜落制止用器具（胴ベルト型、フルハーネス型）等

別表６－15

試験区分　建設分野特定技能１号評価試験（配管）又は技能検定３級（配管）
業務区分　配管

業務の定義	指導者の指示・監督を受けながら、配管加工・組立て等の作業に従事
主な業務内容	①　配管施工図の読解 ②　材料どり ③　配管の加工（配管加工・切断・曲げ・接合） ④　配管の組立て、取り付け ⑤　配管組立後の確認（水圧試験）
想定される関連業務	①　各種原寸図等作成、読解 ②　配管の作業場内での運搬 ③　配管工程など管理業務（工具の保守・管理、材料・資材理解） ④　その他、配管業務の実施に必要となる安全衛生作業（点検、整理整頓、清掃等）
使用する主な素材・材料	配管用炭素鋼鋼管（鋼管）、ねじ込み式可鍛鋳鉄製管継手（チーズ）、ねじ込み式可鍛鋳鉄製管継手（エルボ、ニップル）、水道用鋼管ポリ塩化ビニル管（塩ビ管）、水道用硬質ポリ塩化ビニル管継手（塩ビ製エルボ）、水道用硬質ポリ塩化ビニル管継手（バルブ用ソケット）、横水栓、合板　等
使用する主な機械、設備、工具等	パイプ万力、パイプねじ切り器、パイプレンチ、ハンマー、面取り器、油さし、シールテープ、塩化ビニル樹脂用接着剤、寸法測定具
備考	

別表６－16

試験区分　建設分野特定技能１号評価試験（建築板金）又は技能検定３級（建築板金（内外装板金作業））
業務区分　建築板金

業務の定義	指導者の指示・監督を受けながら、建築物の内装（内壁、天井等）、外装（外壁、屋根、雨どい等）に係る金属製内外装材の加工・取り付け又はダクトの製作・取り付け等の作業に従事
主な業務内容	(1) 内外装板金作業 ① 内外装板金工事の段取り作業 ② 切断・曲げ等による直角、複雑な形状等及び曲面のある板金製作作業 ③ 屋根・雨どい等の外装作業 ④ 壁・天井等の内外装作業 ⑤ 飾り金物の製作・取付作業 ⑥ 内外装板金接合作業 ⑦ 内外装板金製品の組立て作業 ⑧ 内外装板金加工用機械の操作及び調整作業 ⑨ 内外装板金用器工具の選択及び取扱い作業 (2) ダクト板金作業 ① ダクトの製作作業の段取り作業 ② 複雑なダクト類の湾曲した部分及び分岐した部分の板金作業 ③ 各種相貫体の板金作業 ④ はぜ組みによるダクトの接合作業 ⑤ リベット締めによるダクト製品の組立て作業 ⑥ ダクト製作用器工具の選択及び取扱い作業
想定される関連業務	① 玉掛作業(屋根材等の揚重)(特別教育又は技能講習が必要) ② 熱絶縁施工作業 ③ 防水施工作業 ④ 冷凍空気調和機器施工作業 ⑤ 工場板金作業 ⑥ 内外装（金属製除く）作業 ⑦ 厨房設備施工作業 ⑧ 内装仕上げ作業 ⑨ 機械加工作業 ⑩ 金属プレス加工作業 ⑪ 溶接作業(タイトフレーム取付け) ⑫ グラインダ作業(切削作業等) ⑬ 作業用機材の搬送作業 ⑭ 作業用機材・加工製品の梱包、積込み作業 ⑮ その他、建築板金業務の実施に必要となる安全衛生作業（点検、整理整頓、清掃等）
使用する主な素材・材料	① 金属材料 鋼板、溶融亜鉛めっき鋼板(亜鉛鋼板)、塗装溶融亜鉛めっき鋼板(着色亜鉛鉄板)、ステンレス鋼板、銅及び銅合金板、アルミニウム及びアルミニウム合金板、塩ビ鋼板、ガルバリウム鋼板、着色（塗装)ガルバリウム板、耐酸被覆鋼板、チタン板 ② 材料 屋根・外壁材、断熱材、防音材、シーリング材、接着剤
使用する主な機械、設備、工具等	① 機械・設備等 屋根用成形機、壁用成形機、直刃せん断機(スケヤシャーリング等)及び附属品、ギャップシャーリング、ストレートシャー、エースカッター、折曲加工機、CAD/CAMシステム、両頭グラインダ及び付属品、リベッティングマシン、スポット溶接機、ディスクマシン、卓上ボール盤、マシンバイス（箱バイス）、三本ロール、ガス溶接装置、ガス切断器、アーク溶接装置、高速と石切断機、ニブリングマシン及び付属品、作業台、ロータリシャー、電気ドリル、振動ドリル、脚立、プラズマ溶断機、レーザー切断機 ② 器工具等 打出し工具、絞り工具、リベッター、トーカス、ポンチ、片手ハンマ、板金ハンマ、木ハンマ、でんがく、チッピングハンマ、バイス、口金カバー、平やすり、やすり柄、組やすり、スレートドリル、ワイヤブラシ、たがね、チャックハンドル、モンキレンチ、六角レンチ、ウォータプライヤ、ドライバ、金鋸、金切りはさみ、折り台、拍子木、刀刃、丸棒、はぜ起こし、角床、火ばし、金ばし、バケツ、はんだごて、トーチランプ、タップ、ダイス、ハンドルリベッタ、コードリール、丸棒台、駒ノ爪床、いちょうば床、つかみ箸、菊絞り、クランプ、ハンチグドレッサ、ダイヤブリック、かげたがね ③ 計測器等 スケール、コンベックス、巻尺、けがき定盤、Ｖブロック、台付きスコヤ、平形スコヤ、角度ゲージ、すき間ゲージ、水平器、三角スケール、ノギス、マイクロメータ、墨出し器、直尺

	④　保護具等 保護眼鏡、電気溶接用保護眼鏡、防塵マスク、安全帽(ヘルメット)、安全靴、墜落制止用器具（安全帯）、溶接用手袋、足カバー、腕カバー、前掛け

別表６－17

試験区分　建設分野特定技能１号評価試験（保温保冷）
業務区分　保温保冷

業務の定義	指導者の指示・監督を受けながら、冷暖房設備、冷凍冷蔵設備、動力設備又は燃料工業・化学工業等の各種設備の保温保冷工事作業に従事
主な業務内容	①　保温保冷工事用材料の取付け及び充てん作業 ②　補助材の取付け作業 ③　防湿材の取付け作業 ④　外装仕上げ作業
想定される関連業務	①　仕様書・施工図等の読図作業 ②　配管作業 ③　冷凍空気調和機器施工作業 ④　建築板金（ダクト板金）作業 ⑤　厨房設備施工作業 ⑥　作業用機材の搬送作業 ⑦　作業用機材の梱包・出荷作業 ⑧　作業場所の整理整頓清掃作業 ⑨　保温保冷工事作業に伴う足場等の組立て ⑩　移動式クレーン運転作業 ⑪　玉掛作業 ⑫　高所作業車運転作業 ⑬　防食作業 ⑭　塗装作業 ⑮　その他、保温保冷業務の実施に必要となる安全衛生作業（点検、整理整頓、清掃等）
使用する主な素材・材料	①　人造鉱物繊維保温材（JIS A 9504） ロックウール保温材、グラスウール保温材 ②　無機多孔質保温材（JIS A 9510） けい酸カルシウム保温材、はっ水性パーライト保温材 ③　発泡プラスチック保温材（JIS A 9511） A種ビーズ法ポリスチレンフォーム保温材、A種押出法ポリスチレンフォーム保温材、A種ウレタンフォーム保温材、A種ポリエチレンフォーム保温材、A種フェノールフォーム保温材 ④　その他保温材（JISの保温材に規定されていない素材（材料）） セラミックファイバーブランケット、ゴム系発泡材、塩化ビニルフォーム、多泡ガラス、粒状保温材、金属保温材 ⑤　工事用補助材 防湿材、外装材、補助材（緊縛材、補強材、目張り材、整形材）、接着剤、シーリング材
使用する主な機械、設備、工具等	①　機械、設備等 電動丸のこ、電気帯のこ、砥石切断機、電気鋲付け機、ブラインドリベット機、押切、足踏シャー、動力シャー、スリッター、サークラーシャー、はぜ折機、ダクトはぜ折機、ひも出しロール機、三本ロール機、電気ドリル、コードレスドライバドリル、ベビーウィンチ、足場材 ②　器工具等 のこぎり、はさみ、ニッパ、ペンチ、包丁・ナイフ、かんな、しの、ハッカ、ラッシングベルト、バンド締機、封緘機、スパナ、レンチ、ドライバ、プライヤ、きり、コーキングガン、コードリール、けがき針、コンパス、墨つぼ、墨さし、金切りはさみ、折り台、拍子木、刀刃、たがね、ならし金敷、センタポンチ、各種保護具（安全帽、安全靴、保護眼鏡等）、木ハンマー、板金ハンマー、はぜおこし、つかみばし、菊しぼり矢床、こて、手ぐわ、こて板、練舟

別表６－18

試験区分　建設分野特定技能１号評価試験（吹付ウレタン断熱）
業務区分　吹付ウレタン断熱

業務の定義	指導者の指示・監督を受けながら、吹付ウレタン断熱工事等作業に従事
主な業務内容	①　現場段取りの構築 ②　吹付け硬質ウレタンフォーム断熱工事作業 ③　品質管理作業
想定される関連業務	①　その他吹付け作業 1.防火コート吹付作業 2.耐火被覆吹付作業 3.塗装作業 4.即硬化性ウレタン防水作業 ②　原材料・施工機械の保守・管理 ③　施工条件（気温、吹付面状態把握など）の的確な判断による技術者・他業者への説明・交渉 ④　原液ドラム缶・発泡機・発電機などの搬入・移動・撤去・管理 ⑤　足場移動 ⑥　その他、吹付ウレタン断熱業務の実施に必要となる安全衛生作業（点検、整地整頓、清掃等）
使用する主な素材・材料	①　JISA9567に規定される発泡原液（ポリオール成分、ポリイソシアネート成分） ②　関連工事用資材（防火コート材、吹付用塗料、耐火被覆材、即硬化性ウレタン吹付防水材、養生シート・養生テープ、吹付ガン洗浄剤
使用する主な機械、設備、工具等	①　機械・設備等 発泡器、スプレーガン、耐圧ホース（温調式）、ドラムポンプ、エアーコンプレッサー、発電機 ②　工具類 カット用ナイフ、カッター、保護帽、保護メガネ、保護マスク

別表６－19

試験区分　建設分野特定技能１号評価試験（海洋土木工）
業務区分　海洋土木工

業務の定義	指導者の指示・監督を受けながら、水際線域、水上で行うしゅんせつ及び構造物の製作・築造等の作業に従事
主な業務内容	人力、機械、作業船等により以下の作業を行う。 (1)しゅんせつ作業 (2)地盤改良作業 (3)埋立・揚土等作業 (4)杭・矢板等の打込み作業 (5)基礎石等の水中投入・均し作業 (6)コンクリートブロック等の製作工事 (7)重量物の運搬据付作業 (8)現場コンクリート打込み作業 (9)舗装作業
想定される関連業務	①施工管理 ②建設機械・作業船の保守及び整備 ③建設機械・作業船の移動又は回航・えい航 ④資機材・土砂等の搬入、搬出、運搬、移動 ⑤工具、器具、資機材等の整備、点検、確認、準備 ⑥設備、施設、足場、通路等の設置、組立、解体 ⑦環境保全作業（環境対策） ⑧その他、海洋土木工業務の実施に必要となる安全衛生作業（点検、整理整頓、清掃等）
使用する主な素材・材料	コンクリートブロック、コンクリート、アスファルト、鋼材（鋼板、鋼管、形鋼、棒鋼等）、地盤改良材料（砂・セメント）、石材、汚濁防止膜・枠、タイロッド、防舷材、係船柱、車止め、流電陽極　等
使用する主な機械、設備、工具等	作業船、作業船に付属する機械、ワイヤーロープ、滑車、シャックル、船用品、クレーン、ダンプトラック、バックホウ、発動発電機、溶接機、バイブレーター、ウィンチ、測量用機器、点検・整備用器工具、保護具　等
備考	船員法上の船員により行われる作業は除く。

分野参考様式第６－１号（特定技能所属機関）

建設分野における特定技能外国人の受入れに関する誓約書

出入国在留管理庁長官　殿

特定技能所属機関
氏名又は名称
住　　　所
特定技能外国人
氏　　　名
性　　　別
国籍・地域
生 年 月 日

記

建設分野における上記の特定技能外国人を受け入れるに当たり，以下の事項について誓約します。

【誓約事項】

１．１号特定技能外国人（出入国管理及び難民認定法（昭和２６年政令第３１９号）別表第１の２の表の特定技能の在留資格（同表の特定技能の項の下欄第１号に係るものに限る。以下同じ。）をもって在留する外国人をいう。以下同じ。）を雇用する場合にあっては，当該外国人に従事させる業務が，型枠施工，左官，コンクリート圧送，トンネル推進工，建設機械施工，土工，屋根ふき，電気通信，鉄筋施工，鉄筋継手，内装仕上げ，表装，とび，建築大工，配管，建築板金，保温保冷，吹付ウレタン断熱，又は海洋土木工のいずれかであること。

２．２号特定技能外国人（出入国管理及び難民認定法別表第１の２の表の特定技能の在留資格（同表の特定技能の項の下欄第２号に係るものに限る。）をもって在留する外国人をいう。）を雇用する場合にあっては，当該外国人に従事させる業務が型枠施工，左官，コンクリート圧送，トンネル推進工，建設機械施工，土工，屋根ふき，電気通信，鉄筋施工，鉄筋継手，内装仕上げ，表装，とび，建築大工，配管，建築板金，保温保冷，吹付ウレタン断熱，又は海洋土木工のいずれかであること。

３．特定技能雇用契約において特定技能外国人（出入国管理及び難民認定法別表第１の２の表の特定技能の在留資格をもって在留する外国人をいう。以下同じ。）を労働者派遣事業の適正な運営の確保及び派遣労働者の保護等に関する法律（昭和６０年法律第８８号）第２条第１号に規定する労働者派遣及び建設労働者の雇用の改善等に関する法律（昭和５１年法律第３３号）第２条第９項に規定する建設業務労働者の就業機会確保の対象とするものではないことを定めること。

４．１号特定技能外国人と特定技能雇用契約を締結する場合にあっては，１号特定技能外国人の受入れに関する計画（以下「建設特定技能受入計画」という。）について，その内容が適当である旨の国土交通大臣の認定を受けていること。

５．１号特定技能外国人と特定技能雇用契約を締結する場合にあっては，建設特定技能受入計画を適正に実施し，国土交通大臣又は適正就労監理機関により，その旨の確認を受けること。

６．国土交通省が行う調査又は指導に対し，必要な協力を行うこと。

（注）誓約事項を遵守することができなくなった場合は，その旨出入国在留管理庁長官及び当該分野を所管する関係行政機関の長に対し，報告を行うこと。

作成年月日　　　　年　　月　　日

作成責任者　　　　㊞

分野参考様式第６－２号（特定技能所属機関）

年　　月　　日

１号特定技能外国人受入報告書

国土交通大臣　殿

所在地
名 称
代表者の氏名 ㊞

１号特定技能外国人を受け入れましたので，出入国管理及び難民認定法第７条第１項第２号の基準を定める省令及び特定技能雇用契約及び１号特定技能外国人支援計画の基準等を定める省令の規定に基づき建設分野に特有の事情に鑑みて当該分野を所管する関係行政機関の長が告示で定める基準を定める件の第３条第３項４号の規定に基づき，下記のとおり報告します。

記

1　建設特定技能受入計画の認定番号

2　１号特定技能外国人の氏名（フリガナ）

3　１号特定技能外国人の生年月日

4　１号特定技能外国人の性別

5　１号特定技能外国人の国籍

6　１号特定技能外国人の住居地

7　１号特定技能外国人の在留カード番号

8　キャリアアップシステム技能者ＩＤ

9　１号特定技能外国人が修了した建設分野技能実習又は特定活動，職種及び作業の名称又は合格した試験

１０　上陸年月日

１１　建設特定技能開始年月日

１２　在留期間満了年月日

分野参考様式第６－３号（特定技能所属機関）

年　　月　　日

１号特定技能外国人退職報告書

国土交通大臣　殿

所在地
名 称
代表者の氏名 ㊞

出入国管理及び難民認定法第７条第１項第２号の基準を定める省令及び特定技能雇用契約及び１号特定技能外国人支援計画の基準等を定める省令の規定に基づき建設分野に特有の事情に鑑みて当該分野を所管する関係行政機関の長が告示で定める基準を定める件の第３条第３項４号に基づき報告します。

記

１　建設特定技能受入計画の認定番号

２　１号特定技能外国人の氏名（フリガナ）

３　１号特定技能外国人の生年月日

４　１号特定技能外国人の性別

５　１号特定技能外国人の国籍

６　１号特定技能外国人の住居地

７　１号特定技能外国人の在留カード番号

８　１号特定技能外国人の建設キャリアアップシステム技能者ＩＤ

９　転職（予定）先の特定技能所属機関の名称

１０　上陸年月日

１１　退職年月日

１２　在留期間満了年月日

分野参考様式第６－４号（特定技能所属機関）

年　　月　　日

１号特定技能外国人帰国報告書

国土交通大臣　殿

所在地
名 称
代表者の氏名 ㊞

１号特定技能外国人を受け入れましたので，出入国管理及び難民認定法第７条第１項第２号の基準を定める省令及び特定技能雇用契約及び１号特定技能外国人支援計画の基準等を定める省令の規定に基づき建設分野に特有の事情に鑑みて当該分野を所管する関係行政機関の長が告示で定める基準を定める件の第３条第３項４号に基づき，建設特定技能を終了し，帰国したので下記のとおり報告します。

記

１　建設特定技能受入計画の認定番号

２　建設特定技能を終了した１号特定技能外国人
（１）１号特定技能外国人の氏名（フリガナ）
（２）１号特定技能外国人の生年月日
（３）１号特定技能外国人の性別
（４）１号特定技能外国人の国籍
（５）１号特定技能外国人の在留カード番号
（６）１号特定技能外国人の建設キャリアアップシステム技能者ＩＤ
（７）１号特定技能外国人の帰国先
（８）帰国理由

３　受入期間
年　　月　　日～　　　年　　月　　日（　　年　　か月）

分野参考様式第６－５号（特定技能所属機関）

年　月　日

建設特定技能継続不可事由発生報告書

国土交通大臣　殿

所在地
名 称
代表者の氏名 ㊞

建設特定技能を継続することが不可能となる事由が発生しましたので，出入国管理及び難民認定法第７条第１項第２号の基準を定める省令及び特定技能雇用契約及び１号特定技能外国人支援計画の基準等を定める省令の規定に基づき建設分野に特有の事情に鑑みて当該分野を所管する関係行政機関の長が告示で定める基準を定める件の第３条第３項４号に基づきの規定に基づき，下記のとおり報告します。

記

１　建設特定技能受入計画の認定番号

２　発生日

３　発生事由
（　倒産　・　経営悪化　・　不正行為認定　・　実習認定の取消し等　・　行方不明　・　特定技能所属機関と特定技能外国人との間の諸問題　・その他　）

４　発生事由の詳細
※　行方不明者の発生の場合は，１号特定技能外国人の氏名，国籍，性別，生年月日，入国日，キャリアアップシステム技能者ＩＤ，行方不明に至る経緯等について記載する。

５　今後の対処方法

分野参考様式第６－６号（特定技能所属機関）

年　　月　　日

建設特定技能受入計画変更申請書

国土交通大臣殿

所在地
名　称
代表者の氏名　㊞

出入国管理及び難民認定法第７条第１項第２号の基準を定める省令及び特定技能雇用契約及び１号特定技能外国人支援計画の基準等を定める省令の規定に基づき建設分野に特有の事情に鑑みて当該分野を所管する関係行政機関の長が告示で定める基準を定める件の第５条第１項の規定に基づき，建設特定技能受入計画について下記のとおり変更が生じましたので申請します。

記

（変更内容）

○特定技能所属機関に関する事項

	変更箇所	変更後	変更前
①			
②			
③			
④			

○１号特定技能外国人に関する事項

別紙のとおり

※　変更事項のみ記載すること

（補足等）

※　補足が必要な変更内容について，適宜記載すること

分野参考様式第６－６号（別紙）

特定技能外国人受入リスト（変更）

１　特定技能所属機関に関する事項

（１）　特定技能所属機関名：

（２）　特定技能所属機関の代表者名：

２　特定技能外国人に関する事項

	特定技能外国人１	特定技能外国人２	特定技能外国人３
氏名（フリガナ）			
生年月日			
性別			
国籍			
ｷｬﾘｱｱｯﾌﾟｼｽﾃﾑ技能者ＩＤ			
従事させる業務			
就労させる場所（都道府県単位）			
計画期間			
報酬予定額（月額）			
修了した建設分野技能実習			
技能実習時の報酬（月額基本給）			
修了した建設特定活動の職種及び作業			
建設特定活動時の報酬（月額基本給）			
母国での実務経験（職種及び年数を記入）			
合格した技能試験			
合格した日本語能力試験			

※　４名以上受け入れる場合，必要に応じて欄の追加や別紙とする等対応すること。

※　対象外の項目については「－」とすること。

※　技能実習又は建設特定活動時の月額基本給については，直近の金額を記入すること。

※　合格した技能試験及び日本語能力試験について，建設分野技能実習又は建設特定活動を修了した者は記入不要。

分野参考様式第６－７号（特定技能所属機関）

年　　月　　日

建設特定技能受入計画変更届出書

国土交通大臣殿

所在地
名　称
代表者の氏名　㊞

出入国管理及び難民認定法第７条第１項第２号の基準を定める省令及び特定技能雇用契約及び１号特定技能外国人支援計画の基準等を定める省令の規定に基づき建設分野に特有の事情に鑑みて当該分野を所管する関係行政機関の長が告示で定める基準を定める件の第５条第２項の規定に基づき，建設特定技能受入計画について下記のとおり軽微な変更をしましたので届出します。

記

（変更内容）

	変更箇所	変更後	変更前
①			
②			
③			
④			

（補足等）

※　*補足が必要な変更内容について，適宜記載すること*

Ⅵ．特定技能外国人の適切かつ円滑な受入れの実現に向けた建設業界共通行動規範

2019.4.1（一社）建設技能人材機構総会決議

○特定技能外国人の適切かつ円滑な受入れの実現に向けた建設業界共通行動規範

Ⅰ．総則

1．日本の建設業にとって有為な外国人材を特定技能外国人として確保し、現場を支える技能労働者として受け入れ、育成するため、建設業界は、一般社団法人建設技能人材機構（以下「機構」とする。）を設立し、ここで定める行動規範の遵守に一致協力する。

2．特定技能外国人の来日準備や入国に関連して不当に高い金銭的負担を求める者、実勢水準以下の低賃金で特定技能外国人を雇い競争環境を不当に歪める者及び反社会的勢力との一切の関係を遮断する。

3．特定技能外国人の受入れの前提として、生産性向上や国内人材確保の取組（適正な賃金水準の確保、社会保険加入徹底、長時間労働の是正、女性・若年者の就業促進等）を最大限推進する。

4．特定技能外国人の受入れに関し、労働関係法令その他の法令を遵守するとともに、特定技能外国人との相互理解を深め、それぞれの文化や慣習を尊重し、特定技能外国人、建設産業及び地域社会の健全な発展に貢献する。

Ⅱ．受入企業（雇用者）の義務

5．受入企業は、特定技能外国人が在留資格を適切に有していること（在留資格取得後にあっても在留期間の更新を適切に行っていること等を含む。）を常時確認する。

6．受入企業は、特定技能外国人に対し、同等の技能を有する日本人と同等の報酬を、月給制・固定給の設定などの方法によって確実に支払うとともに、技能の習熟に応じて昇給を行うことにより、技能と経験に見合った適切な処遇を確保する。

7．受入企業は、自ら社会保険への加入義務を果たすとともに、外国人を含め、被雇用者を必要な社会保険に加入させる。

8．受入企業は、特定技能外国人との雇用契約において、契約締結時に、当該外国人が従事する業務内容、これに対する報酬、労働時間、休暇、社会保険の加入状況その他の雇用関係に関する重要事項を母国語で説明し、かつ、書面にて契約を締結する。

9．受入企業は、外国人であることを理由として、報酬の決定、教育訓練の実施、福利厚生施設の利用、労災保険の適用その他の待遇について、差別的取扱いをしてはならない。

10．受入企業は、社内及び現場において、特定技能外国人の人権を尊重し、暴力、暴言、いじめ及びハラスメントを根絶するとともに、職業選択上の自由を尊重する。

11．受入企業は、建設キャリアアップシステムに加入し、受け入れた特定技能外国人の登録を確実なものとするとともに、技能習得や資格取得を促し、適切な技能レベルへのキャリアアップをできるように努める。

12．受入企業は、特定技能外国人が現場における指示等を的確に理解できるなど、技能レベルに合わせた日本語能力が身につけられるように配慮し、安全確保に必要な技能、知識等の向上を支援するとともに、安全の確保その他の要請に基づき元請企業が行う指導に従う。

13．受入企業は、特定技能外国人が日本国内で安定的かつ円滑に就労し、生活できるよう、宿舎、通勤、相談等の日常生活上及び社会生活上の支援を行う。

14．受入企業は、特定技能外国人が有する能力を有効に発揮できるよう、日常的に密接なコミュニケーションを図りながら、良好な職場環境を保ち、適切な処遇を行うとともに、他事業者が雇用している外国人に対し、直接的、間接的な手段を問わず、悪質な引抜行為を行わない。

15．受入企業は、機構の行う共同事業の実施に要する費用を分担する。

Ⅲ．元請企業の役割

16．元請企業は、受入企業等の協力の下、建設キャリアアップシステムの活用等により、現場に入場する特定技能外国人の在留資格等の確認を徹底し、不法就労者・失踪者や、通常必要と考えられる安全衛生教育を受けていない者の現場入場を認めない。

17．元請企業は、正当な理由なく、適切な在留資格を有する特定技能外国人を工事現場から排除しない。

18．元請企業と受入企業は、各々の役割分担を踏まえつつ、協力して、特定技能外国人への適切な安全衛生教育及び安全衛生管理を行う。

19．元請企業は、自社の工事現場で就労する特定技能外国人に対する労災保険の適用を徹底する。

Ⅳ．共同事業の実施

20. 機構は、有為な外国人材の選抜のための事前訓練（日本語・技能・安全衛生等）及び技能試験の実施、試験合格者や試験免除者の就職・転職の支援を行う。

21. 機構は、日本の建設現場での就業経験がない特定技能外国人に対して、業務への従事前に必要な安全衛生教育を行う。

22. 機構は、受入企業による給与、手当、社会保険その他の労働関係法令の遵守、理解促進等を推進する。

23. 機構は、受注環境が大きく変化した場合における特定技能外国人への転職先の紹介、斡旋を可能な限り行う。

24. 機構は、特定技能外国人の大都市圏等の特定地域への偏在ができる限り生じないよう、地方部における求人情報の発掘を積極的に行う。また、都市部と地方部との間で著しい待遇の格差が生じないよう、受入企業に対して、求人条件の見直しなどの助言・指導を行う。さらに、建設特定技能協議会からの地域偏在対策に関する決定等を踏まえ、必要な措置を講じる。

25. 機構は、特定技能外国人の有する能力を有効に発揮できる環境を整備するため、適正就労監理機関である一般財団法人国際建設技能振興機構に委託して、受入企業及び特定技能外国人に対する調査・巡回訪問等による指導・助言業務、特定技能外国人からの苦情・相談への母国語による対応業務（母国語ホットライン）等を行う。受入企業は、これを受け入れ、また協力するものとする。

26. 機構は、受入企業からの受入負担金及び会員からの会費を徴収し、共同事業の実施等の事業運営を行う。

Ⅴ．実効性確保措置

27. 機構は、受入企業が本規範に関して違反を繰り返し、改善の余地が見られない場合は、関係機関への通報、機構からの除名その他必要な措置を講じることができる。

28. 機構は、本規範の定める特定技能外国人の適正かつ円滑な受入れの実現にあたっては、必要に応じ、国土交通省、法務省その他関係機関と連携する。

Ⅵ．外国人技能実習生及び外国人建設就労者の取り扱い

29. 外国人技能実習生及び外国人建設就労者については、活動終了後、試験免除で特定技能外国人として日本で就労できるものであることに鑑み、機構の構成員は、特定技能外国人への取扱いに準じて、外国人技能実習生及び外国人建設就労者の適正な就労環境の確保に取り組むものとする。

Ⅶ．特定技能制度及び建設就労者受入事業に関する下請指導ガイドライン

○特定技能制度及び建設就労者受入事業に関する下請指導ガイドライン

第１　趣旨

建設業においては、他産業を上回る高齢化が進んでおり、近い将来、高齢技能者の大量離職による担い手の減少が見込まれることから、将来の建設業を支える入職者の確保が喫緊の課題となっている。このため、官民をあげて、適切な賃金水準の確保や社会保険への加入徹底、技能者の就業履歴や保有資格を業界横断的に蓄積し適正な評価と処遇につなげる建設キャリアアップシステムの構築など、技能者の処遇改善につながる取組を推進するとともに、建設現場での生産性向上に取り組んでいるところである。しかしながら、建設業においては、こうした取組を行ってもなお、国内の人材だけでは担い手の不足が生じることが見込まれており、外国人材の受入れ及びその適正化及び円滑化を図るための環境整備が必要となっている。

こうした状況を背景に、建設分野では、外国人技能実習生の受入れに加えて、平成27年度以降、2020年オリンピック・パラリンピック東京大会の関連施設整備等による一時的な建設需要の増大に対応するための緊急かつ時限的な措置である外国人建設就労者受入事業において即戦力となり得る外国人材の受入れが開始され、更に、令和元（平成31）年度には、特定技能制度において一定の専門性技能を有する特定技能外国人の受入れが開始されたところである。

これらの制度では、外国人建設就労者又は一号特定技能外国人（以下「外国人建設就労者等」という。）の受入れ前に、国土交通省において、雇用条件や従事させる業務、安全衛生教育の実施等を記載した計画を審査、認定するとともに、認定された計画どおりに適正な就労が行われていることを継続的に確認し、必要に応じて助言指導、監査等することで、外国人建設就労者等の適正な就労環境の確保と国内人材も含めた建設技能者の適切な処遇確保を図ることとしている。

また、建設業界自らの取組としても、一号特定技能外国人の受入れに関わる元請業者団体及び専門工事業団体等により設立され、特定技能外国人受入事業実施法人として登録を受けた（一社）建設技能人材機構において、労働関係法令の遵守、建設キャリアアップシステムの活用等による在留資格等の確認の徹底、正当な理由なく一号特定技能外国人を工事現場から排除することの禁止及び適正就労監理機関である（一財）国際建設技能振興機構を通じて受入企業に対する巡回訪問・指導・助言を行うこと等を含む行動規範を定め、この適正な運用に努めることとしたところである。

他方、建設業の特徴として、外国人建設就労者等は様々な現場で働くことになることから、国土交通省及び（一社）建設技能人材機構による適正な受入れの取組を補完する観点から、現場管理に責任を有する元請企業においても、外国人建設就労者等の管理に関し一定の関与も期待されるところであり、元請企業による下請指導の実効性を確保するために、外国人建設就労者受入事業については「外国人建設就労者受入事業に関する告示」（平成26年国土交通省告示第822号）において、特定技能制度については「出入国管理及び難民認定法第七条第一項第二号の基準を定める省令及び特定技能雇用契約及び一号特定技能外国人支援計画の基準等を定める省令の規定に基づき建設分野に特有の事情に鑑みて当該分野を所管する関係行政機関の長が告示で定める基準を定める件」（平成31年国土交通省告示第357号）において、外国人建設就労者等を労働者として受け入れ建設工事に従事させる建設企業が下請負人である場合には、直接当該工事を請け負った元請企業の指導等に従わなければならない旨が定められている。

＜参照条文＞

○「外国人建設就労者受入事業に関する告示」（平成26年国土交通省告示第822号）

第６の４　受入建設企業は、国土交通省が別に定めるところにより、元請企業から報告を求められたときは、誠実にこれに対応するとともに、元請企業の指導に従わなければならない。

○「出入国管理及び難民認定法第七条第一項第二号の基準を定める省令及び特定技能雇用契約及び一号特定技能外国人支援計画の基準等を定める省令の規定に基づき建設分野に特有の事情に鑑みて当該分野を所管する関係行政機関の長が告示で定める基準を定める件」（平成31年国土交通省告示第357号）

第三条第三項第六号　一号特定技能外国人が従事する建設工事において、申請者が下請負人である場合には、発注者から直接当該工事を請け負った建設業者の指導に従うこと。

本ガイドラインは、こうした趣旨を踏まえ、外国人建設就労者受入事業及び建設分野特定技能外国人制度について、元請企業及び下請企業がそれぞれ負うべき役割と責任を明確にすることにより、両制度の適正かつ円滑な実施を図ることを目的として策定したものである。

なお、外国人建設就労者受入事業及び建設分野特定技能外国人制度のほか、外国人技能実習生制度いずれにおいても、外国人材の適正な受入れを図る観点から、受入企業及び外国人材双方とも建設キャリアアップシステムに登録しなければならないこととしたところである（外国人建設就労者受入事業及び外国人技能実習制度については2020年1月以降に申請が受理された適正監理計画及び技能実習計画について登録義務化）。今後、本ガイドラインにおいて定められた現場入場届出書等の書類に記載すべき事項や元請企業において確認すべき事項を明確にし、同システムに反映することにより、書類の削減・ペーパーレス化を図っていく予定であるが、必要なシステム改修が行われるまでの間については、当面の措置として、元請企業は、本ガイドラインに基づき、下請指導及び現場管理を行っていくものとする。

第2　元請企業の役割と責任

(1)　総論

元請企業は、請け負った工事の全般について、下請企業よりも広い責任や権限を持っている。この責任・権限に基づき元請企業が発注者との間で行う請負価格、工期の決定などは、下請企業の経営の健全化にも大きな影響をもたらすものであることから、下請企業の企業体質の改善について、元請企業も相応の役割を分担することが求められる。

このような観点から、元請企業はその請け負った建設工事におけるすべての下請企業に対して、適正な契約の締結、適正な施工体制の確立、雇用・労働条件の改善、福祉の充実等について指導・助言その他の援助を行うことが期待される。

建設業法（昭和24年法律第100号）では、第24条の6において、元請企業の下請企業に対する指導等が規定されているところである。

また、外国人建設就労者等についても、関係者を挙げて事業の適正化を進めることが必要であり、元請企業においても受入企業に対する指導等の取組を講じる必要がある。

本ガイドラインによる下請指導の対象となる受入企業は、元請企業と直接の契約関係にある者に限られず、元請企業が請け負った建設工事に従事するすべての受入企業であるが、元請企業がそのすべてに対して自ら直接指導を行うことが求められるものではなく、直接の契約関係にある下請企業に指示し、又は協力させ、元請企業はこれを統括するという方法も可能である。もっとも、直接の契約関係にある下請企業に実施させたところ指導を怠った場合や、直接の契約関係にある下請企業がその規模等にかんがみて明らかに実施困難であると認められる場合には、元請企業が直接指導を行うことが必要である。

元請企業においては外国人建設就労者等の適正な就労環境の確保と国内人材も含めた建設技能者の適切な処遇確保を図るため、支店や営業所を含めて、その役職員に対する本ガイドラインの周知徹底に努めるものとする。

(2)　施工体制台帳や再下請負通知書を活用した確認・指導等

施工体制台帳の作成及び備付けが義務付けられる建設工事において、再下請負がなされる場合には、下請負人から元請企業に対して再下請負通知書が提出される。建設業法施行規則（昭和24年建設省令第14号。以下「規則」という。）第14条の4の規定に基づき、再下請負通知書の記載事項に外国人建設就労者等の従事の状況に関する事項を記載する必要があることから、元請企業においては、再下請負通知書を活用して下請負人の外国人建設就労者等の従事の状況を確認することが可能である（別紙1）。

また、元請企業は、外国人建設就労者等を受け入れる企業から外国人建設就労者等現場入場届出書（別紙2）による報告があった場合、その記載内容と各添付書類の情報の整合性に加え、以下の①から③の事項について確認すること（外国人建設就労者等の受入れが確認されたにも関わらず、別紙2による報告がない場合は、報告を受入企業に求めること）。あわせて、別紙2の記載内容に変更がある場合、受入企業から元請企業に変更の届出を行うよう指導すること。

①　就労させる場所

外国人建設就労者等現場入場届出書の「1．建設工事に関する事項」のうち「施工場所」が適切な記載となっているかどうか。具体的には、「3．受入企業・建設特定技能受入計画又は適正監理計画に関する事項」

の「就労場所」の範囲内であるかどうか。

② 従事させる業務の内容

外国人建設就労者等現場入場届出書の「２．建設現場への入場を届け出る一号特定技能外国人及び外国人建設就労者に関する事項」のうち「従事させる業務」が、適切な記載となっているかどうか。具体的には、「３．受入企業・建設特定技能受入計画又は適正監理計画に関する事項」の「従事させる業務の内容」と同一であるかどうか。

③ 従事させる期間

外国人建設就労者等現場入場届出書「２．建設現場への入場を届け出る外国人建設就労者等に関する事項」のうち「現場入場の期間」が、適切な記載となっているかどうか。具体的には、「３．受入企業・建設特定技能受入計画又は適正監理計画に関する事項」の「従事させる期間（計画期間）」の範囲内であるかどうか。

外国人建設就労者等現場入場届出書の記載内容と各添付書類の情報の整合性が確認できない場合、届出は無効として扱い、改めて適正な届出を行うよう受入企業を指導すること。現場入場以降、実際の受入れ状況と届出の内容と整合が取れない場合は、建設特定技能受入計画及び適正監理計画に基づいた外国人建設就労者等の受入れが行われるよう、受入企業を指導すること。

また、別紙２による報告があった後、その記載内容と実際の受入状況に関して明らかな齟齬が確認された場合は、別紙２により変更の届出を行うよう受入企業を指導すること。

受入企業が上記報告の求めに応じない場合や指導に従わないような場合には、所属する元請企業団体（特定技能外国人については特定技能外国人受入事業実施法人である（一社）建設技能人材機構を含む。）を通じて適正監理推進協議会又は建設分野特定技能協議会への報告を行うこと。

なお、元請企業団体に所属していない元請企業は、直接各協議会への報告を行うこと。

また、建設業法（昭和24年法律第100号）第24条の７第１項に基づき作成する施工体制台帳については、外国人建設就労者等の従事の状況に関する事項を記載する必要があるが、別紙３の作成例を参考とし、施工体制を適切に把握するとともに、必要に応じて建設業法第24条の６第１項の規定に基づく指導を行うなど、適正な施工体制の確保に努めること。

(3) 施工体制台帳の作成を要しない工事における取扱い

下請契約の総額が建設業法施行令（昭和31年政令第273号）で定める金額を下回ることにより施工体制台帳の作成等が義務付けられていない民間工事であっても、建設工事の適正な施工を確保する観点から、元請企業は規則第14条の２から第14条の７までの規定に準拠した施工体制台帳の作成等が勧奨されているところである（「施工体制台帳の作成等について」（平成７年６月20日建設省経建発第147号）参照）。

建設工事の施工に係る受入企業の外国人建設就労者等の受入状況についても、元請企業は適宜の方法によって把握し、必要な報告徴求及び指導を行うことが望ましい。

(4) 外国人建設就労者等の現場入場について

元請企業は、適正な手順を踏まえて受入企業が雇用する外国人建設就労者等について、(1)から(3)に記載の役割及び責任が新たに生じること等を理由として、その現場入場を不当に妨げてはならない。

第３ 受入企業の役割と責任

外国人建設就労者等の受入れの円滑な実施・運営にあたっては、外国人建設就労者等を雇用する受入企業自らが積極的にその責任を果たすことが必要不可欠である。具体的には、規則第14条の４の規定に基づく再下請通知書については、別紙１の作成例を参考とし、適正な施工体制の確保に努めるとともに、外国人建設就労者等を雇用し、現場に新規入場させる場合には、別紙２の作成例を参考（既存の様式等別紙２以外の様式を用いる場合であっても別紙２に記載の項目を満たすこと）として、建設特定技能受入計画及び適正監理計画の内容に基づいて現場ごとに外国人建設就労者等建設現場入場届出書を作成し、元請企業に提出するほか、別紙２の記載内容の変更がある場合には、元請企業に変更の届出を行うことが必要である。

第４ 施行期日等

本ガイドラインは、平成27年４月１日から施行する。

今後、特定技能制度及び建設就労者受入事業に係る見直しの状況等を踏まえて必要があると認めるときは、ガイドラインの見直し等所要の措置を講ずるものとする。

改正履歴　令和元年12月23日　施行

別紙1　再下請負通知書の作成例

令和　　年　　月　　日

再下請負通知書

直近上位
注文者名＿＿＿＿＿＿＿＿＿＿

【報告下請負業者】
住　　所＿＿＿＿＿＿＿＿＿＿
＿＿＿＿＿＿＿＿＿＿
会 社 名＿＿＿＿＿＿＿＿＿＿
代表者名＿＿＿＿＿＿＿＿＿＿

元請名称	

≪自社に関する事項≫

工事名称及び工事内容			
工　期	自　令和　年　月　日 至　令和　年　月　日	注文者との契約日	令和　年　月　日

建設業の許可	施工に必要な許可業種	許可番号	許可（更新）年月日
	工事業	大臣　特定 知事　一般　第　号	平成 ・　年　月　日 令和
	工事業	大臣　特定 知事　一般　第　号	平成 ・　年　月　日 令和

健康保険等の加入状況	保険加入の有無[1]	健康保険	厚生年金保険	雇用保険
		加入　未加入 適用除外	加入　未加入	加入　未加入 適用除外

現場代理人名		雇用管理責任者名	
権限及び意見申出方法		専門技術者名	
主任技術者名	専　任 非専任	資格内容	
資格内容		担当工事内容	

一号特定技能外国人の従事の状況（有無）	有　無	外国人建設就労者の従事の状況(有無)	有　無	外国人技能実習生の従事の状況(有無)	有　無

各外国人材が、当該建設工事に従事する場合は「有」、従事する予定がない場合は「無」を○で囲む。

≪再下請負関係≫　　再下請負業者及び再下請負契約関係について次のとおり報告いたします。

会　社　名		代表者名	
住　　所 電話番号			
工事名称及び 工 事 内 容			
工　　期	自　令和　年　月　日 至　令和　年　月　日	契約日	令和　年　月　日

建設業の 許　　可	施工に必要な許可業種	許　可　番　号	許可（更新）年月日
	工事業	大臣　特定 知事　一般　第　号	平成 ・　年　月　日 令和
	工事業	大臣　特定 知事　一般　第　号	平成 ・　年　月　日 令和

健康保険等の 加入状況	保険加入の 有無	健康保険		厚生年金保険		雇用保険
		加入　未加入 適用除外		加入　未加入 適用除外		加入　未加入 適用除外
	事業所 整理記号等	営業所の名称	健康保険		厚生年金保険	雇用保険

現場代理人名	
権限及び 意見申出方法	
主任技術者名	専　任 非専任
資格内容	

安全衛生責任者名	
安全衛生推進者名	
雇用管理責任者名	
専門技術者名	
資格内容	
担当工事内容	

一号特定技能外国人の 従事の状況（有無）	有　無	外国人建設就労者の 従事の状況(有無)	有　無	外国人技能実習生の 従事の状況(有無)	有　無

各外国人材が、当該建設工事に従事する場合は「有」、従事する予定がない場合は「無」を〇で囲む。

別紙２　外国人建設就労者等現場入場届出書の作成例

外国人建設就労者等建設現場入場届出書

工事事務所長　殿

令和　　年　　月　　日
（一次下請企業の名称）
（責任者の職・氏名）
（受入企業の名称）
（責任者の職・氏名）

外国人建設就労者等の建設現場への入場について下記のとおり届出ます。

記

1　建設工事に関する事項

建設工事の名称	
施工場所	

2　建設現場への入場を届け出る外国人建設就労者等に関する事項

※　４名以上の入場を申請する場合、必要に応じて欄の追加や別紙とする等対応すること。

	外国人建設就労者等１	外国人建設就労者等２	外国人建設就労者等３
氏名			
生年月日			
性別			
国籍			
従事させる業務			
現場入場の期間			
在留資格 ※いずれかをチェック	□　外国人建設就労者 □　建設特定技能	□　外国人建設就労者 □　建設特定技能	□　外国人建設就労者 □　建設特定技能
在留期間満了日			
CCUS 登録情報が最新であることの確認 ※登録義務のある者のみ	□　確認済 （確認日：　　　　）	□　確認済 （確認日：　　　　）	□　確認済 （確認日：　　　　）

3　受入企業・建設特定技能受入計画及び適正監理計画に関する事項

就労場所			
従事させる業務の内容			
従事させる期間(計画期間)			
責任者（連絡窓口）	役職	氏名	連絡先

※就労場所・従事させる業務の内容・従事させる期間については、建設特定技能受入計画及び適正監理計画の記載内容を正確に転記すること

〇添付書類

提出にあたっては下記に該当するものの写し各１部を添付すること

1　建設特定技能受入計画認定証又は適正監理計画認定証（複数ある場合にはすべて。建設特定技能受入計画認定証については別紙（建設特定技能受入計画に関する事項）も含む。）
2　パスポート（国籍、氏名等と在留許可のある部分）
3　在留カード
4　受入企業と外国人建設就労者等との間の雇用条件書
5　建設キャリアアップシステムカード（登録義務のある者のみ）

別紙３　施工体制台帳の作成例

令和　　年　　月　　日

施工体制台帳

［会 社 名］＿＿＿＿＿＿＿＿＿＿＿＿＿＿＿＿＿＿＿＿
［事業所名］＿＿＿＿＿＿＿＿＿＿＿＿＿＿＿＿＿＿＿＿

建設業の許可	許可業種	許　可　番　号	許可（更新）年月日
	工　事業	大臣　特定 知事　一般　　第　　号	平成 ・　　年　　月　　日 令和
	工事業	大臣　特定 知事　一般　　第　　号	平成 ・　　年　　月　　日 令和

工事名称及び工事内容			
発注者名及び住　所			
工　期	自　令和　年　月　日 至　令和　年　月　日	契約日	令和　年　月　日

契約営業所	区　分	名　称	住　所
	元請契約		
	下請契約		

現場代理人名		意見申出方法	
監理技術者名	○　一郎	資格内容	一級土木施工管理技士
専門技術者名	契約書記載のとおり	専門技術者名	
資格内容	専　任 非専任　　○○　三郎	資格内容	
資格内容	一級土木施工管理技士	担当工事内容	

一号特定技能外国人の従事の状況（有無）	有　無	外国人建設就労者の従事の状況（有無）	有　無	外国人技能実習生の従事の状況（有無）	有　無

各外国人材が、当該建設工事に従事する場合は「有」、従事する予定がない場合は「無」を○で囲む。

［一次下請負人に関する事項］

会　社　名		代表者名	
住　　　所			
工事名及び 工 事 内 容			
工　　期	自　　令和　　年　　月　　日 至　　令和　　年　　月　　日	契約日	令和　　年　　月　　日

	施工に必要な許可業種	許可番号	許可（更新）年月日
建設業の 許　　可	工事業	大臣　特定 知事　一般　　第　　号	平成 ・　　年　　月　　日 令和
	工事業	大臣　特定 知事　一般　　第　　号	平成 ・　　年　　月　　日 令和

健康保険等の 加入状況	保険加入の 有無	健康保険		厚生年金保険	雇用保険
		加入　　未加入 適用除外		加入　　未加入 適用除外	加入　　未加入 適用除外
	事業所 整理記号等	営業所の名称	健康保険	厚生年金保険	雇用保険

現場代理人名		
	権限及び 意見申出方法	
主任技術者名		専　任 非専任
	資格内容	

安全衛生責任者名		
安全衛生推進者名		
雇用管理責任者名		
専門技術者名		
	資格内容	
	担当工事内容	

一号特定技能外国人の 従事の状況（有無）	有　無	外国人建設就労者の 従事の状況（有無）	有　無	外国人技能実習生の 従事の状況（有無）	有　無

各外国人材が、当該建設工事に従事する場合は「有」、従事する予定がない場合は「無」を○で囲む。

Ⅷ. 建設分野についての問い合わせ先

官署名 （括弧内は所管区域）	住所・担当部署	連絡先
国土交通省 土地・建設産業局	東京都千代田区霞が関２－１－３ 建設市場整備課	TEL　03-5253-8283
北海道開発局 （北海道）	札幌市北区北８条西２丁目 事業振興部建設産業課	TEL　011-709-2311 （内線：5778）
東北地方整備局 （青森県、岩手県、宮城県、秋田県、山形県、福島県）	仙台市青葉区本町３－３－１ 建政部建設産業課	TEL　022-263-6131
関東地方整備局 （茨城県、栃木県、群馬県、埼玉県、千葉県、東京都、神奈川県、山梨県、長野県）	さいたま市中央区新都心２－１ 建政部建設産業第一課	TEL　048-601-3151 （内線：6643）
北陸地方整備局 （新潟県、富山県、石川県）	新潟市中央区美咲町１－１－１ 建政部計画・建設産業課	TEL　025-370-6571
中部地方整備局 （岐阜県、三重県、静岡県、愛知県）	名古屋市中区三の丸２丁目５番１号 建政部建設産業課	TEL　052-953-8572
近畿地方整備局 （大阪府、兵庫県、京都府、和歌山県、滋賀県、奈良県、福井県）	大阪市中央区大手前１－５－44 建政部建設産業第一課	TEL　06-6942-1071
中国地方整備局 （鳥取県、島根県、岡山県、広島県、山口県）	広島市中区八丁堀２－15 建政部計画・建設産業課	TEL　082-511-6186
四国地方整備局 （徳島県、香川県、愛媛県、高知県）	高松市サンポート３番33号 建政部計画・建設産業課	TEL　087-811-8314
九州地方整備局 （福岡県、佐賀県、長崎県、熊本県、大分県、宮崎県、鹿児島県）	福岡市博多区博多駅東２丁目10番７号 建政部建設産業課	TEL　092-471-6331 （内線：6147,6142）
沖縄総合事務局 （沖縄県）	沖縄県那覇市おもろまち２丁目１番１号 開発建設部建設産業・地方整備課	TEL　098-866-1910

Ⅸ．一般社団法人　建設技能人材機構　正会員一覧（2020.6現在）

正会員団体名称	職種	郵便番号	連絡先住所	電話番号	FAX
（一社） 建設技能人材機構	－	105-8444	東京都港区虎ノ門３－５－１ 虎ノ門37森ビル９階	03-6453-0220	03-6453-0221
（一社） 日本型枠工事業協会	型枠施工	105-0004	東京都港区新橋６-20-11 新橋 IK ビル１階	03-6435-6208	03-6435-6268
（一社） 日本左官業組合連合会	左官	162-0841	東京都新宿区払方町25-３	03-3269-0560	03-3269-3219
（一社） 全国コンクリート圧送事業団体連合会	コンクリート圧送	101-0041	東京都千代田区神田須田町１-13-５ 藤野ビル７階	03-3254-0731	03-3254-0732
（公社） 日本推進技術協会	トンネル推進工	135-0047	東京都江東区富岡２-11-18	03-5639-9230	03-5639-9215
（一社） 日本機械土工協会	建設機械施工・土工	110-0015	東京都台東区東上野５－１－８ 上野富士ビル	03-3845-2727	03-3845-6556
（一社） 日本建設機械レンタル協会	建設機械施工	101-0038	東京都千代田区神田美倉町12-１ MH-KIYA ビル５階	03-3255-0511	03-3255-0513
（一社） 日本基礎建設協会	建設機械施工	104-0032	東京都中央区八丁堀４-14-７ ファイブビル八丁堀705	03-3551-7018	03-3551-9479
（一社） 全国基礎工事業団体連合会	建設機械施工	132-0035	東京都江戸川区平井５-10-12 アイケイビル４階	03-3612-6611	03-3612-6202
日本発破工事協会	建設機械施工	103-0006	東京都中央区日本橋富沢町８－６ 山崎建設（株）ビル５階	03-3668-1501	03-3668-1555
（一社） プレストレスト・コンクリート工事業協会	土工	162-0821	東京都新宿区津久戸町４－６ 第３都ビル	03-3260-2545	03-3260-2518
（一社） 全国中小建設業協会	土工・元請ゼネコン	104-0041	東京都中央区新富２－４－５ ニュー新富ビル２階	03-5542-0331	03-5542-0332
（一社） 全日本漁港建設協会	土工	104-0032	東京都中央区八丁堀３-25-10 JR 八丁堀ビル５階	03-6661-1155	03-6661-1166
（一社） 全日本瓦工事業連盟	屋根ふき	102-0071	東京都千代田区富士見１－７－９ 東京瓦会館４階	03-3265-2887	03-3265-2903
（一社） 情報通信エンジニアリング協会	電気通信	150-0033	東京都渋谷区猿楽町３－３	03-3464-3211	03-3464-3216
（公社） 全国鉄筋工事業協会	鉄筋施工	101-0046	東京都千代田区神田多町２－９－６ 田中ビル４階	03-5577-5959	03-3252-9170
全国圧接業協同組合連合会	鉄筋接手	111-0053	東京都台東区浅草橋３－１－１ UF ビル６　７階	03-5821-3966	03-5821-3980
日本室内装飾事業協同組合連合会	内装仕上げ	105-0003	東京都港区西新橋３－６－２ 西新橋企画ビル８階	03-3431-2775	03-3431-4667
（一社） 全国建設室内工事業協会	内装仕上げ	103-0013	東京都中央区日本橋人形町１－５-10 神田ビル４階	03-3666-4482	03-3666-4483

日本建設インテリア事業協同組合連合会	内装仕上げ	102-0083	東京都千代田区麹町３－５ 柳田ビル４階	03-3239-6551	03-3239-6552
（一社） 日本建設躯体工事業団体連合会	とび	173-0025	東京都板橋区熊野町34－７ 東京軀体会館２階	03-3972-7221	03-3972-7216
（一社） 日本鳶工業連合会	とび	105-0011	東京都港区芝公園３－５－20 日鳶連会館	03-3434-8805	03-5472-5747
全国建設労働組合総連合	建築大工	169-8650	東京都新宿区高田馬場２－７－15	03-3200-6221	03-3209-0538
（一社） 日本ツーバイフォー建築協会	建築大工	105-0001	東京都港区虎ノ門１－16-17	03-5157-0836	03-5157-0832
（一社） 日本在来工法住宅協会	建築大工	108-0074	東京都港区高輪２－14-18 グレイス高輪207	03-6408-0285	03-6408-0286
（一社） 全国住宅産業地域活性化協議会	建築大工	104-0032	東京都中央区八丁堀３－１－９ 京橋北見ビル西館７階	03-3537-0287	03-3537-0288
全国管工事業協同組合連合会	配管	170-0004	東京都豊島区北大塚３－30-10 全管連会館	03-5981-8957	03-5981-8958
（一社） 日本金属屋根協会	建築板金	103-0012	東京都中央区日本橋堀留町２－３－８ 田源ビル９階	03-3639-8954	03-3639-8932
（一社） 日本建築板金協会	建築板金	108-0073	東京都港区三田１－３－37	03-3453-7698	03-3456-2781
（一社） 日本保温保冷工業協会	保温保冷	111-0053	東京都台東区浅草橋１－10－７ 信成ビル３階	03-3865-0785	03-3865-0787
（一社） 日本ウレタン断熱協会	吹付ウレタン断熱	103-0013	東京都中央区日本橋人形町１－10－６	03-3667-1075	03-3667-1076
日本港湾空港建設協会連合会	海洋土木工	105-0004	東京都港区新橋５－27－３ 新橋五光ビル６階	03-3432-2671	03-3432-2693
（一社） 日本建設業連合会	元請ゼネコン	104-0032	東京都中央区八丁堀２－５－１ 東京建設会館８階	03-3553-0701	03-3551-4954
（一社） 全国建設業協会	元請ゼネコン	104-0032	東京都中央区八丁堀２－５－１ 東京建設会館５階	03-3551-9396	03-3555-3218
（一社） 日本道路建設業協会	元請ゼネコン	104-0032	東京都中央区八丁堀２－５－１ 東京建設会館３階	03-3537-3056	03-3537-3058
（一社） 日本電設工業協会	元請ゼネコン	107-8381	東京都港区元赤坂１－７－８	03-5413-2161	03-5413-2166
（一社） プレストレスト・コンクリート建設業協会	元請ゼネコン	162-0821	東京都新宿区津久戸町４－６ 第３都ビル	03-3260-2535	03-3260-2518
（一社） 日本空調衛生工事業協会	元請ゼネコン	104-0041	東京都中央区新富２－２－７ 空衛会館３階	03-3553-6431	03-3553-6786
（一社） 全国防水工事業協会	元請ゼネコン	101-0047	東京都千代田区内神田３－３－４ 全農薬ビル６階	03-5298-3793	03-5298-3795
（一社） マンション計画修繕施工協会	元請ゼネコン	105-0003	東京都港区西新橋２－18－２ 新橋 NKK ビル２Ｆ	03-5777-2521	03-5777-2522

X．法務省等による各種規定・情報

【法務省】

○閣議決定等

http://www.moj.go.jp/nyuukokukanri/kouhou/nyuukokukanri01_00132.html

○特定技能運用要領・各種様式等

http://www.moj.go.jp/nyuukokukanri/kouhou/nyuukokukanri07_00201.html

○申請手続き

http://www.moj.go.jp/nyuukokukanri/kouhou/nyuukokukanri07_00202.html

○試験関係情報

http://www.moj.go.jp/nyuukokukanri/kouhou/nyuukokukanri01_00135.html

○問い合わせ先（制度全般、各分野等）・リンク集（分野所管行政機関のホームページ）

http://www.moj.go.jp/nyuukokukanri/kouhou/nyuukokukanri01_00130.html

【厚生労働省】

○「外国人雇用状況」の届出状況まとめ（令和元年10月末現在）

https://www.mhlw.go.jp/stf/newpage_09109.html

建設分野の外国人材受入れガイドブック2020

2020年７月10日　第１版第１刷発行

編　著　建設技能人材研究会

発行者　箕　浦　文　夫

発行所　株式会社大成出版社

東京都世田谷区羽根木１－７－11

〒156-0042　電話03（3321）4131㈹

印刷　信教印刷

ISBN978-4-8028-3410-0